多机器人协同：算法与应用

金 龙 刘 梅 尚明生 等 著

科 学 出 版 社
北 京

内 容 简 介

基于分布式控制的多机器人协同技术广泛应用于各种复杂和不可预测的任务场景，在工业、军事等多个领域中扮演着重要角色。竞争关系与合作关系，作为群体保持活力的两个方面，在生物与社会等多个领域已被证实具有同等的重要性。本书旨在解决基于竞争和合作的多机器人协同问题，并对此开发、分析了一系列分布式的神经动力学模型，具体而言：对于机器人之间有限通信的分布式合作，构建不同通信拓扑约束下的一致性估计器；对于机器人之间有限通信的分布式竞争，引入赢者通吃算法并进行建模。最后，本书将一致性算法与赢者通吃算法扩展到多机器人的分布式协同领域。

本书可以辅助读者更深入地理解基于竞争和合作的机器人问题解决思路，提供关于神经动力学算法及分布式协同建模的详细介绍，并推动该类方法在解决相关领域具体科学和工程问题中的应用。

本书可作为普通高等学校信息类本科生及研究生的专业教材。

图书在版编目（CIP）数据

多机器人协同：算法与应用 / 金龙等著. —北京：科学出版社，2024.10
ISBN 978-7-03-074347-3

Ⅰ. ①多… Ⅱ. ①金… Ⅲ. ①机器人-协调控制 Ⅳ. ①TP242

中国版本图书馆 CIP 数据核字（2022）第 243040 号

责任编辑：韩 东 徐仕达 / 责任校对：马英菊
责任印制：吕春珉 / 封面设计：东方人华平面设计部

科学出版社 出版
北京东黄城根北街 16 号
邮政编码：100717
http://www.sciencep.com
三河市骏杰印刷有限公司印刷
科学出版社发行 各地新华书店经销
*
2024 年 10 月第 一 版 开本：B5（720×1000）
2024 年 10 月第一次印刷 印张：10
字数：201 000

定价：96.00 元

（如有印装质量问题，我社负责调换）
销售部电话 010-62136230 编辑部电话 010-62137026（BA08）

前　言

本书主要介绍作者多年来从事机器人、多智能体系统及智能计算交叉研究的最新进展，即多机器人分布式竞争与合作的协同算法及应用，旨在为多机器人分布式协同领域的研究提供高性能的求解算法并建立一套高效的协同方案。本书内容主要分为两部分。第一部分，作为多机器人协同的基础，主要内容为动态神经网络在有噪和无噪环境中的机器人运动规划研究。这一部分阐述了动态神经网络算法的设计，探讨机器人在不同性能指标驱动下的运动规划问题求解。第二部分，介绍多机器人运动规划模型在多机器人协同领域的应用。本书基于分布式通信方式，从多机器人系统的应用出发，同时针对合作型和竞争型两种协同方式展开研究，实现对该领域相关成果的补充与完善。此外，针对两种协同方式提供不同需求下的求解算法，并通过充足的理论分析和仿真实验对其收敛性和鲁棒性进行验证。

本书以作者多年来基于智能计算的机器人及其分布式系统的研究成果为线索，介绍其相应的算法与实现，对多机器人分布式协同问题进行递进式阐述，对启发研究者在相关领域开展研究具有一定的参考价值。书中的绝大部分内容均已在国际会议或在 SCI 期刊上发表，确保本书内容的先进性。本书结构清晰合理，先概述已有方法，再提出新方法，并将其应用到动态环境中的运动规划、多目标运动规划、机械臂运动规划、基于合作和竞争的多机器人协同问题等研究中，同时进行仿真实验，按照先易后难的原则组织内容，符合大多数读者的学习习惯，从而易于读者学习并掌握所论述的内容。

值得指出的是，由于本书是以作者的研究进展为线索撰写的，读者在阅读本书的过程中也可以感受作者研究过程的思维方式。这有助于处于起步阶段的研究人员获得如何在科研课题开展过程中对科研课题进行推广与拓展的启发，也有助于其在相关领域的研究中取得更好的研究成果。本书对于高等学校计算机、自动化及电子信息工程专业高年级本科生及以上层次的科研人员而言，可读性较高。书中对数个模型的理论分析也有助于从事多机器人协同相关领域研究工作的人员在解决问题时厘清思路。

全书共 9 章。其中，基本模型部分由刘梅撰写，理论分析部分由尚明生与齐一萌撰写，仿真验证部分由彭波撰写，全书由金龙统稿。同时，感谢李隋冰、张国谦、张小妍、梁思琪，他们完成了本书的检查与校对工作。本书由国家自然科学基金（编号为 62176109）、中国科学院“西部之光”项目、重庆市“留创计划”

（编号为 CX2021100）、重庆市教委重点合作项目（编号为 HZ2021008）、甘肃省自然科学基金项目（编号为 21JR7RA531），以及重庆市人民政府与中国农业科学院战略合作项目资助。

由于作者水平有限，书中难免存在不足之处，恳请广大读者批评指正。

目　　录

第1章　绪　　论

随着人工智能技术的发展，机器人逐渐向工业、医疗、教育等领域渗透。冗余机器人是其中应用最为广泛的一类，通常作为一种机械化工具，代替人们完成各种重复烦琐的任务。因此，冗余机器人的运动规划研究对推动机器人产业发展有着重要的理论和实践意义。

1.1　机器人运动规划简介及研究内容

长期以来，人们对机器人保持着憧憬和追求，希望能够创造出智能化机器，代替人类完成各种任务[1-2]。随着机器人技术的发展，这种想法逐渐变成现实。目前机器人的发展经历了三个阶段：第一阶段的机器人作用比较局限，只能按照存储的信息指令完成任务；第二阶段的机器人增加了感知功能，可与外界环境产生初步的交互；第三个阶段的机器人不仅能够感知外部环境，还可以进行逻辑运算，做出推理和决策[3-4]。现在，机器人通常被看作能够自动完成任务的人工机械装置，在各个领域发挥着不可或缺的作用[5]，如资源勘探[6]、抗险救灾[7]、餐厅酒店服务[8]等。在 2022 年北京冬奥会上，广受关注的智慧餐厅正是通过智能机器人极大节省了人力和物力消耗。

冗余机器人，顾名思义，是指存在冗余自由度的机器人，是机器人的一种。多余的自由度可以提升机器人在异常情况下仍能正常工作的能力[9-10]。因此，相比于非冗余机器人而言，冗余机器人更加灵活。如何充分利用冗余机器人的冗余度进行高效、鲁棒的运动规划，已经成为近年来的热门话题之一[11]。冗余机器人运动规划的核心是求解机器人逆运动学方程[12]，该方程描述了关节空间的关节角度与笛卡儿空间的末端轨迹之间的关系，通过给定的末端轨迹计算得到所需要的关节角度或者关节角速度，以此规划机器人运动轨迹[13]。对冗余机器人来讲，逆运动学方程通常是欠定的。因此，所得到的解通常不止一组，只需要选取其中一组解作为控制指令即可。这也就意味着，在同样的轨迹需求下，我们可选取不同的规划策略以满足各类子任务的实际需求，如关节约束、姿态控制、接触力控制等[14-15]。

在工业生产和制造中，冗余机器人被指派的任务通常是周期性的[16-17]。在一个运动周期内，极有可能出现关节漂移现象[18-19]，也就是初始关节角度和最终关节角度存在偏差，使得关节姿态不能回到初始状态，需要通过姿态调整方可进行下一个周期的运动。因此，冗余机器人的周期运动规划是机器人研究的一个重点。

此外，在设计机器人运动规划方案时需要考虑末端执行器的方向保持问题，因为末端方向抖动会影响任务的完成[20-21]。通常，冗余机器人在工作中，末端需要与工作对象进行接触，产生接触力。在这种情况下，就不仅仅需要保障末端轨迹精度，还要考虑接触力控制的问题[22-23]。

直接求解逆运动学方程很难满足上述需求，而从优化角度考虑冗余机器人运动规划问题为此提供了新的研究思路[24-26]。这些优化控制方法通常利用等式和不等式约束进行位置、姿态和关节极限控制，根据实际需求确定优化目标。然后，利用拉格朗日乘子法[27]将其转化为非线性方程组，进行求解，从而得到驱动冗余机器人运动的指令[2, 28]。然而，考虑转化得到的非线性方程组[29]通常是复杂且时变的，很难直接准确地推导出解析解。在这种情况下，神经网络凭借其在处理复杂动态问题方面的优势（并行处理、自适应等），经常被作为一种有效求解近似解的方法[30]。一般而言，神经网络分为前向神经网络（feedforward neural network，FNN）[31]和递归神经网络（recurrent neural network，RNN）[32-33]。目前研究领域常用的动态神经网络（dynamic neural network，DNN）可以粗略地分为两类，其中一类属于深度学习领域，另一类属于 RNN 的一种。深度学习领域所描述的 DNN 在处理不同测试样本时，可以动态地调节网络结构或参数，以获得更好的训练结果。这类 DNN 常用于图像分类、语义分割和目标检测等任务中[34]。本书所描述的 DNN 属于第二类，不需要进行提前训练，并且能够很好地适应参数变化，是一种实时求解算法，通常用于解决机器人运动规划问题[35-36]。

值得一提的是，现有的冗余机器人周期运动规划方法大多不能抑制噪声干扰[28, 37]。事实上，在实际工作中，舍入噪声、随机噪声等加性噪声是不可避免的[38]。因此，考虑到实际应用中的安全性和可靠性，冗余机器人在噪声环境中的周期运动规划是一个有待解决的问题。

1.2　机器人分布式合作协同研究现状

由于工业生产的需求，机器人逐渐取代人力成为大批量生产的核心力量。鉴于机器人可以完成不同种类的工作，各个相关领域的研究人员对此表现出极大的兴趣，并致力于将机器人拓展到更为广泛的应用领域[39-42]。与非冗余机器人相比，冗余机器人拥有比任务最小所需更多的自由度。而这种结构设计使得机器人在执行主要任务之余还可以对额外的子任务进行处理，如路径规划[40]和规避障碍[41]等。一般而言，在利用冗余机器人执行主任务时，我们通常还赋予机器人额外的子任务以获得优化的性能收益。因此，冗余机器人的在线运动规划还可以被建模为一个不断优化的过程。例如，针对冗余机器人在执行封闭任务时关节空间内的非重复现象，文献［28］中的方案将关节漂移误差的范数作为优化性能指标对任务执行中出现的非重复运动问题进行了处理。虽然在利用单机器人代替手工生产方面已经积累了许多经验[42]，但随着智能工厂的兴起，人们迫切需要引入多机器人来协同执行指定的任务以适应当前的生产节奏。因此，多机器人的协同控制成为当前的研究热点[43-44]之一。然而，当多机器人系统运行时，如果采用传统的集中式控制方式控制该系统，超高的计算负载和内存占用会使控制中心长时间处于超负荷运行的危险中，甚至会导致整个控制中心的崩溃。受六度空间理论启发，世界上任何两个彼此不熟悉的人都可以通过很少的中间人建立联系。举例来说，一些社交软件也可以被视为收集或共享本地信息的通信节点。通过模仿这种信息传递模式，我们采用分布式控制系统，并通过相邻或局部之间的信息交换，最终可使本地信息在全局范围内被获知。值得注意的是，该分布式控制方案可以有效地将计算负载分配给多个代理，从而减小控制中心的计算负担。此外，由于分布式控制系统中存在多条控制回路，该系统具有极好的灵活性和稳定性。

值得注意的是，在对机器人的研究中，研究者们发现避免机器人的奇异位姿对于机器人的生产作业尤为重要。当机器人陷入奇异时，该情况会导致机器人自身机构退化，进而导致机器人动力学性能下降。此外，机器人陷入奇异意味着其部分自由度丧失，这对一些需要额外自由度来执行性能任务的机器人有很大影响[45]。因此，为了尽可能地避免机器人陷入奇异或接近奇异，则需要加入一个早期预警机制对机器人进行实时监控，使其能够及时进行自我调整。此外，工程中更看重的是机器人能否及早并主动地对其空间位姿进行调整，从而尽可能减少奇异情况的发生。首次将机器人的可操作性度量为标量值的是 T. Yoshikawa[46]，他推导出了机器人可操作性的度量公式，并将其成功应用于四关节的腕式机构。在文献［47］中，机器人的可操作性被看作灵巧抓取任务的一个重要指标并在任务执行中展现了出色的效果。为了进一步探索提高机器人可操作性的方法，不同的优化策略和方法被相继提出[30, 48]。

在机器人的实时控制中，通常涉及大量数据的处理工作。然而，普通的计算模型可能无法满足快速完成复杂计算的任务要求。但是神经网络的应用弥补了这一不足，并在许多领域显示了强大的数据处理性能。例如，一个基于神经网络的控制器在文献［2］中被提出，它有效地确保了机器人在关节空间的跟踪性能。在文献［49］中，研究了一种具有时变扰动抑制的神经网络模型，其在机器臂的应用中显示了强大的性能效果。此外，神经网络还可以可靠地应用于车辆主动悬架系统，并且其在求解时变矩阵方程方面也具有独特的优势[50]。值得注意的是，递归神经网络方法作为神经网络方法中的典型方法，由于其在求解凸二次规划问题时具有明显的优势，因此也受到了科学各界广泛的关注。梯度下降优化[51]是 RNN 中常用的一种算法，但是在处理时变问题时它会产生明显的滞后误差[52]。对此，Zhang 等[53]提出了一种新型的 RNN，该神经网络在处理时变问题时可有效地避免滞后误差的产生。接着，在新型RNN的设计的基础上，各类与其相关的模型在各个领域都表现出了优异的性能优势。例如，在文献[54]中提出了一种离散时间RNN模型，该模型能够有效地消除显式矩阵求逆操作，并在求解离散时间在线时变非线性问题方面具有很大的优势。在文献［55］中，Jin等[56]研究并设计了一种基于梯度的微分神经解模型，该模型在消除指数收敛的大解误差方面具有更高的精度。目前，虽然利用神经网络来解决单机器人控制问题已经取得了丰硕的成果，但针对多机器人控制问题的神经网络模型辅助方案仍然较少。

1.3　机器人分布式竞争协同研究现状

多机器人协同是一个值得不断关注和探索的领域，这主要得益于多机器人系统和协同行为两方面研究与应用的突出成就。首先回顾一下多智能体系统的定义，其由一系列相互连接的智能体组成，因此系统的规模可以不断扩展[57-58]。多机器人系统属于多智能体系统的一种典型类别也是难点部分，具有良好的容错性、高效性和可扩展性，适用于处理复杂和难预测的任务[59-61]。例如，运动规划[62-63]、搜索和救援行动[64]、自动控制[65]等。受生物/社会群体内部行为机制的启发，多机器人系统协同包括合作和竞争两种状态，且两者都具有一定的优势和广泛的应用。例如，基于合作行为开展的集群编队、紧急救援等研究[66-67]，基于竞争行为开展的资源调度、动态围捕等。合作可以使多机器人系统在复杂环境中顺利工作，并提高任务的成功率，而竞争型协同可初步为系统筛选优秀的个体，在节能和降低成本方面具备显著的优势。多机器人协同的物理基础是通信。考虑昂贵的通信成本和期望的系统稳定性与延展性，针对多机器人系统建立的通信结构正从集中式策略向分布式策略过渡[68]。

英国曼彻斯特大学的Hu等[69]研究了基于定向和鲁棒拓扑的多智能体系统在分布式编队控制和追踪问题中的应用。Zhang等[70]构建了一种基于博弈论思想的分布式递归神经网络用于多机器人合作任务规划。英国伦敦帝国理工学院的Cappello等[71]采用混合控制器驱动一组轮式移动机器人，并引入微分博弈策略来实现避障，同时证明了该方法可以使机器人群体全局逼近目标状态。此外，多智能体系统的编队控制问题也得到了广泛研究，或是基于切换通信拓扑结构[72]或是基于定向拓扑结构[73]。在多机器人系统领域研究中，包含上述工作及其所涉及参考文献在内的现有工作大多强调合作行为，而忽视了对系统内竞争机制的探究[74-75]。因此，后者相对薄弱的成果一定程度上制约了多机器人系统在诸如多目标追踪等任务中的应用前景。

赢者通吃（winner-take-all，WTA）作为一种典型的竞争现象，能够指导系统选择具有优势输入的个体，最大化发挥多机器人系统的性能优势，因此常被用于描述并建模竞争行为。WTA 一词源于美国大选制度，反映了绝大多数州将本州的选举人票全部给予在该州获得相对多数普选票的总统候选人所产生的选举人票主导当选结果的现象。k-赢者通吃（k-winner-take-all，k-WTA）作为 WTA 的扩展与泛化，描述群体系统中共计 n 个参与者通过 WTA 竞争最终选择出 $k(n\geqslant k\geqslant 1)$个优胜者，其中当 k=1 时，k-WTA 即为 WTA。现实中基于 k-WTA 的竞争普遍存在，从自然界（如物竞天择，适者生存）到人类社会（优胜劣汰）再细化到经济领域（充分的竞争带来效率的提升）均有重要体现[76]，究其本质是利用群体内部的竞争实现资源最优分配。在神经网络理论中，WTA 网络是竞争学习的一个例子，其中网络中的输出节点相互竞争以确定被激活的个体[77]。k-WTA 操作的特点使其在数学、经济、工业等领域备受关注，进而用于 k-WTA 实现的研究成果频出，包含模拟电路或硬件实现设计[78]，不同结构复杂度的集中式 k-WTA 神经网络开发[70-81]等。为了拓展更广泛的应用，文献［82］、［83］探索了一种用于模拟动态竞争问题的分布式 k-WTA 模型。随后，针对分布式 k-WTA 的研究逐渐被应用于多机器人协同领域，如文献［68］、［84］～［86］，而开发用于 WTA/k-WTA 网络实现的高效且高精度模型是推动其在相关领域深入应用的关键。

递归神经动力学模型被认为是解决实时优化问题的一种强大工具，在 k-WTA 操作[87]、多机器人协同[88-89]、遥感成像[90]、模型预测控制[91]等方面有着广泛的应用，而其逼近能力和稳定性是确保精确处理动态问题的关键指标。已有工作[92-93]指出，数值计算中方程求解的本质与动态系统的控制密切相关，且方程精确解的获取等价于控制器输出误差鲁棒、准确且快速地逼近零值。基于此，利用控制理论技术来回顾、设计并分析一系列的计算方法成为研究热潮[93-94]。北京大学的 Yang 等[95]在控制理论框架下开展了不动点迭代法和牛顿迭代法求解非线性方程的研究。从控制学角度而言，纵使现有计算方法在表达形式、推导方法和构造技术上有所不同，但其在寻找解的演化（收敛）方向上具有共同的特点，该类方法均可以等价为具有不同反馈增益（变参）的反馈/比例控制器。例如，梯度神经动力学[96]模型可视为反馈控制器[97]，通常用于处理时不变凸二次规划（quadratic programming，QP）问题。从控制领域剖析现有模型求解动态问题时的性能，包括投影神经网络[98]、非线性规划神经动力学[99]、拉格朗日神经动力学[100]、对偶神经网络（dual network）[101]等，可发现其求解过程会产生滞后误差，且该误差会随时间的推移而累积。然而，从计算框架出发设计一种高效处理动态问题的方法是棘手的；相反控制领域为此提供了一个可行方案[102]，即利用时间导数信息来预测系统的演化方向。通过引入该方法，新加坡南洋理工大学的 Sun 等[103]构建了一种梯度神经网络用于处理一类分布式动态二次优化问题，并确保误差是渐近稳定的且可控制在任意小的取值域内。为进一步提高网络效率，华南理工大学的 Zhang 等[104]提出了一种具有不同激励函数的变参收敛微分神经网络。美国密歇根大学的 Liao-McPherson 等[105]通过对牛顿法应用一种正则化的平滑 Fischer-Burmeister 方法，使其成功适用于含有导数信息的非线性凸 QP 问题求解。值得说明的是，现有计算框架下的模型本质上缺乏一种直接考虑噪声的机制，而噪声无论是对计算精度还是系统稳定性均会产生一定的负面影响。若要达到期望的计算精度，需要额外使用抗干扰设备，而这会增大时间消耗，从而无法确保动态问题求解的实时性。相比之下，控制界已经存在一些可行的策略，如利用积分控制或内模原理[106]来处理噪声。因此，推动模型设计思路从计算角度向控制角度转变，以构建新型递归神经动力学用于解决一系列动态问题，同时确保良好的抗噪性能变得愈发重要[107-108]。

图及其代数表示已经成为系统建模和分析的重要手段。对于合作行为的建模通常为通过对一组动态智能体设计一致性算法，来确保行为的一致并对外表现出合作性[63, 109-110]。例如，西北工业大学的 Zhang 等[109]考虑弱通信条件下的高阶非线性多智能体系统在目标追踪中的应用，开发了一种协作性能提升的分布式自适应控制方法。东京工业大学的 Wang 等[110]实现了基于有向图拓扑的恶意智能体存在下的系统一致性。就多智能体间的竞争行为而言，相关领域的研究也取得了显著进展，其中一个广为人知的方法就是强化学习[111-113]。该类方法尤其适用于多机器人系统，这是因为基于强化学习的方法在处理现实环境的不确定性、信息不完全性、分布式学习等问题方面有着突出的优势。然而，它们仍然面临着巨大的挑战。首先，这些方法的实现依赖于大量的数据，带来巨大的计算量及严重的时间/空间资源消耗，不适合多机器人实际控制场景[114]。其次，虽然这些方法可以在仿真或软件中成功通过测试，但应用于动态且不可预测的真实环境中时，强化学习采用的试错策略[115]会给机器人造成巨大的损失并导致高昂的成本。最后，针对机器人的强化学习中很难设定通用的奖励函数，对于不同的任务场景需要设计不同的函数，进而不断训练模型，使得应用强化学习的机器人系统的泛化性大打折扣。鉴于此，从分布式控制的角度实现多机器人协同，可有效避免上述问题，弱化对环境信息的需求，从而降低多机器人系统的负担。

基于分布式控制的多机器人协同方法具有结构简单、无须训练、易于实现、支持多性能指标优化等优点，因此其得到了广泛的研究并衍生出了丰硕的成果。麻省理工学院的 Fathian 等[116]针对具有多动力学特点的移动机器人系统，提出了一种具有良好避障能力的分布式群体控制方法。香港中文大学的 He 等[117]在联合连接的切换网络下，研究了一种多机器人系统的分布式控制策略，以实现领导-跟随一致性。此外，慕尼黑工业大学的 Ren 等[118]实现了多机器人系统面向未知任务时的协同分配，并通过自适应控制解决了不确定动力学和通信受限问题。然而，包含上述工作及其所涉及参考文献在内的现有方法大多基于合作行为，很少考虑竞争行为。在一定程度上，竞争可以实现合理的规划和有效的资源配置，从而优化系统总效益。从分布式控制角度模拟多智能体系统竞争行为的研究大多基于二分一致性[119-120]。在此类方法中，竞争被单纯地视为合作的对立态，换言之，智能体系统被建模为具有两种完全相反倾向的对抗集群。显然，以任务为导向的系统内部竞争的结果包含但不限于一种纯粹相反的行为状态，更期望获得或被广泛接受的结果是，竞争的多方可以配备不同的任务目标。因此，强调多机器人系统中的竞争型决策，以扩展其应用至不同的协同任务场景，仍有待研究。

一类能够从一组输入信息中选择出最大值的竞争型网络被称为WTA网络[121]，它是由神经元之间的横向抑制形成的。WTA网络作为*k*-WTA网络的特例，已被广泛应用于模式识别[122]、联想记忆[123]、多智能体协同[124]、认知现象模拟[125]等领域。Maxnet是传统用于模拟WTA竞争行为的神经网络[126]，提供了一个离散形式的相互抑制结构。从数据阵列中选择最大值这一操作在许多领域中都是至关重要的，如决策系统和竞争学习网络[127-128]。为此，国内外学者开展了一系列研究。例如，基于自组织算法的迭代神经网络模型，该类模型主要适用于软件实现[129-130]。输入信息规模的扩张及计算实时性的要求使得并行方法及可硬件实现的算法备受关注[131]。美国加州理工大学的Lazzaro等[132]设计了一系列紧凑的互补金属氧化物半导体集成电路来实现WTA行为。科沙林工业大学的Wawryn等[133]引入一种基于电流源电路的可编程 WTA 神经网络，并验证了其有效性。然而，以上工作均面向静态 WTA 问题，这使得其可能不适用于实际应用中常见的动态问题。进一步地，美国加州理工大学的Majani等[134]将WTA网络扩展到*k*-WTA网络，但是只保证了模型的局部稳定性。此后，设计超大规模集成电路来执行*k*-WTA运算成为一个研究热点[135-136]。奥克兰大学的Calvert等[137]构建了一种Hopfield型神经网络并通过严格的稳定性分析证明了其能够有效地识别序列中的最大分量，国立利沃夫理工大学的Tymoshchuk[138]根据输入信号的动态移位设计了一种离散*k*-WTA神经电路，该电路硬件实现复杂度较低，且能在有限的迭代次数内收敛。此后，Tymoshchuk和Wunsch[87]设计了一种有限分辨率的连续*k*-WTA神经模型，其理论上能够处理未知输入并保证瞬时零误差。克拉约瓦大学的Danciu等[139]介绍了一个具有$O(n^2)$结构复杂度的递归神经网络，其中n表示输入的数量。然而，该网络需通过将其增益参数设定为无限大以确保*k*-WTA系统的正确运行。

出于对模型结构的优化，文献［140］和文献［141］分别首次实现了WTA或*k*-WTA问题向线性规划（linear programming，LP）和QP问题的转化。进而投影神经网络、对偶神经网络、动态神经网络等被陆续开发并得到应用[140，142]，同时在多样化激励函数的引入[79，143]、收敛速率的提升[144]等方面均做出了改进。为进一步简化模型复杂度，多种单状态变量的连续/离散时间递归神经网络被构建。

这些模型[79, 140-144]在处理时不变输入的 *k*-WTA 操作时表现出有限时间收敛性能，但处理时变输入时存在滞后误差，需要通过设置足够大的参数来缓解这一现象。巴西圣保罗联邦大学的 Ferreira 等[145]针对变量有界的 LP 问题，构造了一个 *k*-WTA 神经网络，将问题的解转化为所设计神经网络的平衡集，并证明了所构建网络的收敛性。前述研究的 *k*-WTA 问题及求解算法均明确指定 *k* 的数值，而文献［146］的工作突破了这一限制，提出了一种基于梯度下降法的 *k*-WTA 神经网络，实现了 *k* 值的非线性确定。然而，包括上述成果在内的 *k*-WTA 相关研究大多以集中式方式实现，即系统内参与 *k*-WTA 操作的个体间所有信息已知。换言之，上述工作未考虑任何通信拓扑约束，无法直接应用于具有任意拓扑结构的连通图。随着计算能力与存储能力的提升、工业生产过程的控制规模不断扩大，从分布式的角度处理问题的方法备受关注。香港理工大学的 Li 等[82]首次明确考虑群体间交互拓扑结构，并提出了一种分布式 WTA 模型来解决群体系统中的动态竞争问题。基于这一研究，暨南大学的 Zhang 等[89]从 QP 形式的 *k*-WTA 问题入手，直接构建了一种分布式 *k*-WTA 模型，并确保其良好的容错性与全局收敛性。这些成果点明了研究分布式 *k*-WTA 网络的必要性，为后续基于 *k*-WTA 思想的广泛应用奠定了基础，尤其是基于 *k*-WTA 的多机器人分布式协同相关的研究得以发展[68, 84-86]。例如，兰州大学的 Jin 等[84]首次开展了面向多机器人竞争型协同的研究，并实现了带机械臂型多机器人系统基于 *k*-WTA 的任务分配。这项工作随后被推广应用至可建模为质点的机器人群体，如轮式机器人等，其中机器人的运动学和动力学特性可忽略[85]。值得指出的是，包括上述工作在内的算法仍存在一些挑战。首先，在处理本质上具有动态特性的问题时，这些方法忽略了内部动态参数随时间的变化趋势，使得它们预测能力不足，进而导致每一时刻所得解与理论解之间可能存在滞后误差。这种误差是不可忽略的，且会随时间累积影响任务的执行精度。其次，上述神经网络的设计均未考虑抗噪措施。因此在噪声干扰下，神经网络的性能会显著下降。而在实际的 *k*-WTA 问题求解过程中，干扰是不可避免的，这在一定程度上限制了现有算法在复杂环境中的应用。

分布式协同的实现主要借助各机器人与其相邻机器人之间建立的拓扑结构（即拉普拉斯矩阵）进行信息交互。然而，上述基于 *k*-WTA 的竞争协同工作甚至后续在提升模型收敛速度[86]和求解动态问题的精度方面[68]取得的成效均未考虑拓扑的切换性与多样性，这限制了其在实际环境中的应用能力。明确而言，由于整个系统（或机器人）的动态特性（如位置或速度的变化）和有限的通信范围，通信拓扑通常会/需要随着时间而变化。此外，复杂场景中的障碍/干扰或软硬件设备和传感器的任意形式故障等可以看作是对系统施加了不可预测的物理约束，这很可能导致通信网络的中断或强制切换[147-148]。当机器人之间的通信中断时，拓扑的不可切换性对具有协同目标的系统来说是一个巨大的挑战。因此，可变拓扑、切换拓扑，甚至事件触发型拓扑[149]，在竞争协同场景中都存在很大需求。毋庸置疑，*k*-WTA 问题及多机器人协同相关领域涵盖丰富的理论与技术，涉及广阔的应用范围，因此可供深入挖掘的场景痛点及技术变革较多。而本书的研究内容主要着眼于基于 *k*-WTA 网络的多机器人竞争协同，深入研究多机器人分布式竞争协同行为，并对此开发一类高效且鲁棒的神经动力学模型，同时从多机器人系统应用场景出发，完成多类型通信拓扑协议设计并优化分布式协同效果。

第 2 章　动态神经网络

为后续动态神经网络的研究奠定基础，本章中使用的术语定义如下。

动态神经网络：利用微分方程构造收敛于期望解的轨迹，是一种特殊类型的递归神经网络，用于求解约束优化问题，通常利用分段投影函数来处理不等式约束。

线性投影方程：一种用于统一处理诸多约束优化和工程问题的框架，包括变分不等式、二次规划和平衡点问题。也就是说，数学规划中许多有趣的约束优化问题都可以转化为等价的线性投影方程。

2.1　优化问题描述及动态神经网络设计

在本节中，提出了不同最优问题的公式以供进一步讨论。

2.1.1　线性规划问题

在文献［150］中提出并研究了一个有界变量的线性规划问题，其表达式为

$$\text{minimize} \quad \boldsymbol{a}^{\mathrm{T}}\boldsymbol{x} \tag{2.1a}$$

$$\text{subject to} \quad \boldsymbol{D}\boldsymbol{x}=\boldsymbol{b} \tag{2.1b}$$

$$\underline{\boldsymbol{x}} \leqslant \boldsymbol{x} \leqslant \overline{\boldsymbol{x}} \tag{2.1c}$$

其中，$\boldsymbol{D}\in\mathbf{R}^{m\times n}$，$\boldsymbol{b}\in\mathbf{R}^{m}$，$\boldsymbol{a},\boldsymbol{x},\underline{\boldsymbol{x}},\overline{\boldsymbol{x}}\in\mathbf{R}^{n}$。

通过使用对偶理论及投影运算技术，提出了一个动态神经网络来实时求解公式（2.1）：

$$\frac{\mathrm{d}\boldsymbol{x}}{\mathrm{d}t}=-\left\{\boldsymbol{D}^{\mathrm{T}}(\boldsymbol{D}\boldsymbol{x}-\boldsymbol{b})-r_0(\boldsymbol{D}^{\mathrm{T}}\boldsymbol{y}-\boldsymbol{a})\right\} \tag{2.2a}$$

$$\frac{\mathrm{d}\boldsymbol{y}}{\mathrm{d}t}=-r_0\left\{\boldsymbol{D}\boldsymbol{P}_{\Omega}(\boldsymbol{x}+\boldsymbol{D}^{\mathrm{T}}\boldsymbol{y}-\boldsymbol{a})-\boldsymbol{b}\right\} \tag{2.2b}$$

其中，$\Omega=\{\boldsymbol{x}\in\mathbf{R}^{n}\mid\underline{\boldsymbol{x}}\leqslant\boldsymbol{x}\leqslant\overline{\boldsymbol{x}}\}$；$\boldsymbol{P}_{\Omega}(\boldsymbol{x})=\left[\boldsymbol{P}_{\Omega}(x_1),\boldsymbol{P}_{\Omega}(x_2),\cdots,\boldsymbol{P}_{\Omega}(x_n)\right]$，$\boldsymbol{P}_{\Omega}(\boldsymbol{x})$ 的第 i 个元素定义为 $\boldsymbol{P}_{\Omega}(x_i)=\begin{cases}\overline{x}_i, & \overline{x}_i<x_i\\ \underline{x}_i, & \underline{x}_i>x_i\\ x_i, & \text{其他}\end{cases}$；$\boldsymbol{r}_0=\|\boldsymbol{P}_{\Omega}(\boldsymbol{x}+\boldsymbol{D}^{\mathrm{T}}\boldsymbol{y}-\boldsymbol{a})-\boldsymbol{x}\|_2^2$；$\boldsymbol{y}\in\mathbf{R}^{m}$ 是辅助变量。

这种神经网络被证明是稳定的，并且全局收敛于线性规划问题公式（2.1）的解。动态神经网络公式（2.2）克服了传统方法[151-152]的弱点，在不需要设置参数的情况下，可以完全稳定地求得精确解。为了进一步简化神经网络，文献［153］提出了一个修正模型，不考虑边界约束并在 $\boldsymbol{x}>0$ 下：

$$\frac{\mathrm{d}\boldsymbol{x}}{\mathrm{d}t}=-\{(\boldsymbol{a}^{\mathrm{T}}\boldsymbol{x}-\boldsymbol{b}^{\mathrm{T}}\boldsymbol{y})\boldsymbol{a}+\boldsymbol{D}^{\mathrm{T}}(\boldsymbol{D}\boldsymbol{x}-\boldsymbol{b})-(2\boldsymbol{x})^{+}\} \tag{2.3a}$$

$$\frac{\mathrm{d}\boldsymbol{y}}{\mathrm{d}t}=(\boldsymbol{a}^{\mathrm{T}}\boldsymbol{x}-\boldsymbol{b}^{\mathrm{T}}\boldsymbol{y})\boldsymbol{b}-2\boldsymbol{D}(\boldsymbol{D}^{\mathrm{T}}\boldsymbol{y}-\boldsymbol{a})^{+} \tag{2.3b}$$

其中，$(\boldsymbol{x})^{+}=[(x_1)^{+},(x_2)^{+},\cdots,(x_n)^{+}]^{\mathrm{T}}$，其第 i 个元素定义为 $(x_i)^{+}=\max\{0,x_i\}$。

请注意，公式（2.2）的电路架构比公式（2.3）的电路架构更复杂，因为前者比后者有更多的求和放大器，且前者有很多模拟乘法器。此外，公式（2.3）的能量函数是最优解邻域内的二次凸函数，因此比公式（2.2）的收敛速度更快。进一步地，可利用投影技术构造神经网络来求解由线性规划问题和 L_1-范数最小化问题组成的扩展线性规划问题[154]。

2.1.2　二次规划问题

一般形式的二次规划问题可以表示为

$$\text{minimize}\quad -\boldsymbol{x}^{\mathrm{T}}\boldsymbol{A}\boldsymbol{x}/2+\boldsymbol{a}^{\mathrm{T}}\boldsymbol{x} \tag{2.4a}$$

$$\text{subject to}\quad \boldsymbol{D}\boldsymbol{x}=\boldsymbol{b} \tag{2.4b}$$

$$\underline{\boldsymbol{x}}\leqslant\boldsymbol{x}\leqslant\overline{\boldsymbol{x}} \tag{2.4c}$$

其中，$\boldsymbol{A}\in\mathbf{R}^{n\times n}$；$\boldsymbol{D}\in\mathbf{R}^{m\times n}$；$\boldsymbol{b}\in\mathbf{R}^{m}$；$\boldsymbol{a},\boldsymbol{x},\underline{\boldsymbol{x}},\overline{\boldsymbol{x}}\in\mathbf{R}^{n}$。

显然，线性规划问题公式（2.1）是公式（2.4）的一个特例。通过将有界约束 $\underline{\boldsymbol{x}}\leqslant\boldsymbol{x}\leqslant\overline{\boldsymbol{x}}$ 简化为文献［155］中的不等式约束 $0\leqslant\boldsymbol{x}$，Wu 等构造了相应的对偶问题的形式：

$$\text{minimize}\quad -\boldsymbol{x}^{\mathrm{T}}\boldsymbol{A}\boldsymbol{x}/2+\boldsymbol{b}^{\mathrm{T}}\boldsymbol{y} \tag{2.5a}$$

$$\text{subject to}\quad \boldsymbol{D}^{\mathrm{T}}\boldsymbol{y}-\boldsymbol{A}\boldsymbol{x}-\boldsymbol{a}\leqslant 0 \tag{2.5b}$$

其中，$\boldsymbol{y}\in\mathbf{R}^{n}$。

此后，他们设计了一个动态神经网络来对其进行求解，即

$$\frac{\mathrm{d}\boldsymbol{x}}{\mathrm{d}t}=-r_0(-\boldsymbol{D}^{\mathrm{T}}\boldsymbol{y}+\boldsymbol{A}\boldsymbol{x}+\boldsymbol{a})+r_0\boldsymbol{A}[\boldsymbol{x}-(\boldsymbol{x}+\boldsymbol{D}^{\mathrm{T}}\boldsymbol{y}-\boldsymbol{A}\boldsymbol{x}-\boldsymbol{a})^{+}]+\boldsymbol{D}^{\mathrm{T}}(\boldsymbol{D}\boldsymbol{x}-\boldsymbol{b}) \tag{2.6a}$$

$$\frac{\mathrm{d}\boldsymbol{y}}{\mathrm{d}t}=-r_0\{\boldsymbol{D}\boldsymbol{x}-\boldsymbol{b}+\boldsymbol{D}[\boldsymbol{x}+\boldsymbol{D}^{\mathrm{T}}\boldsymbol{y}-\boldsymbol{A}\boldsymbol{x}-\boldsymbol{a}]^{+}-\boldsymbol{x}\} \tag{2.6b}$$

其中，$r_0=\|\boldsymbol{x}-(\boldsymbol{x}+\boldsymbol{D}^{\mathrm{T}}\boldsymbol{y}-\boldsymbol{A}\boldsymbol{x}-\boldsymbol{a})^{+}\|_2^2$；$(\boldsymbol{x},\boldsymbol{y})\in\Omega=\{\boldsymbol{x}\in\mathbf{R}^{n},\boldsymbol{y}\in\mathbf{R}^{n},\ \boldsymbol{x}\geqslant 0\}$。

文献［155］证明，从任意初始点（x_0，y_0）$\in\Omega$ 开始，系统公式（2.6）生成的解收敛到精确解。然而，系统公式（2.6）需要使用大量昂贵的模拟乘法器来处

理变量，从而导致硬件实现成本过高，解决方案的准确性也受到限制。为了以较低的实现成本和较高的精度解决该问题，人们构造了一种改进模型：

$$\frac{\mathrm{d}\boldsymbol{x}}{\mathrm{d}t}=(\boldsymbol{I}+\boldsymbol{A})[\boldsymbol{x}-(\boldsymbol{x}+\boldsymbol{D}^{\mathrm{T}}\boldsymbol{y}-\boldsymbol{A}\boldsymbol{x}-\boldsymbol{a})^{+}]+\boldsymbol{D}^{\mathrm{T}}(\boldsymbol{D}\boldsymbol{x}-\boldsymbol{b}) \tag{2.7a}$$

$$\frac{\mathrm{d}\boldsymbol{y}}{\mathrm{d}t}=-\boldsymbol{D}[\boldsymbol{x}-(\boldsymbol{x}+\boldsymbol{D}^{\mathrm{T}}\boldsymbol{y}-\boldsymbol{A}\boldsymbol{x}-\boldsymbol{a})^{+}]+\boldsymbol{D}\boldsymbol{x}-\boldsymbol{b} \tag{2.7b}$$

其中，$\boldsymbol{I}\in\mathbf{R}^{n\times n}$ 是单位矩阵。

修改后的模型公式（2.7）被证明全局收敛于理论解。定义一个拉格朗日函数如下：

$$L(\boldsymbol{x},\boldsymbol{y},\boldsymbol{z})=\boldsymbol{x}^{\mathrm{T}}\boldsymbol{A}\boldsymbol{x}/2+\boldsymbol{a}^{\mathrm{T}}\boldsymbol{x}+\boldsymbol{y}^{\mathrm{T}}(\boldsymbol{D}\boldsymbol{x}-\boldsymbol{b})+\boldsymbol{z}^{\mathrm{T}}\boldsymbol{x} \tag{2.8}$$

其中，$\boldsymbol{y}$、$\boldsymbol{z}$ 是辅助变量，$\boldsymbol{y}\in\mathbf{R}^{m}$，$\boldsymbol{z}\in\mathbf{R}^{n}$。

根据卡鲁什-库恩-塔克条件（Karush-Kuhn-Tucker，KKT），可以得到以下公式：

$$0=\boldsymbol{A}\boldsymbol{x}+\boldsymbol{a}+\boldsymbol{D}^{\mathrm{T}}\boldsymbol{y}+\boldsymbol{z} \tag{2.9a}$$

$$0=\boldsymbol{D}\boldsymbol{x}-\boldsymbol{b} \tag{2.9b}$$

$$\begin{cases} x_i=\overline{x}_i, & z_i>0 \\ \underline{x}_i<x_i<\overline{x}_i, & z_i=0 \\ x_i=\underline{x}_i, & z_i<0 \end{cases} \tag{2.9c}$$

其中，公式（2.9c）可以进一步重写为

$$\boldsymbol{x}=\boldsymbol{P}_{\Omega}(\boldsymbol{x}+\boldsymbol{z})$$

$\boldsymbol{P}_{\Omega}(\cdot)$ 在 2.1.1 小节中已经得以定义。将公式（2.9a）代入上述等式得到

$$\boldsymbol{x}=\boldsymbol{P}_{\Omega}[\boldsymbol{x}-(\boldsymbol{A}\boldsymbol{x}+\boldsymbol{a}+\boldsymbol{D}^{\mathrm{T}}\boldsymbol{y})] \tag{2.10}$$

注意，公式（2.9a）也可以表示为投影系统：

$$\boldsymbol{y}=\boldsymbol{P}_{\Omega}[\boldsymbol{y}-(\boldsymbol{D}\boldsymbol{x}-\boldsymbol{b})] \tag{2.11}$$

其中，$\overline{\boldsymbol{y}}=\infty$；$\underline{\boldsymbol{y}}=-\infty$。

令 $F(\boldsymbol{u})=\boldsymbol{M}\boldsymbol{u}+\boldsymbol{q}=[(\boldsymbol{A}\boldsymbol{x}+\boldsymbol{a}+\boldsymbol{D}^{\mathrm{T}}\boldsymbol{y})^{\mathrm{T}},(\boldsymbol{D}\boldsymbol{x}-\boldsymbol{b})^{\mathrm{T}}]^{\mathrm{T}}$，$\boldsymbol{u}=(\boldsymbol{x}^{\mathrm{T}},\boldsymbol{y}^{\mathrm{T}})^{\mathrm{T}}$，其中 $\boldsymbol{M}\in\mathbf{R}^{(m+n)\times(m+n)}$，$\boldsymbol{u}\in\mathbf{R}^{m+n}$，$\boldsymbol{q}\in\mathbf{R}^{m+n}$，则公式（2.9）可以进一步改写为

$$\boldsymbol{u}=\boldsymbol{P}_{\Omega}[\boldsymbol{u}-F(\boldsymbol{u})] \tag{2.12}$$

即

$$\boldsymbol{u}=\boldsymbol{P}_{\Omega}[\boldsymbol{u}-(\boldsymbol{M}\boldsymbol{u}+\boldsymbol{q})] \tag{2.13}$$

它属于文献［156］中提出的用于交通网络平衡分析的投影动态系统的规范形式。此外，上述投影动态系统可以通过以下求解器求解：

$$\frac{\mathrm{d}\boldsymbol{u}}{\mathrm{d}t}=\gamma\left(\boldsymbol{P}_{\Omega}\{[\boldsymbol{u}-\alpha F(\boldsymbol{u})]-\boldsymbol{u}\}\right) \tag{2.14}$$

亦即

$$\frac{\mathrm{d}\boldsymbol{u}}{\mathrm{d}t}=\gamma\left\{\boldsymbol{P}_{\Omega}[\boldsymbol{u}-\alpha(\boldsymbol{M}\boldsymbol{u}+\boldsymbol{q})-\boldsymbol{u}]\right\} \tag{2.15}$$

其中，$\gamma>0$ 和 $\alpha>0$ 是两个正常数。

这证明了投影动力学公式（2.14）全局收敛到精确解。文献［157］表明，只要 $\nabla F+\nabla^{\mathrm{T}}F\geqslant 0$ ，$\nabla F(\boldsymbol{u})$ 表示 $F(\boldsymbol{u})$ 的梯度，则投影动力学公式（2.14）是李雅普诺夫稳定的，且全局收敛到理论解。具体来说，在文献［157］中表明，在公式（2.15）中描述的动态神经网络全局收敛到矩阵 $\boldsymbol{M}$ 对称且半正定的平衡点；此外，它在矩阵 $\boldsymbol{M}$ 为正定的情况下，全局渐近且指数稳定到唯一的平衡点。

有两种方法可以将优化问题公式构造成相应的神经网络。第一种方法是去除约束优化问题中的约束，构造一个神经网络来解决沿梯度下降的无约束问题。第二种方法是构造一组平衡点与期望解一致的微分方程，选择适当的李雅普诺夫函数以确保系统的所有轨迹都收敛到平衡点。文献［158］中介绍了一种用于设计全局收敛优化神经网络的组合方法。例如，用于求解等式约束的二次规划问题，其形式为

$$\text{minimize}\quad \boldsymbol{x}^{\mathrm{T}}\boldsymbol{A}\boldsymbol{x}/2+\boldsymbol{a}^{\mathrm{T}}\boldsymbol{x} \tag{2.16a}$$

$$\text{subject to}\quad \boldsymbol{D}\boldsymbol{x}=\boldsymbol{b} \tag{2.16b}$$

那么，误差函数可以设计为

$$\boldsymbol{\Phi}(\boldsymbol{u})=\left\|\boldsymbol{D}\boldsymbol{x}-\boldsymbol{b}\right\|_2^2\Big/2+\left\|\boldsymbol{A}\boldsymbol{x}+\boldsymbol{D}^{\mathrm{T}}\boldsymbol{y}+\boldsymbol{a}\right\|_2^2\Big/2 \tag{2.17}$$

基于梯度的神经网络模型可以设计为

$$\frac{\mathrm{d}\boldsymbol{x}}{\mathrm{d}t}=-\gamma[\boldsymbol{D}^{\mathrm{T}}(\boldsymbol{D}\boldsymbol{x}-\boldsymbol{b})+\boldsymbol{A}^{\mathrm{T}}(\boldsymbol{A}\boldsymbol{x}+\boldsymbol{D}^{\mathrm{T}}\boldsymbol{y}+\boldsymbol{a})] \tag{2.18a}$$

$$\frac{\mathrm{d}\boldsymbol{y}}{\mathrm{d}t}=-\gamma\boldsymbol{D}(\boldsymbol{A}\boldsymbol{x}+\boldsymbol{D}^{\mathrm{T}}\boldsymbol{y}+\boldsymbol{a}) \tag{2.18b}$$

几乎所有用于求解线性变分不等式，以及相关的线性和二次规划问题的动态神经网络都要求公式（2.15）中的矩阵 $\boldsymbol{M}$ 具有正定性或至少为半正定性。Hu 等在文献［159］中放宽了这种要求，以保证神经网络在约束集 Ω 上线性映射 $\boldsymbol{M}\boldsymbol{u}+\boldsymbol{q}$ 单调的条件下的全局收敛性。

2.1.3　非线性规划问题

求解非线性规划问题是指在不同约束条件下最小化或最大化非线性目标函数（即性能指标）。一般的非线性规划问题可以表述为

$$\text{minimize} \quad f(\boldsymbol{x}) \tag{2.19a}$$

$$\text{subject to} \quad c(\boldsymbol{x}) \leqslant 0 \tag{2.19b}$$

$$\boldsymbol{x} \geqslant 0 \tag{2.19c}$$

其中，$\boldsymbol{x} \in \mathbf{R}^n$；$f: \mathbf{R}^n \to \mathbf{R}$；$c: \mathbf{R}^n \to \mathbf{R}^m$。

此外，以上公式中函数 f 和 c 被假定为凸函数，且二次可微。人们提出了一种动态神经网络模型来求解公式（2.19），即

$$\frac{\mathrm{d}\boldsymbol{x}}{\mathrm{d}t} = -\boldsymbol{x} + \{\boldsymbol{x} - \alpha[\nabla f(\boldsymbol{x}) + \nabla c(\boldsymbol{x})\boldsymbol{y}]\}^{+} \tag{2.20a}$$

$$\frac{\mathrm{d}\boldsymbol{y}}{\mathrm{d}t} = -\boldsymbol{y} + [\boldsymbol{y} + \alpha c(\boldsymbol{x})]^{+} \tag{2.20b}$$

该神经网络模型保证全局收敛。文献［160］中提出了一个改进模型来求解公式（2.19），其表达式为

$$\frac{\mathrm{d}\boldsymbol{x}}{\mathrm{d}t} = \gamma[-\boldsymbol{x} + \boldsymbol{x}^{+} - \nabla f(\boldsymbol{x}^{+}) - \nabla c(\boldsymbol{x}^{+})\boldsymbol{y}^{+}] \tag{2.21a}$$

$$\frac{\mathrm{d}\boldsymbol{y}}{\mathrm{d}t} = \gamma[-\boldsymbol{y} + \boldsymbol{y}^{+} + c(\boldsymbol{x}^{+})] \tag{2.21b}$$

输出方程为 $\boldsymbol{v} = \boldsymbol{x}^{+}$。与公式（2.20）及其他用于扩展或改进的求解公式（2.19）的模型相比，神经网络模型公式（2.21）可以求解带约束的凸优化问题和一类不受初始状态约束的约束非凸优化问题。文献［161］中提出了一个用于非线性优化的神经网络模型，该模型的任务问题可以是任何受有界约束的连续可微目标函数。值得注意的是，有界约束的二次规划是非线性规划的一种特殊情况，因此可以利用这些递归神经网络来求解。

一般来说，处理这些凸优化问题（包括线性规划、二次规划和非线性优化）的主要思想是将任务问题转化为变分不等式问题[162]。然后，利用动态神经网络构造一个动力系统来解决由此产生的变分不等式问题。

2.1.4 伪凸优化及其他优化问题

在回顾求解伪凸优化问题的模型之前，我们先给出伪凸优化的定义：一个可微函数 $f: \mathbf{R}^n \to \mathbf{R}$ 被称为 $\boldsymbol{\Omega}$ 上的伪凸，如果每对不同的点满足

$$\nabla f(\boldsymbol{x})^{\mathrm{T}}(\boldsymbol{y} - \boldsymbol{x}) \geqslant 0 \Rightarrow f(\boldsymbol{y}) \geqslant f(\boldsymbol{x}) \tag{2.22}$$

且在 $\boldsymbol{\Omega}$ 上是严格伪凸的，则

$$\nabla f(\boldsymbol{x})^{\mathrm{T}}(\boldsymbol{y} - \boldsymbol{x}) \geqslant 0 \Rightarrow f(\boldsymbol{y}) > f(\boldsymbol{x}) \tag{2.23}$$

在文献［163］中发现，动态神经网络公式（2.15）也可用于求解具有严格证明的伪凸优化问题。该工作填补了凸优化和伪凸优化问题之间的空白，并将它们统一为由相同神经网络求解的投影动力系统。文献［164］中提出了一个单层 RNN，

用于求解线性等式和有界约束下的伪凸优化问题。与动态神经网络公式（2.15）相比，文献［164］中的模型能够求解更一般的具有等式和有界约束的伪凸优化问题，并且能够求解作为特例的有约束的分式规划问题。

文献［165］中提出了用动态神经网络来求解非光滑凸优化问题，其描述形式与公式（2.19）中的相同，只是假设 f 不是必须光滑的。文献［166］中提出了一个单层动态神经网络，用于求解具有线性等式约束的非光滑凸优化问题。与文献［165］中提出的模型相比，该模型具有更简单的架构。Cheng 等在文献［167］中利用目标函数和不等式约束的 Clarke 广义梯度构建了一个神经网络，可以求解具有一般凸不等式约束的非光滑优化问题。表 2.1 中列出了不同动态神经网络之间的比较。

表 2.1 不同动态神经网络之间的比较

公式	任务问题	特征	优点和缺点
模型公式（2.2）	线性规划问题	全局收敛	完全稳定的精确解，无须设置参数
模型公式（2.3）	线性规划问题	不考虑约束条件	简单的架构且比模型公式（2.2）收敛速度更快
模型公式（2.6）	二次规划问题	全局收敛	硬件实现成本高，解决方案精度低
模型公式（2.7）	二次规划问题	全局收敛	硬件实现成本低，解决方案精度高
模型公式（2.14）	二次规划问题	全局渐近和指数收敛	广泛的通用性，能够解决伪凸优化问题
模型公式（2.20）	非线性规划问题	全局收敛	广泛的多功能性
模型公式（2.21）	非线性规划问题	全局收敛	能够解决带约束的凸优化问题和一类不受初始状态约束的约束非凸优化问题

2.2 动态神经网络的收敛性与稳定性

本节将证明动态神经网络收敛性和稳定性的技术。

2.2.1 梯度技术

梯度法是求解优化问题的一种普遍而传统的方法，它涉及为优化问题构建适当的误差函数。基于误差函数，可以沿着负梯度下降方向设计神经网络模型。以公式（2.16）为例，一种基于梯度技术证明收敛性和稳定性的典型方法如下所示。

定义函数 $\boldsymbol{V}=\|\boldsymbol{u}^*-\boldsymbol{u}\|_2^2/2$，其中 $\boldsymbol{u}^*$ 表示理论解，则进一步有

$$\begin{aligned}\frac{\mathrm{d}\boldsymbol{V}}{\mathrm{d}t}&=\frac{\mathrm{d}\boldsymbol{V}}{\mathrm{d}\boldsymbol{u}}\times\left(-\frac{\mathrm{d}\boldsymbol{u}}{\mathrm{d}t}\right)=-(\boldsymbol{u}^*-\boldsymbol{u})^{\mathrm{T}}\frac{\mathrm{d}\boldsymbol{u}}{\mathrm{d}t}\\&=-(\boldsymbol{u}^*-\boldsymbol{u})^{\mathrm{T}}\nabla\boldsymbol{\Phi}(\boldsymbol{u})\leqslant-\boldsymbol{\Phi}(\boldsymbol{u})\end{aligned}\tag{2.24}$$

请注意，$\boldsymbol{\Phi}(\boldsymbol{u})$是连续可微且凸的，其最小值的局部极小值与其全局极小值相同。

基于李雅普诺夫理论，梯度神经网络模型是全局稳定的。

2.2.2 投影技术

下面以公式（2.14）为例进行介绍。对于函数 $F(\boldsymbol{u})$，只要 $\nabla F+\nabla^{\mathrm{T}}F\geqslant 0$，通过以下推理就可以得出 $F(\boldsymbol{u})$是单调的：

$$
\begin{aligned}
(u_1-u_2)^{\mathrm{T}}[F(u_1)-F(u_2)] &= (u_1-u_2)^{\mathrm{T}}\nabla F(\xi)(u_1-u_2) \\
&= \frac{1}{2}(u_1-u_2)^{\mathrm{T}}[\nabla F(\xi)+\nabla^{\mathrm{T}}F(\xi)](u_1-u_2)\geqslant 0,\ \forall u_1,\ \forall u_2
\end{aligned} \tag{2.25}
$$

根据文献［157］，公式（2.14）中的投影动力学是李雅普诺夫稳定的，且全局收敛到 $\boldsymbol{u}^*$满足

$$
(\boldsymbol{u}-\boldsymbol{u}^*)^{\mathrm{T}}F(\boldsymbol{u}^*)\geqslant 0,\quad \forall \boldsymbol{u} \tag{2.26}
$$

上式是变分不等式，可以等价改写成投影形式：

$$
\boldsymbol{P}_{\Omega}[\boldsymbol{u}^*-F(\boldsymbol{u}^*)]=\boldsymbol{u}^* \tag{2.27}
$$

这是公式（2.14）的平衡点。

2.3 机器人领域应用研究

近年来，机器人技术在科学研究和工程应用方面发展迅速，各种类型的机器人，例如，冗余机器人、移动机器人、斯图尔特（Stewart）并联机器人，都可以通过动态神经网络进行控制。基于动态神经网络的机器人运动生成研究进展表明，将各种冗余解决方案统一处理具有一定的优越性。这种统一的各种基本技术最终被表述为二次规划问题。这种表述是普遍的，因为它同时包含了等式、不等式和有界约束。也就是说，这种基于二次规划的公式涵盖了对关节物理极限和环境障碍的在线规避，以及对各种性能指标的优化，然后通过动态神经网络求解。

2.3.1 冗余机器人

对于 k-DOF 冗余机器人，关节角 $\boldsymbol{\theta}(t)=[\theta_1(t),\theta_2(t),\cdots,\theta_k(t)]^{\mathrm{T}}\in\mathbf{R}^k$，正运动学问题可以看作关节空间中的信息到其笛卡儿坐标 $\boldsymbol{r}\in\mathbf{R}^m$ 的变换，其中 $m<k$，由非线性映射描述[42, 168]：

$$
\boldsymbol{r}(t)=f[\boldsymbol{\theta}(t)] \tag{2.28}
$$

其中，映射 $f(\cdot)$携带机器人的机械和几何信息。

计算公式（2.28）等号两边同时对时间求导：

$$\dot{\boldsymbol{r}}(t) = \boldsymbol{J}[\boldsymbol{\theta}(t)]\dot{\boldsymbol{\theta}}(t) \tag{2.29}$$

其中，$\boldsymbol{J}[\boldsymbol{\theta}(t)] = \partial f / \partial \boldsymbol{\theta} \in \mathbf{R}^{m \times k}$ 是雅可比矩阵。

末端执行器 $\boldsymbol{r}(t)$预计将跟踪所需路径 $\boldsymbol{r}_{\mathrm{d}}(t)$，即 $\boldsymbol{r}(t) \to \boldsymbol{r}_{\mathrm{d}}(t)$，$\dot{\boldsymbol{r}}(t) \to \dot{\boldsymbol{r}}_{\mathrm{d}}(t)$。文献［169］中提出了一种用于冗余机器人运动学控制的方案，其表达式为

$$\text{minimize} \quad \dot{\boldsymbol{\theta}}^{\mathrm{T}} \boldsymbol{W} \dot{\boldsymbol{\theta}} / 2 \tag{2.30a}$$

$$\text{subject to} \quad \boldsymbol{J}[\boldsymbol{\theta}(t)]\dot{\boldsymbol{\theta}} = \dot{\boldsymbol{r}}_{\mathrm{d}}(t) \tag{2.30b}$$

其中，$\boldsymbol{W}$ 是一个对称的正定加权矩阵；$\dot{\boldsymbol{\theta}}$ 是$\boldsymbol{\theta}$ 的时间导数。

显然，这样的逆运动学问题可以被视为二次优化问题，因此在文献［169］中提出了一个拉格朗日神经网络，用于冗余机器人的运动学控制。文献［169］中提出的方案，以及其他与伪逆相关的方案没有考虑相应的极限，因此如果机器人高速执行任务，可能会超过执行器极限。文献［170］研究了有界约束冗余机器人实时控制中的两种神经网络，提出了一个具有不等式约束的参数二次规划问题的方案，即

$$\text{minimize} \quad \dot{\boldsymbol{\theta}}^{\mathrm{T}} \boldsymbol{W} \dot{\boldsymbol{\theta}} / 2 \tag{2.31a}$$

$$\text{subject to} \quad \boldsymbol{J}[\boldsymbol{\theta}(t)]\dot{\boldsymbol{\theta}} = \dot{\boldsymbol{r}}_{\mathrm{d}}(t) \in \boldsymbol{\Omega} \tag{2.31b}$$

其中，$\overline{\boldsymbol{r}} \geqslant \dot{\boldsymbol{r}}_{\mathrm{d}}(t) \geqslant \underline{\boldsymbol{r}}$。

显然，这个方案对末端执行器的速度施加了限制。为了处理关节限制和关节角速度极限，并产生重复运动，提出了以下方案。

$$\text{minimize} \quad \dot{\boldsymbol{\theta}}^{\mathrm{T}} \boldsymbol{W} \dot{\boldsymbol{\theta}} / 2 + \boldsymbol{z}^{\mathrm{T}} \dot{\boldsymbol{\theta}} \tag{2.32a}$$

$$\text{subject to} \quad \boldsymbol{J}[\boldsymbol{\theta}(t)]\dot{\boldsymbol{\theta}} = \dot{\boldsymbol{r}}_{\mathrm{d}}(t) \tag{2.32b}$$

$$\underline{\boldsymbol{\theta}} \leqslant \boldsymbol{\theta} \leqslant \overline{\boldsymbol{\theta}} \tag{2.32c}$$

$$\underline{\dot{\boldsymbol{\theta}}} \leqslant \boldsymbol{\theta} \leqslant \overline{\dot{\boldsymbol{\theta}}} \tag{2.32d}$$

其中，$\boldsymbol{z} = \boldsymbol{\kappa}[\boldsymbol{\theta} - \theta(0)]$；$\theta(0)$表示$\boldsymbol{\theta}$的初始值。

通过利用文献［15］、［171］中提供的转换技术，可以将这两个绑定约束转换为θ形式的绑定约束。因此，该方案可以表述为二次规划并通过动态神经网络求解。在文献［172］～［176］中发现，该方案在速度级和加速度级存在等价关系。这些不同层次的方案可以转化为二次规划问题，进而落入投影动力学系统的规范形式。文献［175］进一步利用差分规则确定了设计参数的有效范围。然而，在文献［172］中研究的方案没有考虑避免关节物理限制。为了处理关节角度、关节角速度和关节加速度的限制，并产生重复运动，文献［177］提出了一个加速度方案：

$$\text{minimize} \quad (\ddot{\boldsymbol{\theta}} + \boldsymbol{z})^{\mathrm{T}} (\ddot{\boldsymbol{\theta}} + \boldsymbol{z}) / 2 \tag{2.33a}$$

$$\text{subject to} \quad \boldsymbol{J}(\theta)\ddot{\boldsymbol{\theta}} = \ddot{\boldsymbol{r}}_{\mathrm{d}}(t) - \dot{\boldsymbol{J}}(\theta)\dot{\boldsymbol{\theta}} \tag{2.33b}$$

$$\underline{\boldsymbol{\theta}} \leqslant \boldsymbol{\theta} \leqslant \overline{\boldsymbol{\theta}} \tag{2.33c}$$

$$\underline{\dot{\boldsymbol{\theta}}} \leqslant \boldsymbol{\theta} \leqslant \overline{\dot{\boldsymbol{\theta}}} \tag{2.33d}$$

$$\underline{\ddot{\boldsymbol{\theta}}} \leqslant \boldsymbol{\theta} \leqslant \overline{\ddot{\boldsymbol{\theta}}} \tag{2.33e}$$

其中，$\boldsymbol{z} = (\alpha + \beta)\dot{\boldsymbol{\theta}} + \alpha\beta\left[\boldsymbol{\theta} - \boldsymbol{\theta}(0)\right]$且$\alpha>0$，$\beta>0$。

借助文献［177］中介绍的技术，将上述方案中的三个有界约束转换为一个有界约束，可以将上述方案转换为受等式约束和有界约束的 QP 问题。通过在公式（2.33）中选择$\alpha=\beta$，提出了一个简化方案用于实现冗余机器人的重复运动。与文献［172］～［182］中使用的连续时间动态神经网络不同，本书采用离散时间动态神经网络，从理论上证明了收敛性和稳定性；然后，将该方案进一步扩展到双机器人的重复运动生成中[39, 183-185]。Chen 等在文献［186］中进一步将基于 QP 的机器人冗余度解析方案扩展为加加速度级，其性能指标是最小化关节加加速度的范数：

$$\text{minimize} \quad \dddot{\boldsymbol{\theta}}^{\mathrm{T}}\dddot{\boldsymbol{\theta}} / 2 \tag{2.34a}$$

$$\text{subject to} \quad \boldsymbol{J}(\boldsymbol{\theta})\dddot{\boldsymbol{\theta}} = \dddot{\boldsymbol{r}}_{\mathrm{d}}(t) - 2\dot{\boldsymbol{J}}(\boldsymbol{\theta})\ddot{\boldsymbol{\theta}} - \ddot{\boldsymbol{J}}(\boldsymbol{\theta})\dot{\boldsymbol{\theta}} \tag{2.34b}$$

$$\underline{\boldsymbol{\theta}} \leqslant \boldsymbol{\theta} \leqslant \overline{\boldsymbol{\theta}} \tag{2.34c}$$

$$\underline{\dot{\boldsymbol{\theta}}} \leqslant \boldsymbol{\theta} \leqslant \overline{\dot{\boldsymbol{\theta}}} \tag{2.34d}$$

$$\underline{\ddot{\boldsymbol{\theta}}} \leqslant \boldsymbol{\theta} \leqslant \overline{\ddot{\boldsymbol{\theta}}} \tag{2.34e}$$

$$\underline{\dddot{\boldsymbol{\theta}}} \leqslant \boldsymbol{\theta} \leqslant \overline{\dddot{\boldsymbol{\theta}}} \tag{2.34f}$$

通过文献［177］中类似的转换过程，四个界约束被转化为文献［186］中的一个界约束，最终方案公式（2.34）为二次规划的规范形式，并可由动态神经网络求解。

备注 2.1　从公式（2.33b）和公式（2.34b）可以看出，除了$\boldsymbol{J}(\boldsymbol{\theta})$之外，相关方案中还涉及$\dot{\boldsymbol{J}}(\boldsymbol{\theta})$项。这两个方案均能弥补速度级方案公式（2.32）在满足加速度约束方面的不足，代价是方案更加复杂。例如，很明显在相应的方案中需要$\dot{\boldsymbol{J}}(\boldsymbol{\theta})$，这通常需要额外地计算。此外，处理不同边界约束的转换技术会耗费额外的精力并减小解的可行域。为了在满足关节加速度约束的前提下进行速度级冗余度的解析，文献［187］中提出了一种方案，该方案通过一个专门设计的动态神经网络求解，并处理了关节加速度约束。

除了冗余机器人重复运动生成的性能指标外，还有其他一些性能指标也可以利用。Zhang 等[188]将避障标准表述为一个不等式约束，并将其纳入由动态神经网络求解的基于二次规划的方案中，其中不等式约束基于的是符号距离函数。为了消除文献［188］中提出的方案存在的不连续现象，在文献［189］中研究了一个基于不等式的避障方案，该方案被表述为 QP 问题，并通过离散时间动态神经网络求解。之后，文献［189］、［190］的作者利用联合加速级别的基于不等式的准则，将他们的方案进一步扩展到加速度级别，其中建立了两个定理，填补了 QP 问题和分段线性投影方程之间的空白。此外，他们还将基于动态神经网络的冗余机器人运动生成和控制的 QP 求解方案扩展到可操作度优化问题[30、191-193]，不同层次的加权最小化[194-197]，关节角速度最小化[198-200]，等等[201]。简言之，如图 2.1 所示，尽管这些机器人运动生成的方案在公式和任务上各不相同，但它们都有一个共同的机制：利用动态神经网络。

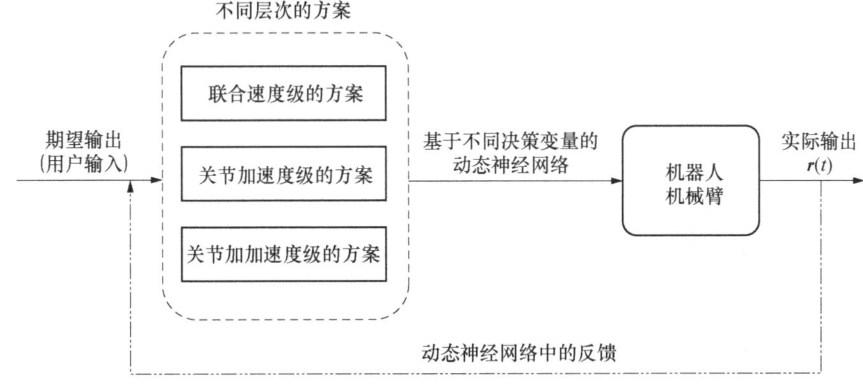

图 2.1　根据不同决策变量，利用投影神经网络综合机器人控制信息流

2.3.2　移动机器人及 Stewart 并联机器人

近年来，移动机器人和并联机器人在工业、军事和公共服务领域引起了人们极大的兴趣[202-206]。Stewart 平台的运动控制问题可以表述为以下约束 QP[207]：

$$\text{minimize} \quad \dot{\boldsymbol{\pi}}^{\mathrm{T}} \boldsymbol{\Lambda}_1 \dot{\boldsymbol{\pi}} / 2 + \boldsymbol{\tau}^{\mathrm{T}} \boldsymbol{\Lambda}_2 \boldsymbol{\tau} / 2 \tag{2.35a}$$

$$\text{subject to} \quad \boldsymbol{\tau} = \boldsymbol{A}_1 \dot{\boldsymbol{\pi}} \tag{2.35b}$$

$$\boldsymbol{\alpha} = \boldsymbol{A}_2 \dot{\boldsymbol{\pi}} \tag{2.35c}$$

$$\boldsymbol{B\tau} \leqslant \boldsymbol{b} \tag{2.35d}$$

其中，$\boldsymbol{\Lambda}_1 \in \mathbf{R}^{6\times 6}$，$\boldsymbol{\Lambda}_2 \in \mathbf{R}^{6\times 6}$ 都是对称常数矩阵且都是正定矩阵；$\boldsymbol{B} \in \mathbf{R}^{k\times 6}$，$k$ 为整数；$\boldsymbol{b} \in \mathbf{R}^{k}$；$\boldsymbol{\alpha} \in \mathbf{R}^{m}$；$\dot{\boldsymbol{\pi}} \in \mathbf{R}^{6}$；$\boldsymbol{\tau} \in \mathbf{R}^{6}$；$\boldsymbol{A}_1 \in \mathbf{R}^{6\times 6}$；$\boldsymbol{A}_2 \in \mathbf{R}^{6\times 6}$。

显然，这个方案可以通过投影神经网络来求解。

此外，对于使用动态神经网络的移动机器人控制，文献［208］中提出了一个方案，该方案开发了移动机器人的集成数学模型。基于一个定理，作者将此类问题转换为 QP 问题，并通过离散时间动态神经网络求解，之后将动态神经网络应用于最小速度范数运动生成[209]、全向移动机器人重复运动生成[182]、寻源[210]。

2.3.3　多机器人系统

多机器人的合作与竞争是新兴话题，通过提高群体的协调性和灵活性，在人机系统交互中发挥着重要作用。一般来说，任何用于多机器人运动生成的方法都属于以下三类之一：集中式、分散式和分布式。集中式方案往往要求每个机器人都能够访问一个中心站，中心站的故障会导致整个系统崩溃[39, 185, 211]。Jin 等[39]为两个机器人的重复运动开发了一个集中式方案，其中控制命令是从中心站发送的。显然，如果涉及更多机器人，计算负担将显著增加。同时，利用动态神经网络解决由此产生的 QP 问题。分散式方案弥补了集中式方案的弱点，但仍然需要全对全通信进行信息交换[212-213]。与用于求解集中式方案的动态神经网络相比，文献［213］中的分散式神经网络的一个显著特性是其架构不同，该架构由与所涉及的每个机器人相关联的独立模块组成。这一特性使多个机器人能够完全分散控制。然而，去中心化方案的一个本质弱点是它们需要全局信息交换，正如在文献［213］中，应在每个时刻向每个机器人提供期望的 $\dot{r}_{\mathrm{d}}$。

与这两个方案不同的是，如图 2.2 所示，分布式方案只需要邻居到邻居的通信，即使在某些机器人发生故障的情况下仍然可以很好地工作[36, 44, 84, 214-216]。Li 等[44]将点对点网络机器人合作问题表述为 n 个玩家的博弈，每个机器人都被设计成在关节角速度约束和末端执行器速度约束下最小化其自身的运动能量。其目的是找出所有机器人的关节角速度集合，在该集合中，没有机器人可以在不违反约束的情况下通过改变策略进一步降低自身的能量，而其他机器人保持其策略不变。也就是说，用博弈论的语言来说，目标是找到 n 个玩家博弈的纯策略纳什均衡[217]。他们进一步构建了一个动态神经网络，以递归地求解公式化博弈的纳什均衡。注意，先前基于动态神经网络的机器人控制工作需要对机器人参数有全面的了解才能进行有效的控制。文献［36］中提出了一种无模型的动态神经网络，用以在一个统一的框架内同时解决机器人的学习和控制问题。由于设计经过深思熟虑，尽管存在用于刺激的加性噪声，但可以保证学习误差收敛到零。这些动态神经网络合成机器人控制方案的比较如表 2.2 所示。

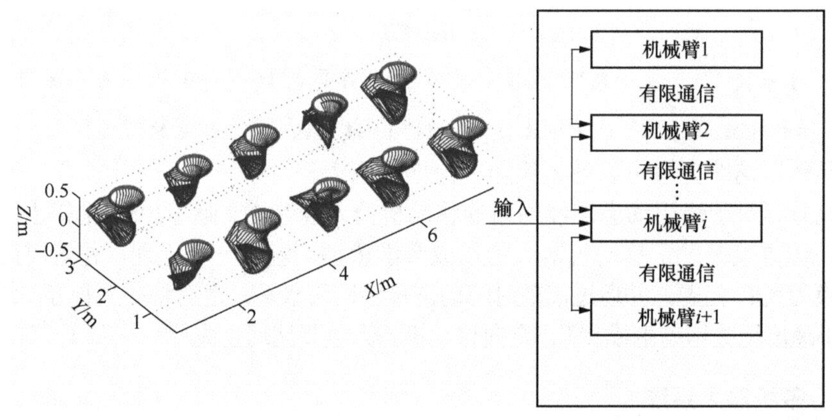

图 2.2　在机器人之间信息交换受限的情况下，基于动态神经网络的多机器人协调控制

表 2.2　动态神经网络合成机器人控制方案的比较

文献	分辨率水平	机器人数量	分布式 vs 集中式	拓扑	全部连接到指挥中心	初始位置	调节误差
[218]、[200]	速度	多个	分布式	N-2-N[b]	No	Any	Zero
[176]	加速度	单个	NA[a]	NA[a]	NA[a]	Any	Zero
[186]	加速度	单个	NA[a]	NA[a]	NA[a]	Any	Zero
[30]	速度	单个	NA[a]	NA[a]	NA[a]	Any	Zero
[39]	加速度	两个	集中式	NA[a]	Yes	Any	Zero
[185]、[219]	速度	两个	集中式	NA[a]	Yes	Any	Zero
[189]	速度	多个	分布式	N-2-N[b]	No	Restrictive[c]	Fail[d]
[213]	速度	多个	分布式	Star	Yes	Restrictive[c]	Fail[d]
[214]	速度	多个	分布式	Tree	No	Restrictive[c]	Fail[d]

a NA 意味着该项目不适用于相关论文中的方案。

b N-2-N 表示邻居对邻居。

c 相关方案要求末端执行器的初始位置应该在需要跟踪的轨迹上。

d 相关方案能够跟踪时变的参考，但不能将位置调节到一个固定的位置。

2.4　*k*-WTA 问题拓展

为推动所提的系列递归神经动力学在 *k*-WTA 问题上的求解，以及多机器人竞争协同的实现，本节会先阐述所提模型面向优化问题的建模，再进行仿真实验。

2.4.1　*k*-WTA 问题面向优化问题建模

k-WTA 也被称为马太效应，广泛存在于各个领域，指的是竞争现象。在一个具有 m（$m>k$）个智能体的团队中，所有智能体都相互竞争以求被激活，只有输入大于其他的 k 个智能体才能被选择激活。当 k=1 时，*k*-WTA 可简化为著名的 WTA。例如，对于大多数植物来说，主茎在开始的时候看起来只是比其他茎稍微强壮一点，但它长得越来越强壮，最终支配着其他的茎。可以将 *k*-WTA 问题转换为一个等效的动态 QP 问题[220]：

$$\text{minimize}\quad \boldsymbol{x}^{\mathrm{T}}(t)\boldsymbol{H}(t)\boldsymbol{x}(t)/2+\boldsymbol{\rho}^{\mathrm{T}}(t)\boldsymbol{x}(t) \tag{2.36a}$$

$$\text{subject to}\quad \boldsymbol{\varLambda}(t)\boldsymbol{x}(t)=\boldsymbol{\upsilon}(t) \tag{2.36b}$$

其中，上标 T 表示转置运算；正定黑塞矩阵 $\boldsymbol{H}(t)\in\mathbf{R}^{n\times n}$，行满秩矩阵 $\boldsymbol{\varLambda}(t)\in\mathbf{R}^{m\times n}$，以及向量 $\boldsymbol{\rho}(t)\in\mathbf{R}^{n}$ 和 $\boldsymbol{\upsilon}(t)\in\mathbf{R}^{m}$ 均为连续时变参数且存在二阶导；$\boldsymbol{x}(t)\in\mathbf{R}^{n}$ 为待求解的向量。

对公式（2.36）添加一个不等式约束，可以得到一个受等式和不等式约束的QP 问题：

$$\text{minimize}\quad \boldsymbol{x}^{\mathrm{T}}(t)\boldsymbol{H}(t)\boldsymbol{x}(t)/2+\boldsymbol{\rho}^{\mathrm{T}}(t)\boldsymbol{x}(t) \tag{2.37a}$$

$$\text{subject to}\quad \boldsymbol{\Lambda}(t)\boldsymbol{x}(t)=\boldsymbol{v}(t) \tag{2.37b}$$

$$\boldsymbol{D}(t)\boldsymbol{x}(t)\leqslant \boldsymbol{\vartheta}(t) \tag{2.37c}$$

其中，$\boldsymbol{H}(t)$，$\boldsymbol{\rho}(t)$，$\boldsymbol{\Lambda}(t)$和 $\boldsymbol{v}(t)$ 的定义如前所示；$\boldsymbol{D}(t)\in\mathbf{R}^{l\times n}$；$\boldsymbol{\vartheta}(t)\in\mathbf{R}^{l}$。定义公式(2.37)中不等式约束对应的拉格朗日乘子向量为 $\boldsymbol{\sigma}(t)\in\mathbf{R}^{l}$。若要获得公式(2.37)的理论解 $\boldsymbol{x}^{*}(t)$，拉格朗日乘子向量 $\boldsymbol{\eth}(t)$ 和 $\boldsymbol{\sigma}(t)$ 需满足如下 KKT 条件：

$$\begin{cases}\boldsymbol{H}(t)\boldsymbol{x}(t)+\boldsymbol{\rho}(t)+\boldsymbol{\Lambda}^{\mathrm{T}}(t)\,\boldsymbol{\eth}(t)+\boldsymbol{D}^{\mathrm{T}}(t)\boldsymbol{\sigma}(t)=0\\ \boldsymbol{\Lambda}(t)\boldsymbol{x}(t)-\boldsymbol{v}(t)=0\\ \boldsymbol{\sigma}^{\mathrm{T}}(t)[\boldsymbol{\vartheta}(t)-\boldsymbol{D}(t)\boldsymbol{x}(t)]=0\\ \boldsymbol{\sigma}(t)\geqslant 0,\boldsymbol{\vartheta}(t)-\boldsymbol{D}(t)\boldsymbol{x}(t)\geqslant 0\end{cases} \tag{2.38}$$

对不等式约束的直接处理，即获取 $\boldsymbol{\sigma}(t)\geqslant 0$，$\boldsymbol{\vartheta}(t)-\boldsymbol{D}(t)\boldsymbol{x}(t)\geqslant 0$，$\boldsymbol{\sigma}^{\mathrm{T}}(t)[\boldsymbol{\vartheta}(t)-\boldsymbol{D}(t)\boldsymbol{x}(t)]=0$ 的解是一个棘手的问题。这一求解过程被称为非线性互补问题（nonlinear complementarity problem，NCP）。NCP 因其在运筹学、经济实体和工程设计等方面的广泛应用而备受关注，且常用于解决 NCP 的方法是借助 NCP 函数将该问题重新表述为一个非光滑方程。本节将选取一种经典的 Fischer-Burmeister（FB）函数[221]简化公式（2.38）中的不等式条件，具体为

$$L(\phi_1,\phi_2)=\sqrt{\phi_1\otimes\phi_1+\phi_2\otimes\phi_2+\boldsymbol{J}}-(\phi_1+\phi_2)$$

该函数为关于ϕ_1和ϕ_2的平滑函数。其中，⊗表示克罗内克积，$\boldsymbol{J}\to 0_{+}$。根据这个函数的定义，公式（2.38）可以进一步演化为

$$\begin{cases}\boldsymbol{H}(t)\boldsymbol{x}(t)+\boldsymbol{\rho}(t)+\boldsymbol{\Lambda}^{\mathrm{T}}(t)\boldsymbol{\eth}(t)+\boldsymbol{D}^{\mathrm{T}}(t)\boldsymbol{\sigma}(t)=0\\ \boldsymbol{\Lambda}(t)\boldsymbol{x}(t)-\boldsymbol{v}(t)=0\\ L[\boldsymbol{\vartheta}(t)-\boldsymbol{D}(t)\boldsymbol{x}(t),\boldsymbol{\sigma}(t)]=0\end{cases} \tag{2.39}$$

上式可转化为一个紧凑形式的非线性方程 $\boldsymbol{G}(t)\boldsymbol{z}(t)-\boldsymbol{s}(t)=0$，具体为

$$\underbrace{\begin{bmatrix}\boldsymbol{H}(t) & \boldsymbol{\Lambda}^{\mathrm{T}}(t) & \boldsymbol{D}^{\mathrm{T}}(t)\\ \boldsymbol{\Lambda}(t) & 0 & 0\\ -\boldsymbol{D}(t) & 0 & \boldsymbol{I}\end{bmatrix}}_{\boldsymbol{G}(t)}\underbrace{\begin{bmatrix}\boldsymbol{x}(t)\\ \boldsymbol{\eth}(t)\\ \boldsymbol{\sigma}(t)\end{bmatrix}}_{\boldsymbol{z}(t)}-\underbrace{\begin{bmatrix}-\boldsymbol{\rho}(t)\\ \boldsymbol{v}(t)\\ \boldsymbol{s}_3(t)\end{bmatrix}}_{\boldsymbol{s}(t)}=0 \tag{2.40}$$

其中，$\boldsymbol{s}_3(t)=-\boldsymbol{\vartheta}(t)+\sqrt{\wp(t)\cdot\wp(t)+\boldsymbol{\sigma}(t)\cdot\boldsymbol{\sigma}(t)+\boldsymbol{J}}$；$\wp(t)=\boldsymbol{\vartheta}(t)-\boldsymbol{D}(t)\boldsymbol{x}(t)$。

因此，求解受等式和不等式约束的 QP 问题公式（2.37）等价于寻找上述非

线性方程的理论解。值得说明的是，引入不等式约束是必要的，这些建模的问题可适用于更广泛的应用场景。例如，可以考虑引入关节角度、速度、加速度相关的不等式约束，引导机器人执行更复杂的任务，并同时确保机器人的运动状态调节在安全范围内。此外，作为当前人工智能领域的研究热点，以多机器人竞争协同为例，大多本质上涉及竞争或分配的问题可借助一个可建模为受等式和不等式约束的 QP 问题形式的 k-WTA 机制来研究。在本节中，将利用文献［220］中所提出的模型 EERND、CGND 和 ENI 实现在 k-WTA 网络上的初步应用。

2.4.2　k-WTA 问题仿真研究

一般而言，k-WTA 在不同需求的理论实现或应用场景下可表述为各种不同的形式[137]。本章给出了一种特殊的构造情况来表示泛化的 k-WTA 属性，并实现从数学上对该操作的描述：

$$x_i=\Psi(\boldsymbol{u})_i=\begin{cases}1,\ u_i\text{属于}\boldsymbol{u}\text{的前}k\text{个最大元素}\\0,\ u_i\text{不属于}\boldsymbol{u}\text{的前}k\text{个最大元素}\end{cases}\tag{2.41}$$

其中，$\boldsymbol{u}$ 和 $\boldsymbol{x}$ 分别表示 k-WTA 操作的输入和输出信息；u_i 和 x_i 分别为 $\boldsymbol{u}$ 和 $\boldsymbol{x}$ 的第 i 个元素；k 表示期望获得的输出信息 $\boldsymbol{x}$ 最大值的个数。

图 2.3 演示了 k-WTA 操作的原理。

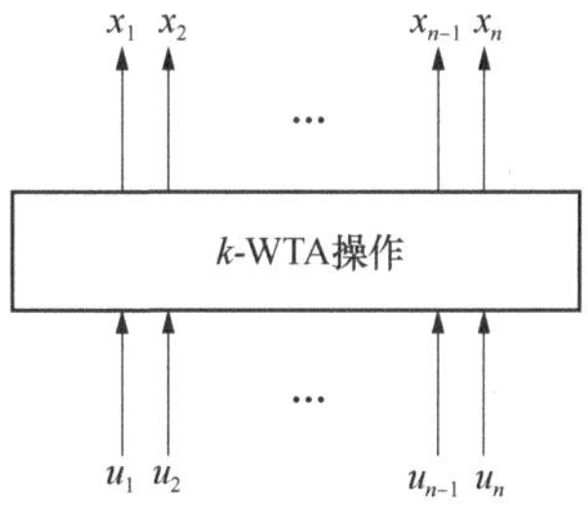

图 2.3　k-WTA 操作的原理

注：n 为输入信息 $\boldsymbol{u}$ 和输出信息 $\boldsymbol{x}$ 的维度。

已有文献证明公式（2.36）可重新规划为一个 QP 问题[141-142]：

$$\text{minimize}\quad \nu\boldsymbol{x}^{\mathrm{T}}(t)\boldsymbol{x}(t)-\boldsymbol{u}^{\mathrm{T}}(t)\boldsymbol{x}(t)\tag{2.42a}$$

$$\text{subject to}\quad \boldsymbol{q}^{\mathrm{T}}\boldsymbol{x}(t)=k\tag{2.42b}$$

$$0\leqslant x_i(t)\leqslant 1,i=1,2,\cdots,n\tag{2.42c}$$

其中，$\nu\in\mathbf{R}^+$，以确保上述操作是严格凸的且稳态输出 $\boldsymbol{x}(t)$是存在且唯一的；$\boldsymbol{q}=[1;1;\cdots;1]\in\mathbf{R}^n$。

具体参数ν的选择应该满足$\nu\leqslant[\tilde{u}_k(t)-\tilde{u}_{k+1}(t)]/2$，其中$\tilde{u}_k(t)$和$\tilde{u}_{k+1}(t)$分别为$\boldsymbol{u}(t)$的第 k 个和第 k+1 个最大元素。

显然，建模为 QP 问题的 k-WTA 操作公式（2.42）是公式（2.37）的一种特殊情况。两个问题的系数对应关系为$\boldsymbol{H}(t)=2\nu\boldsymbol{I}\in\mathbf{R}^{n\times n}$，即对角线元素为 2ν 的对角矩阵；$\boldsymbol{p}(t)=-\boldsymbol{u}(t)\in\mathbf{R}^n$ 为系统的时变输入信息；$\boldsymbol{A}(t)=\boldsymbol{q}^{\mathrm{T}}\in\mathbf{R}^{1\times n}$ 为元素全为 1 的行向量；$\boldsymbol{v}(t)=k$ 为根据需要设定的常数值；$\boldsymbol{D}(t)=[\boldsymbol{I};-\boldsymbol{I}]\in\mathbf{R}^{2n\times n}$；向量$\boldsymbol{\vartheta}(t)=[\boldsymbol{q};0_m]$由 1 和 0 组成；$\boldsymbol{I}$ 表示合适维度的单位矩阵。也即，公式（2.42）的等价非线性方程$\boldsymbol{G}(t)\boldsymbol{z}(t)-\boldsymbol{s}(t)=0$ 具体为

$$G=\begin{bmatrix} \boldsymbol{H}(t) & \boldsymbol{\Lambda}^{\mathrm{T}}(t) & \boldsymbol{D}^{\mathrm{T}}(t) \\ \boldsymbol{\Lambda}(t) & 0 & 0 \\ -\boldsymbol{D}(t) & 0 & \boldsymbol{I} \end{bmatrix}=\begin{bmatrix} 2\nu\boldsymbol{I} & \boldsymbol{q} & \boldsymbol{D}^{\mathrm{T}}(t) \\ \boldsymbol{q}^{\mathrm{T}} & 0 & 0 \\ -\boldsymbol{D}(t) & 0 & \boldsymbol{I} \end{bmatrix}\in\mathbf{R}^{(3n+1)\times(3n+1)}$$

$$\boldsymbol{s}(t)=\begin{bmatrix} -\boldsymbol{\rho}(t) \\ \boldsymbol{v}(t) \\ \boldsymbol{s}_3(t) \end{bmatrix}=\begin{bmatrix} \boldsymbol{u}(t) \\ k \\ -\boldsymbol{\vartheta}(t)+\sqrt{\boldsymbol{\wp}(t)\cdot\boldsymbol{\wp}(t)+\boldsymbol{\sigma}(t)\cdot\boldsymbol{\sigma}(t)+\boldsymbol{J}} \end{bmatrix}\in\mathbf{R}^{3n+1}$$

$$\boldsymbol{\wp}(t)=\boldsymbol{\vartheta}(t)-\boldsymbol{D}(t)\boldsymbol{x}(t)\in\mathbf{R}^{2n}$$

接下来，采用文献[220]中所提出的模型 EERND、CGND 和 ENI 实现 k-WTA 操作。选取一组正弦函数 $u_i=-\sin\{2\pi[t+0.4(i+1)]\}$，$i=1,2,3,4$，作为输入数据；$k=2$；$\nu=10^{-3}$。在采样间隔 g=0.0001s 的情况下，由所提三个模型完成 k-WTA 操作公式（2.42）的仿真结果如图 2.4 所示。

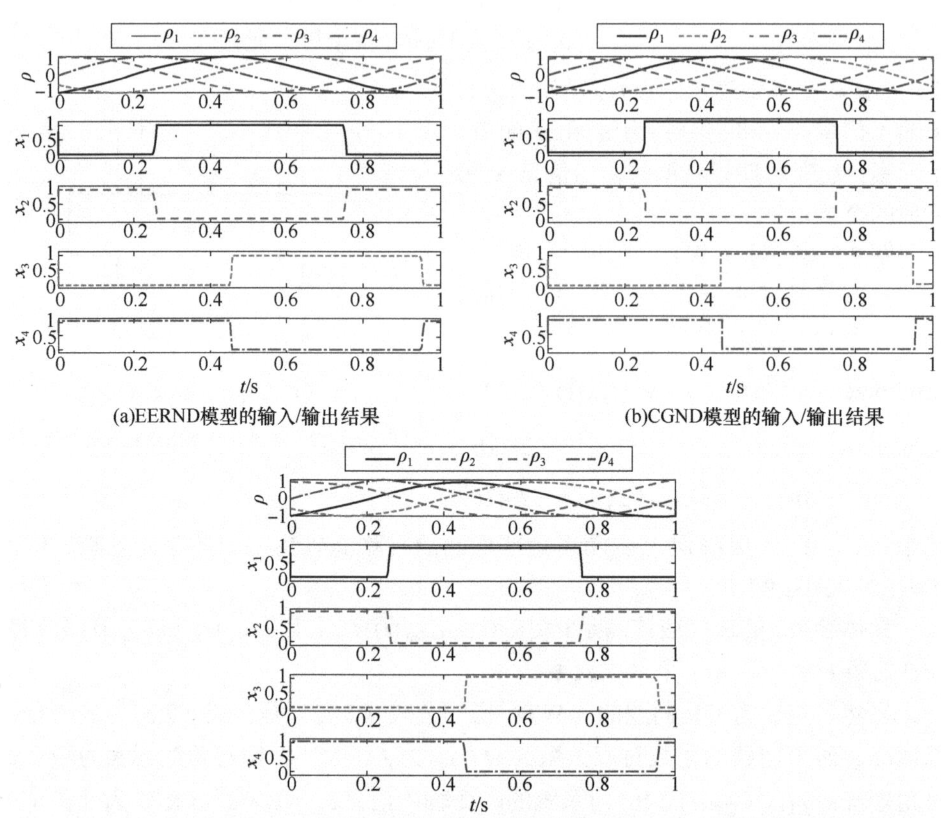

(a)EERND模型的输入/输出结果　(b)CGND模型的输入/输出结果

(c)ENI模型的输入/输出结果

图 2.4　采用 EERND 模型、CGND 模型和 ENI 模型实现 k-WTA 操作的仿真结果

结果表明，这三种方法均能快速且精确地从时变输入信号中选取两个最大的数据，且决策过程平稳。此外，这一高效的应用能力证实了所提模型构建思路的可行性与性能的优越性，为后续面向 k-WTA 操作的模型设计与性能改进，以及在多机器人竞争协同中的应用奠定了基础。

2.5　小　　结

在本章中，对动态神经网络的构建和应用做了详细的介绍和讨论，涵盖了动态神经网络研究的大部分方面。该领域的丰硕成果极大地推动了神经网络、机器人学、模型预测控制及图像处理等理论的发展。综上所述，在过去的几十年中，动态神经网络的研究取得了很大的成就。然而，仍然有许多新的问题有待解决。此外，不同类型的动态神经网络有自己的可行范围，不能指望现有的少数动态神经网络的研究解决所有的计算问题。

第 3 章　基于动态神经网络的机器人运动规划

本章对基于动态神经网络的机器人运动规划研究进展进行了较全面的介绍，并探讨了多机器人系统协同的相关内容。

3.1　运动规划问题构建

近几十年来，机器人技术在空间探索、水下测量、工业生产、军事、医疗卫生、焊接、涂装和装配等领域都具有愈加广泛的应用，引起了越来越多研究者的瞩目。在机器人技术方面，研究者们开发和研制了不同类型的机器人操纵装置，如冗余机器人、移动机器人、串联机器人、并联机器人和柔索驱动机器人。

冗余机器人[222]通常被设计为从固定基座到末端执行器的一系列由马达驱动关节连接的连杆。移动机器人通常被设计为由一个移动平台和一个固定在平台上的冗余机器人组成的机器人设备。串联机器人通常由冗余机器人和移动机器人组成。与串联机器人不同，并联机器人是一种机械系统，通常使用多个串联链来支持单个平台或末端执行器；此外，线缆驱动机器人是一种特殊的并联机器人，它的动平台由线缆驱动，而不是由一般的刚性连杆驱动。使用不同机器人节省劳动力和提高精度已成为各个工业领域的普遍做法。因此，许多方法被提出、研究和应用于控制机器人的操作。其中，由于神经网络在并行分布式结构、非线性映射、实例学习能力、高泛化性能及在神经元数量足够的情况下逼近任意函数等方面具有许多优势，因此基于神经网络的方法成为控制机器人运动极有竞争力的存在。一般来说，神经网络可以根据不同的标准分为不同的类型。例如，就网络的结构而言，可以分为前向神经网络和递归神经网络。前向神经网络是一种人工神经网络，内部没有循环或反馈信号；而递归神经网络允许双向信息流，这意味着内部信息从连续节点流向前一个节点（反馈），或形成一个单个节点内的闭环。

控制机器人的目的是实现特定任务，如载荷携带、轨迹跟踪等。为了完成这些任务，操控者必须向机器人发送命令，让其在特定时间内达到所需的速度、加速度或力。机器人的行为可以看作一个函数，因为机器人的输出会随着输入的变化而变化。

以图 3.1 所示的冗余机器人为例，机器人的输入是关节在特定时间 t 的角度，通常表示为$\boldsymbol{\theta}(t)$，因此有以下常规表达式：

$$\boldsymbol{r}(t)=f[\boldsymbol{\theta}(t)] \tag{3.1}$$

其中，$\boldsymbol{r}(t)$表示末端执行器的位置；$f(\cdot)$表示可微分非线性函数。

实际上，输出值也可以是速度、加速度和施加在末端执行器上的力，只是需要进一步计算。其目的是设计一个控制器，该控制器可以在设定所需输出时发送适当的输入，并可能带有各种各样的约束条件。在本章中，我们主要研究基于神经网络的控制器，这些控制器已经被证明在解决非线性问题方面具有优异的性能。

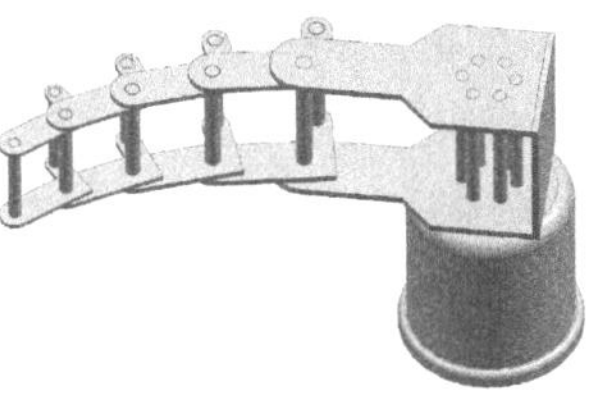

图 3.1　冗余机器人

图 3.2 展示了使用基于神经网络的控制器操纵机器人进行工作的信息流。一般来说，根据对机器人动力学和外界干扰的程度，基于神经网络的机器人运动生成与控制器可分为三类：全面了解机器人的模型动力学和外部扰动相关知识、部分了解机器人的模型动力学和外部扰动相关知识、不了解机器人的模型动力学和外部扰动相关知识。在已知结构和参数的情况下，可以开发递归神经网络来操纵控制器，从而优化额外约束下的性能指标。文献［30］中提出了一种基于递归神经网络的控制方案，它能够以无逆的运算方式，有效地使已知模型动力学的机器人的可操作性最大化。其中所涉及的递归神经网络能够递归地解决问题，且不需要提前训练。此外，在某些前提条件下，研究者已经证明前向神经网络能够将各种非线性函数逼近到任何所需的精度[102]。因此，自适应神经网络旨在补偿由于建模误差或在具有部分模型动力学知识的机器人控制中的扰动而产生的不确定性。此外，在机器人模型动力学未知的情况下，辅助神经网络的无模型控制方案能够在一个统一的框架内同时处理机器人的学习和控制问题[36]。

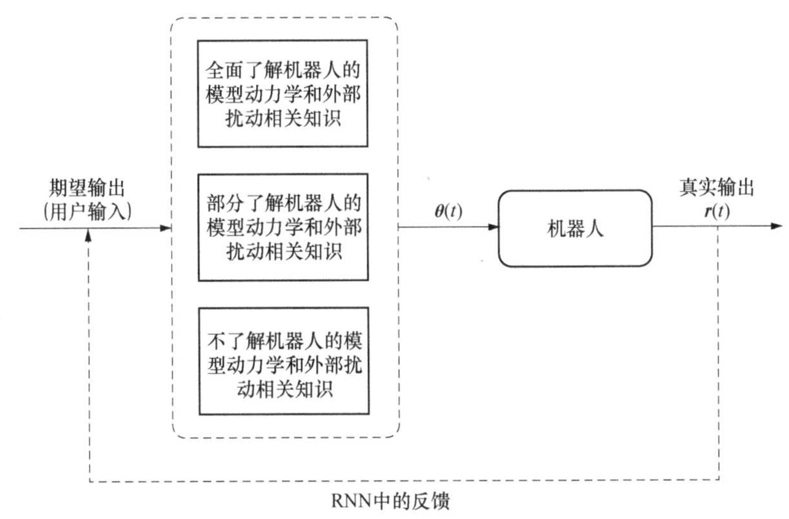

图 3.2　控制机器人的信息流

注：图中从真实输出到用户输入的虚线表示反馈，并将输入的神经活动构造为递归神经网络。

为了操纵机器人完成特定的任务，在实际情况下，用户只需要向控制系统输入期望的输出结果，然后控制器将自动向机器人发送包含命令的处理信号以实现最终输出。这里的关键任务是设计一个能够使期望输出和实际输出之间的差异最小化的控制器，以模拟目标机器人的动力学。

3.2 机器人系统

在本节中，我们将从神经网络处理的控制问题所涉及的各种主流操纵器的角度展开讨论。

3.2.1 冗余机器人

冗余机器人是具有比任务要求更多的自由度（domain of freedom，DOF）的机器人，可以提高性能，如避免碰撞、优化特定标准（如关节处的扭矩或速度）。不同于非冗余机器人，图 3.1 所示的具有额外冗余度的机器人可以在更大的范围内运动，具有更好的灵活性，并且在协调操作任务中工作效率也更高。冗余机器人的优化经常被视为二次规划问题。为了解决控制两个冗余机器人的关节角漂移现象，在文献［39］中提出了一个方案，并通过称为基于分段线性投影方程的对偶神经网络来解决。这项工作可以看作基于神经网络的冗余机器人运动规划的后续工作。

3.2.2 并联机器人

图 3.3 所示的并联机器人是带有末端执行器的机械装置，通常是由多个串行链支持的平台，可应用于医疗领域、工业制造、深海勘探和飞行模拟器。并联机器人最著名的例子之一是 Stewart 平台，它由六个线性执行器和两个平台组成，其中一个是支撑执行器的底座，另一个是由可控执行器支撑的末端执行器。与串联机器人相比，并联机器人具有更强的刚度，更便于重新配置。此外，并联机器人可以避免由于串联机器人中各个关节的存在而引起的误差，从而使自己在定位任务中具有更高的精度。然而，由于并联机器人的结构性质，它们的工作空间比串联机器人的工作空间要有限得多。此外，还存在一个更糟糕的问题：奇异性。当机械系统接近其奇异区域或恰好位于其奇异点时，其刚性和精度会严重下降，这会使机器人的性能变差。文献［223］中提出了基于反向传播的前向神经网络求解 Stewart 平台的正运动学问题，由于该问题具有多解性，该文献对此问题进行了优化。文献［224］中涉及的神

图 3.3　并联机器人

经网络方法增加了误差补偿机制，通过该机制获得最终解的时间仅为 1s 左右，在相同的精度水平下大大减少了计算时间。文献［207］将 Stewart 平台的运动控制问题表述为动态对偶神经网络求解的二次规划问题。他们利用理论分析揭示了所采用的动态神经网络的全局收敛到最优解的定义准则和相应的仿真结果。

3.2.3　柔索驱动机器人

图 3.4 所示为柔索驱动的机器人，它在现实生活中的各个领域具有广泛应用，例如，携带脆弱而无法与地面简单接触的有效载荷、构建帮助残疾人的外骨骼和现场直播等。在文献［225］中，柔索驱动机器人的运动学问题是通过一个基于多层感知器的反向传播神经网络来解决的，该神经网络经过反向传播训练。此外，由三根柔索控制的机器人的逆运动学问题在文献［226］中进行了讨论，作者利用前向神经网络来表达机器人末端位置与这些柔索上的力之间的关系。文献［227］中提出了一种基于雅可比矩阵的方法，利用前向神经网络来解决柔索驱动机器人的逆运动学问题，并在精度和计算时间方面进行了比较分析。

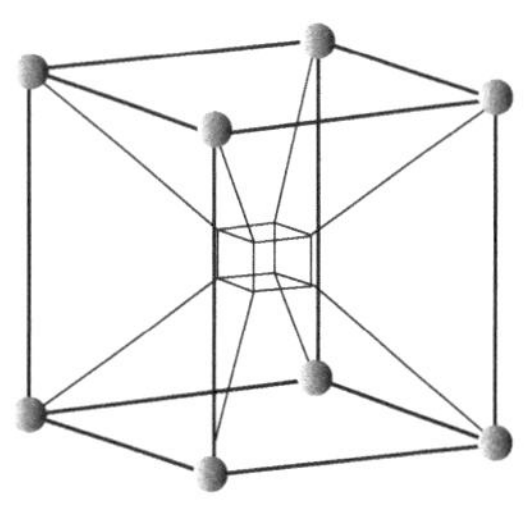

图 3.4　柔索驱动机器人

3.2.4　移动机器人

图 3.5 所示为移动机器人，是那些集成在可移动基座上的机器人，这些机器人拥有更大的可扩展工作空间，因此在定位时表现更好。在文献［228］中，作者指出移动机器人一般由一个 m 轮式的完整/非完整移动平台和一个安装在平台上的 n-DOF 模块化机械臂组成。移动机器人的应用实例包括爆破任务、危险场所探测和空间操作任务等。在文献［229］中实现并测试了全向轮式移动机器人的鲁棒轨迹跟踪任务，提出了一种基于神经网络的滑模控制方法来完成该任务。此方法利用神经网络研究控制机制内部的非结构化动态，通过神经网络的分区结构来提高学习效率。

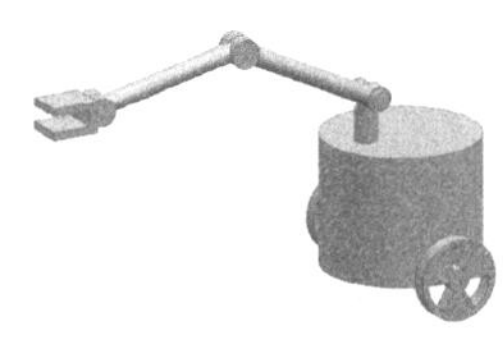

图 3.5　移动机器人

3.3　面向机器人运动规划的神经网络方法设计

在上一节中，介绍了涉及神经网络解决操纵问题的各种主流机器人。在本节中，我们将从一个新的角度展开讨论，即适用于机器人控制问题的各种流行的神经网络算法。人工神经网络是一种受人脑内部工作机制启发而设计的模拟神经元学习过程的学习算法。在人工神经网络中，基本有三层：输入层、隐藏层和输出层。应用神经网络训练一组参数（权重），它们可以反映从用户输入到发送给机器人操纵器的输入的映射。

在机器人控制问题中，神经网络的训练算法主要有在线训练和离线训练两种，可以在特定的任务中根据不同工作性能需求分别选用。离线训练神经网络更简单，所设计的神经网络在应用到相应的机器人时不需要调整参数，其在应用至机器人之前的训练流程如图 3.6 所示。在训练过程中，用户收到来自机器人的反馈，并与期望输出进行比较，其差值用 $\boldsymbol{u}$ 表示。系统使用大量的用户输入训练神经网络，当期望输入和实际输入之间的差值最小时，将保留并应用神经网络的最终输出参数至实际应用中。然而，那些从真实机器人或仿真软件中收集到的训练数据可能无法作为机器人的真实动力学，因为有效载荷或摩擦力等约束可能会对从理想情况下获得的数据产生影响，导致训练数据不准确。因此，需要连续的在线训练来实现真实的动态。在在线训练中，神经网络控制器可以根据期望输出与实际输出之间的差异调整其参数，同时机器人执行指定任务。根据这一特点，机器人在训练过程可以处理影响机器人性能的额外因素，如重力和摩擦力。由于递归神经网络具有反馈机制，在实时控制问题中使用递归神经网络模型大多不需要离线训练。

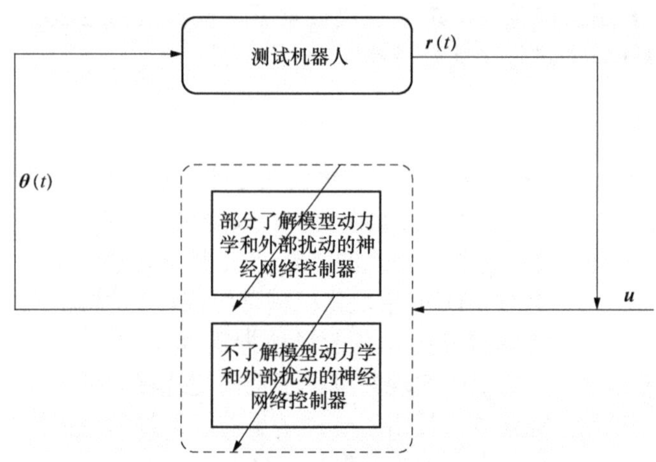

图 3.6　神经网络的离线训练过程

由图 3.7 可以看出，在神经网络的在线训练中，一个专用传感器负责测量真实的输出，并将结果减去用户的输入后传递给神经网络。这种设计使这种方法可以实现在线训练。此外，神经网络存在修改参数的机制，直至适合训练样本。离线训练可能无法达到我们实际操作中所需要的动态性，而在线训练确实可以提升性能。

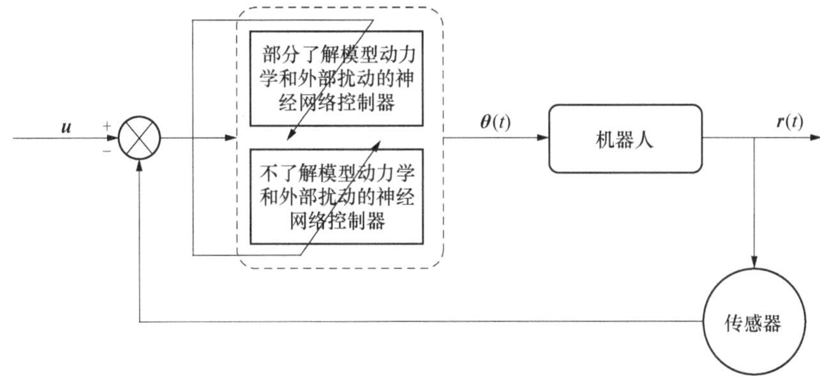

图 3.7　神经网络的在线训练过程

接下来将介绍在机器人控制问题中采用的几种主流的神经网络方法，并重点介绍相应的代表性工作。

3.3.1　前向神经网络

前向神经网络是一种内部没有循环或反馈信号的人工神经网络。这类神经网络已被广泛应用于解决机器人控制系统的动力学和运动学问题。

1. 基于反向传播的前向神经网络

基于反向传播（back propagation，BP）的前向神经网络通常使用 Sigmoid 函数作为激活函数。反向传播的主要思想是调整网络内部神经元之间的连接权重等参数，使期望输出与实际输出之间的差值相关的损失函数最小化。当通过梯度下降方法优化损失函数时，会对神经网络内部的参数进行微调。尽管反向传播可能会为特定的动力学或运动学问题提供最终解决方案，但由于梯度下降的性质，该解决方案可能并不是全局最优值，而是局部极值。局部极值与全局最优值的区别如图 3.8 所示。由于反向传播学习过程的起点是由计算机随机决定的，算法很可能陷入局部极值。此外，反向传播的前向神经网络学习速度通常较慢，如果希望

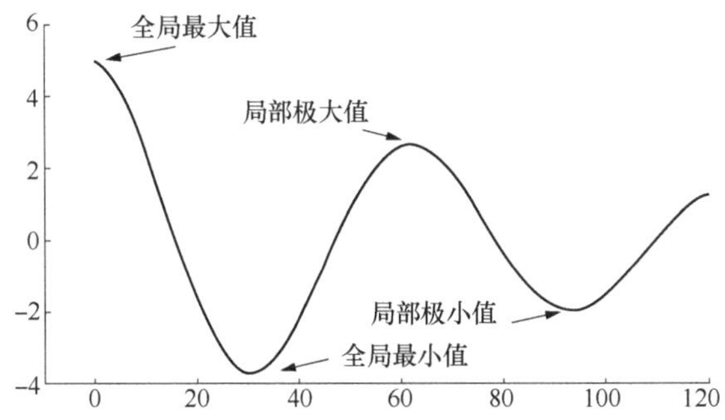

图 3.8　局部极值与全局最优值的区别

得到更为精确的解，其求解问题的收敛速度可能会变慢。这种收敛速度和学习速度之间的权衡也是梯度下降的属性之一。

文献［229］使用带有修正项的反向传播技术训练基于参数的非线性神经网络观测器，通过仿真验证了该观测器的鲁棒性和稳定性。观察者的鲁棒性和稳定性通过基于柔性关节机器人的模拟显示。在此基础上，文献［230］完成了平面机器人的定点控制相关后续工作，其采用了类似于反向传播的学习算法来获得基于径向基函数的网络权重，并在二自由度机器人上进行实验验证。

2. 具有径向基函数的前向神经网络

与可能有多个隐藏层的基于BP的神经网络不同，基于径向基函数（radial basis function，RBF）的神经网络的基本结构中只有一个隐藏层，即网络总共有三层。隐藏层采用的激活函数是径向基函数，是一种单调函数，其参数 l 通常是到某个特定不动点的欧几里得距离。在参数 $c>0$ 的情况下，可以使用以下函数构建基于RBF的神经网络：

多二次函数：

$$\varphi(l)=\sqrt{l^2+c^2} \tag{3.2}$$

逆多二次函数：

$$\varphi(l)=\frac{1}{\sqrt{l^2+c^2}} \tag{3.3}$$

高斯函数：

$$\varphi(l)=\exp\left(-\frac{l^2}{2c^2}\right) \tag{3.4}$$

基于 RBF 的神经网络的主要思想是通过非线性变换将线性不可分的样本映射到更高的维度，从而用线性函数将其分离。输出层的分量是隐藏层生成值的线性组合。由于径向基函数受到特定点（中心）的欧几里得距离的影响，相应权重的变化会对靠近中心的点产生更显著的影响，称为局部属性。这就是在通过梯度下降等监督学习方法训练时，RBF 网络的收敛速度比 BP 网络更快的原因之一。除了梯度下降训练外，还可以采用其他方法获取 RBF 网络的参数：不同 RBF 函数的中心可以通过 k-means 分类等聚类方法获取；隐藏层和输出层之间的权重可以通过计算矩阵的伪逆（或样本数等于隐藏层中神经元数量时的逆）来获得。

基于 RBF 的神经网络可用于解决机器人的动力学和运动学问题。文献［231］中提出在轮廓控制中，可使用一种鲁棒的基于 RBF 的神经网络补偿机器人的非线性动力学。后来这项工作被扩展到了双关节机器人的上摆控制，其中采用了 RBF 神经网络来消除摩擦的负面影响[232]。实验结果表明，这种基于

RBF 网络的改进是可行的。此外，文献［233］提出了一种基于 RBF 的具有动态区域设计的神经网络控制机器人，通过类李雅普诺夫分析验证了该网络的稳定性。文献［234］将基于 RBF 网络的终端滑模控制应用于包含真实动力学的机器人控制，该方法增加了一种鲁棒控制结构，并通过实验结果和李雅普诺夫理论进行了验证。

3.3.2　递归神经网络

与前面提到的前向神经网络不同，从图 3.9 中可以看出，递归神经网络[235]具有双向信息流，即网络内部的信息可以从一个连续的节点流向前一个节点（称为反馈），或者在单个节点内形成闭合循环。递归神经网络已成功地应用于机器人控制。例如，在文献［236］中，利用递归神经网络来控制机器人与曲面之间的接触力和位置，该神经网络负责仿真机器人动力学，通过仿真验证了该方法的有效性。此外，参考文献［237］中设计了一种基于递归神经网络的预测控制器，以减少数字控制的计算时间。该控制器能够快速改变输入，已通过机器人模型的运动学和动力学仿真证明其有效性。针对时变问题，文献［238］研究了一种特殊的递归神经网络——Zhang 神经网络（Zhang neural network，ZNN），该网络通过计算机器人雅可比矩阵的时变伪逆来解决冗余度求解问题。理论分析和仿真结果说明了该递归神经网络的有效性。通过将多机器人系统的非光滑优化问题转化为凸优化问题，文献［239］提出了一种递归神经网络方法有效地解决了这些非光滑优化问题。文献［240］的作者在论文中提出了两种递归神经网络来解决由此产生的冗余度求解问题，可分别实现冗余机器人循环运动中的关节角漂移和关节角速度漂移问题。此外，通过直接计算时变雅可比矩阵的伪逆，文献［241］导出了机器人运动的连续和离散模型。

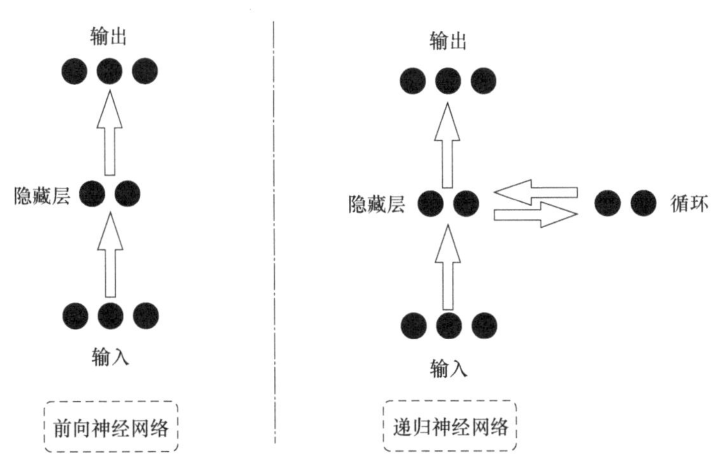

图 3.9　前向神经网络与递归神经网络的区别

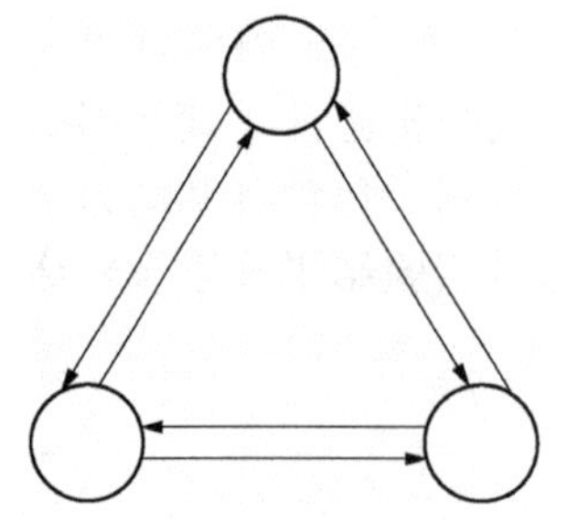

图 3.10　一个带有 3 个神经元的 Hopfield 网络

1. Hopfield 网络

Hopfield 网络的结构就像一个全连通图，其中每个神经元与所有其他神经元都存在对称的连接，但与自身没有循环。一个带有 3 个神经元的 Hopfield 网络如图 3.10 所示。其中的每一个神经元只存在两种状态（如 0 或 1），第 i 个神经元 x_i 以如下方式异步或同步更新：

$$s_i = \phi\left(\sum_j w_{ij} s_j - \vartheta\right), i \neq j \qquad (3.5)$$

其中，s_j 表示除 s_i 以外的神经元；w_{ij} 表示 s_i 和 s_j 之间的权值；$\phi(\cdot)$为激活函数；ϑ 为阈值。

虽然可以使用 Hebbian 学习来训练 Hopfield 网络针对特定模式的权值，但它可能会导致生成 Hopfield 网络的局部最小值，这是 Hopfield 网络的一个明显缺点。

文献［242］指出 Hopfield 可用于求解任意一组线性方程或约束最小二乘优化问题。在讨论 Hopfield 网络的实际应用时，考虑了其在机器人中的应用。文献[243]研究了一种冗余机器人避障算法，其中 Hopfield 网络用于求解运动学控制。在四连杆平面机器人手臂上的实验验证了该算法的有效性。此外，在文献［244］中描述了通过 Hopfield 网络估计动态系统参数的工作，其中表明 Hopfield 网络比梯度估计器具有更低的误差和更少的振荡，且其结果可能是一个能够扩展到机器人控制领域的新方向。这里值得指出的是，尽管 BP 和 Hopfield 型神经网络在网络结构、物理意义和训练模式方面有着明显的差异，但通过比较基于 BP 的神经网络的权重更新公式和 Hopfield 网络的状态转换关系方程的广义矩阵求逆，文献[245]发现这两个导出的表达式在数学意义上是相同的。此外，他们还将这种研究结果发散至解决不同的数学问题。

2. 脉冲神经网络

作为第三代神经网络，脉冲神经网络（spiking neural network，SNN）与之前讨论的网络相比，它更接近于真实的神经元系统。SNN 的输入和输出数据总是被解释为尖峰，它可能是一个增量函数。SNN 的一个特点是它可以处理随时间变化的尖峰。由于它能够处理特定序列中或准确时序下的尖峰，因此 SNN 在解决依赖于时间的模式方面非常强大。此外，如文献［246］中所述，SNN 模型具有独特的优势，是机器人控制器的良好候选者。

在控制机器人领域，一些实际应用是通过 SNN 完成的。例如，在文献［247］中训练了一个 SNN 模型来控制一个 4-DOF 操纵器，其中应用尖峰时间相关的可塑性增强相关突触，同时削弱较为不相关的突触。通过在 iCub 类人机器人手臂上的实验验证了该算法的有效性。文献［248］中开发了一个 SNN 和 iCub 类人机器人之间的开源接口库，称为 iSpike，可用于开发基于 SNN 的智能机器人。尽管在利用 SNN 控制机器人方面的工作很少，但由于其强大的本能，它在解决该领域的问题方面仍有很大的潜力。此外，文献［249］中提出了一种用于自主机器人的目标跟踪控制器，它将预处理的环境和目标信息编码为在未知环境中由三层 SNN 集成的脉冲序列，基于每个电机对应的前向/后向神经元对之间的竞争生成该 SNN 的输出。

3. 中央模式生成器

中央模式生成器（central pattern generator，CPG）是一种不需要感官反馈而产生节奏模式的神经网络，其模型如图 3.11 所示。就神经网络而言，感官反馈指的是系统之外的输入。因此，无论周围环境如何变化，CPG 都可以生成并保持有节奏的运动，例如，在期望的轨迹内有规律地移动或移动手臂。文献［250］中描述了应用于机器人运动控制的中央模式生成器的概述。

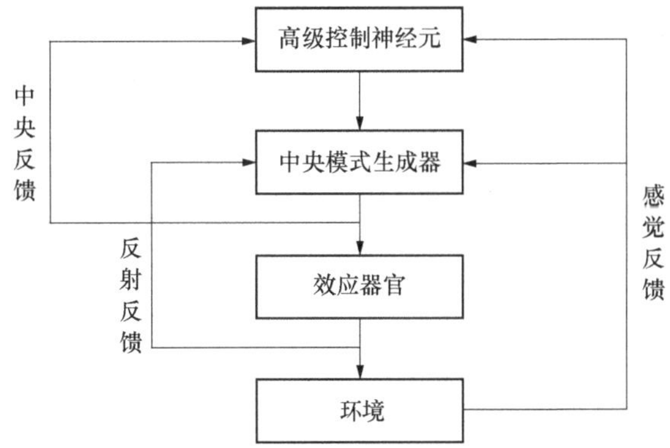

图 3.11　中央模式生成器的模型

文献［251］提出了一种基于 CPG 的方案控制两栖蛇机器人的运动，该方案的灵感来自七鳃鳗的脊髓。该算法实现了在陆地和水中同时对机器人运动方向和速度进行简单的调整，并将姿态平稳连续地发送到机器人的驱动关节上。类似地，在文献［252］中，分布式 CPG 用于蛇形机器人控制。该方案不仅密切地模拟了神经控制机制，且实现了特定层次的模块化。文献［253］设计了一个使用 CPG 作为轨迹生成器的三层的仿生架构来实现仿人机器人 iCub 的运动生成。此外，CPG 中的参数如文献［254］所示进行优化实现了稳定双足行走时的全身关节轨迹生成。

4. 回声状态网络

回声状态网络（echo state network，ESN）的主要思想是利用随机生成的存储池来替换经典神经网络中的隐藏层。要实现 ESN 应首先生成具有随机连接的存储池，其中存储层的神经元数量取决于要解决问题的规模。配置存储池后，随着输入的变化，应记录存储池在不同时间的不同状态。可以通过解决线性回归问题来确定从存储池到输出的权重，这是唯一需要人为训练的值。ESN 的典型结构如图 3.12 所示，输入层和输出层分别只有一个神经元。从图中可以看出，从存储池到输出神经元的权重用虚线标记。允许从输出层到存储池的权重作为反馈。尽管在 ESN 中计算权重的过程相对简单，但随着问题规模的增加，存储池的复杂性会变得复杂得多。

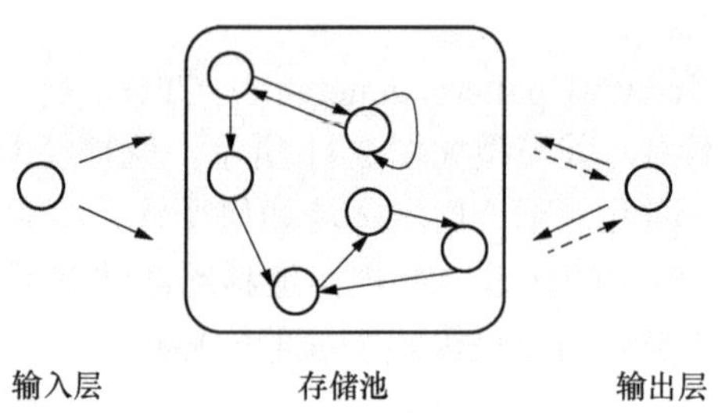

图 3.12　ESN 的典型结构

通过采用自适应模糊小波回波状态网络，文献［255］提高了动态系统的不确定性逼近性能。该控制方案采用反馈控制器和自适应律来预测不确定性，其有界性和收敛性由李雅普诺夫稳定性证明，并通过在执行精确位置控制的机器人操纵器上进行实验来确保性能。文献［256］也利用模糊回声状态网络来提高预测的有效性，研究非线性系统的指定性能的漏斗动态表面控制。在多输入多输出（multiple input multiple output，MIMO）非线性系统和机器人上的实验表明了该控制方案的有效性。

3.3.3　对偶神经网络

从理论上讲，对偶神经网络是一种递归神经网络。由于许多与机器人控制相关的工作都是在对偶神经网络的帮助下完成的，因此我们把这部分作为一个重要组成部分进行更详细的讨论。对偶神经网络与其他神经网络的主要区别在于它采用了对偶空间的概念。应用对偶空间的主要思想是将一个凸优化问题从原始空间转化为它的对偶空间。在原始空间中，凸优化问题可以表示为

$$\begin{aligned}\text{minimize}\quad & g(x)\\ \text{subject to}\quad & c_i(x)\leqslant 0,\ i=1,2,\cdots,m\\ & d_j(x)=0,\ j=1,2,\cdots,p\end{aligned}\tag{3.6}$$

其中，$g(x)$是需要优化的条件；$c(x)$和 $d(x)$分别是不等式和等式约束。

通过变换，等式和不等式约束可以通过构造拉格朗日函数转换成只由相应对偶变量表示的形式：

$$L(x,\lambda_0,\cdots,\lambda_m)=\lambda_0 g(x)+\lambda_1 c_1(x)+\cdots+\lambda_m c_m(x)\tag{3.7}$$

其中，λ_i，$i \in \{0,1,\cdots,m\}$，表示 KKT 乘子。

利用神经网络进行迭代求解即可得到最优解。可以用二次规划优化问题表示许多控制问题，再使用对偶神经网络求解二次规划优化问题。这种方法在需要特定优化准则的冗余机器人控制问题中很常见。使用对偶神经网络求解 QP 问题的一个优点是，即使存在不等式约束，也能得到精确的优化解。

近 20 年来，研究者对应用对偶神经网络控制机器人进行了大量的研究。例如，在文献［257］中，无限范数加速最小化是通过一个基于 LVI 的主对偶网络在冗余机器人上实现的，该对偶神经网络避免了矩阵与矩阵的乘法，降低了计算量。在 PUMA 560 机器人上进行的真实仿真验证了该算法的有效性。文献［258］将机器人逆运动学问题视为时变二次优化问题，并利用全局指数稳定的对偶神经网络对冗余机器人进行形式运动学控制。文献［259］中对冗余机器人的对偶准则运动学控制进行了后续研究，使用对偶准则分别表示有限范数和欧几里得范数，其中采用的对偶准则可以消除最小无穷范数解的不连续性。除此之外，该文献还提出了在新准则下具有全局收敛性的对偶网络，并将其应用于 PA10 机器人的控制。该方法在文献［15］中得到了进一步的推广，在对偶神经网络求解优化问题时，考虑了关节极限、关节角速度极限和无漂移属性等物理约束，并通过对 PA10 机器人的实验验证了该网络的收敛性。在文献［260］中提出了一种基于 QP 的求解器，该求解器具有更简单的分段线性动力学和无须矩阵求逆从而计算速度更快的两个特点，且在 PUMA 560 机器人上进行了检测，可以平稳运行。在文献［261］中，选择的优化准则包括系统的动能和加在物体上的广义力两个范数，并考虑了关节处的力矩和作用力，且所提出的对偶神经网络在多机器人坐标操作任务中得到了验证。

3.3.4　现代控制理论与相关技术

机器人模型的不确定性和外部干扰可能会导致性能下降以及安全问题。比例积分微分（proportional integral derivative，PID）控制器是机器人控制中处理外部干扰的一种常规方法。然而，想要令控制参数调整至最佳响应值相当复杂。最近的进展表明，主流趋向于使用基于现代控制理论和先进的技术（例如，滑模模式、T-S 模糊模式、自适应动态规划和强化学习）来处理机器人控制中的这些棘手问题[262]。然而，纯滑模模式存在一些限制，如抖动和敏感问题。此外，纯模糊模式有时不能保证稳定性和可被用户接受的性能。基于神经网络的方法具有并行分布式结构、非线性映射、实例学习能力、高泛化性能和用足够数量的神经元逼近任意函数等优点，是一种具有竞争力的机器人运动控制方法。因此，通常采用与神经网络相结合的混合技术来控制机器人。文献［263］中提出的方案用于在不确定情况下设计高性能非线性控制器，它结合了滑模控制、自适应动态规划、模糊控制及 PID 控制。文献［263］发现强化学习的核心与自适应最优控制（或自适应动态规划）的核心相同。文献［264］通过使用强化学习方案为具有未知功能和死区输入的机器人系统提供了一种自适应控制方案，其中死区的参数被假定为未知但有界。文献［265］中对强化学习在机器人中的应用进行了调查，其中作者讨论了强化学习和自适应动态规划的等效性。在文献［102］中研究了不确定的 n 维关节轴机器人的跟踪控制问题，其中机器人被表述为 MIMO 系统。此后，自适应神经网络被设计用来处理系统的不确定性和干扰。此外，这种技术被进一步用于处理输出约束[266]、类似反冲的滞后[267]和双足机器人的系统不确定性[268]。在协调双机器人执行复杂任务时，需要精确的运动规划才能实现两个机器人之间的有效协作。此外，除了外力之外，还必须考虑施加在所抓取物体上的力。文献［219］使用 RBF 神经网络设计了一种自适应神经控制，用于在存在未知动力学和操纵对象的情况下控制 Baxter 机器人，并进一步采用 RBF 神经网络来控制 Baxter 机器人的运动学和动力学水平及远程操作系统的控制器设计。此外，极限学习机（extreme learning machine，ELM）也可用于构建不确定机器人的控制方案实现触觉识别[269]，其中 ELM 用于补偿机器人动力学中的未知非线性约束。值得一提的是，对于控制器所需的机器人状态变量不可测量的情况，可以设计基于 RBF 神经网络的观察器来处理这些不可测量的问题。

3.4　基于 k-WTA 的多机器人运动规划应用

近十几年来，冗余多机器人技术（如多个移动机器人）在科学研究和工程应用中发挥着越来越重要的作用。冗余技术的使用有效解决了单个机器人作业时载荷相对较小，信息感知处理能力相对较弱的缺点。多机器人系统是指由一定数量的同类或异类机器人组成，利用信息交互与反馈、激励与响应，实现相互间行为协同，适应动态环境，共同完成特定任务的自主式智能控制系统。具体而言，移动机器人的主要工作内容是在一定范围内移动以执行某种任务。移动机器人在现实世界中有很多应用实例，如地板清洁、排雷、矿难救援及扑翼机控制等。冗余机制的存在虽然在一定程度上造成了资源浪费，但是可以使任务在更优甚至最优的情况下完成。整体而言，可以认为在绝大多数情况下冗余是有意义的。在由多智能体系统衍生而来的冗余多机器人系统中，有时会使用一致性滤波器使多个机器人在基于合作竞争的行为模式下完成相同的任务。一致性问题的研究是多智能体系统中最热门也是最重要的研究方向，其旨在使系统的所有成员在有限的沟通下对某些变量达成一致。文献［270］利用代数图论的知识首次对一致性问题进行了严格的理论分析，证明了当系统的拓扑结构是一个无向连通图时，所有智能体的状态最终会趋于一致。与此同时，还进一步研究了领导者-跟随者的多智能体系统的一致性问题，以及具有时间相关通信链接的多智能体系统的稳定性。除此之外，文献［271］讨论了定向网络中的多智能体的一致性，给出了相应的收敛性和稳定性分析。

已有的一致性问题相关研究工作大多局限于动态合作情景的建模。然而，许多研究证实在复杂行为的动态建模中，竞争与合作同样重要。赢者通吃是一种可以从输入信号中输出最大值的操作，可用于捕捉多智能体系统在交互过程中竞争行为的本质。我们可以将这种操作理解为一种基于竞争的协同行为，例如，在一个群体的捕猎过程中，距离猎物近的部分捕食者是赢家，赢家负责扑杀猎物；其余的捕食者是输家，他们保持不动并持续警惕来包围猎物。数学意义上的 WTA 问题可以用如下函数来表示：

$$x_i = \eta(\nu_i) = \begin{cases} 1, \nu_i = \max\{\nu\} \\ 0, \nu_i \neq \max\{\nu\} \end{cases} \tag{3.8}$$

上式的 WTA 操作是以下 k-WTA 问题的 k=1 的特殊情况：

$$x_i = \eta(\nu_i) = \begin{cases} 1, \nu_i \in K \\ 0, \nu_i \notin K \end{cases} \tag{3.9}$$

其中，K 为 ν 的前 k 个最大值的集合。

k-WTA 网络的学习阶段也可以用递归的权值更新公式解释，其中只有与获胜神经元相关的权值被更新，而其余权值保持不变。k-WTA 网络的这种特性可以进一步应用于多机器人的合作与竞争协同控制问题。例如，在 k-WTA 网络中，多个机器人可以根据每个机器人之间的距离在一条装配线上按顺序组装车辆。除此之外，k-WTA 还可用于动态任务分配和目标追踪问题，以选择最优的机器人执行任务，如图 3.13 所示。但是与 k-WTA 网络生成方面的广泛研究成果相比，现存的基于竞争机制的多机器人协同的联合探索工作相对较少。文献［68］中研究了一个具有自适应增益激活函数的有限时间收敛 k-WTA 网络，并将该网络应用于具有外部干扰和系统不确定性的多智能体系统的动态任务竞争中。此网络采用集中式通信方案，即在任务分配时将智能体下一步的运动速度、方向等网络输出通过广播发送给其他智能体。但是在实际应用中，集中式通信的广播机制会增加系统开销、降低系统的可靠性和安全性。因此，集中式控制方案不适用于通信受限的多智能体系统。与集中式方案相比，在分布式系统中每个智能体只需与其相邻的智能体通信，大大提高了信息资源的利用率和系统的稳定性。在此基础上，文献［84］借助一致滤波器设计了一个使用 k-WTA 算法的竞争性分布式网络，并将该网络应用于带有末端执行器的冗余机器人的路径跟踪。文献［85］中研究了一个用于受限通信下多机器人系统执行动态任务分配的 k-WTA 网络。上述两篇论文研究了一种基于协同行为的新型分布式竞争机制，并对基于该机制的控制理论进行了分析。

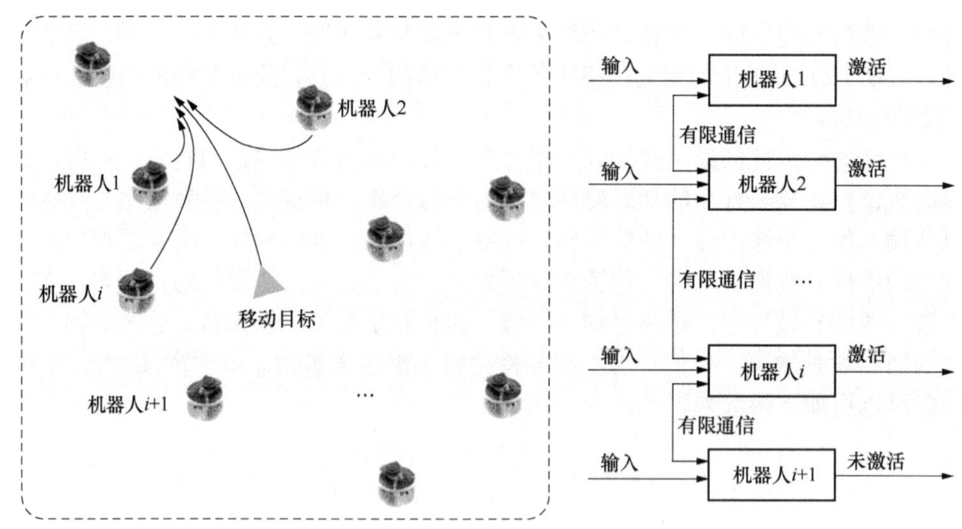

图 3.13 有限通信情况下多机器人 k-WTA 网络任务分配实例

3.5 小　结

综合本章内容来看，动态神经网络在机器人运动规划方面取得了很大的成就，但仍然有许多新的问题需要解决。一切未来发展都将伴随着各种机器人先进制造技术和材料工艺的发展，以及构建和开发神经网络的数学理论的发展。需要强调的是，不同类型的神经网络有其各自的可行范围，单一神经网络无法解决不同任务下的所有机器人控制问题。每一类神经网络，如前馈神经网络、递归神经网络、对偶神经网络及其改进网络，都有其各自的优点，这些优点考虑了机器人控制的计算复杂度和效率之间的权衡。

第 4 章　基于动态神经网络的多机器人合作协同

本章首先提出了一个用于多机器人合作协同的分布式控制方案，该方案能够同时实现四个目标，即实现机器人的全局协同、对关节角速度加以约束、确保机器人之间的有限通信及特定性能指标的最优性。在此基础上，本章进行了相应的理论分析，证明了在通信网络连接的情况下，所有机器人的运动信息都能保持同步。其次，本章将该方案转化为二次规划的形式，并采用具有严格收敛性的动态神经网络对问题进行求解。此外，本章还通过仿真实验进一步验证了所提出的分布式控制方案和动态神经网络的有效性。

4.1　问题与方案构建

本节首先对机器人协同控制和一致性问题进行了介绍。在此基础上，提出了一种分布式控制方案求解此类问题。

4.1.1　机器人动力学

对于自由度为 m 的冗余机器人，其末端执行器的笛卡儿坐标 $\boldsymbol{r}\in\mathbf{R}^n$，本章研究的机器人存在冗余自由度的情况，因此 $m>n$。机器人的正向运动学可表示为

$$\boldsymbol{r}(t)=f[\boldsymbol{\theta}(t)] \tag{4.1}$$

其中，$\boldsymbol{r}(t)$表示机器人末端执行器的笛卡儿坐标；$\boldsymbol{\theta}(t)$表示机器人关节角，对于自由度为 m 的机器人，$\boldsymbol{\theta}(t)=[\boldsymbol{\theta}_1(t),\cdots,\boldsymbol{\theta}_m(t)]^{\mathrm{T}}\in\mathbf{R}^m$；非线性映射函数 $f(\cdot)$表示从笛卡儿空间到关节空间的映射；$\bar{\boldsymbol{\theta}}(t)=[\boldsymbol{\theta}_1^{\mathrm{T}}(t),\cdots,\boldsymbol{\theta}_p^{\mathrm{T}}(t)]^{\mathrm{T}}\in\mathbf{R}^{mp}$，其时间导数为 $\dot{\bar{\boldsymbol{\theta}}}(t)$。

需要注意的是，本章所使用的 PUMA 560 机器人的数学表达式已在文献［44］中给出，故在此省略。基于公式（4.1），可以得到

$$\dot{\boldsymbol{r}}(t)=\boldsymbol{J}[\boldsymbol{\theta}(t)]\dot{\boldsymbol{\theta}}(t) \tag{4.2}$$

其中，$\dot{\boldsymbol{r}}(t)$ 表示 $\boldsymbol{r}(t)$ 的时间导数；$\dot{\boldsymbol{\theta}}(t)$ 表示 $\boldsymbol{\theta}(t)$ 的时间导数；雅可比矩阵 $\boldsymbol{J}[\boldsymbol{\theta}(t)]\in\mathbf{R}^{n\times m}$，本章将其简写为 $\boldsymbol{J}$。

基于所提出的控制方案，$r(t)$需要跟踪期望轨迹 $r_{\mathrm{d}}(t)$从而完成给定的任务，即 $r(t)\rightarrow r_{\mathrm{d}}(t)$。公式（4.1）中包含的冗余度信息在某种意义上可以用来从所有可行解中选出最优解，它对应一个最优准则和额外的约束条件。为了便于阐述，本章将

$r(t)$简写为 $\boldsymbol{r}$，其他以此类推，在此不再赘述。

4.1.2 不同性能指标下机器人分布式合作协同方案

在多数情况下，一组冗余机器人中的所有末端执行器都需要保持期望的队形以完成给定的任务，这被称为冗余机器人的协同控制。在通信受限的场景中，机器人的信息只能由其相邻的机器人访问，而非所有机器人。将通信拓扑图上第 i 个机器人的邻域集合定义为 $\mathbf{N}(i)$，其中 $\mathbf{N}(0)$ 表示控制中心的邻域集合。第 i 个机器人与第 j 个机器人之间的连接权值用 A_{ij} 来表示，对于 $j\in\mathbf{N}(i)$，有 $A_{ij}=1$，对于 $j\notin\mathbf{N}(i)$，有 $A_{ij}=0$。因此，可以将第 i 个机器人的等式约束和边界约束描述为如下形式：

$$J_i w_i = v_i = -c_0\sum_{j\in\mathbf{N}(i)} A_{ij}(\delta_i-\delta_j) - c_0\rho_i(\delta_i-\boldsymbol{r}_{\rm d}) \tag{4.3}$$

$$w_i \in \boldsymbol{\Omega}_i \tag{4.4}$$

其中，$w_i=\dot{\theta}_i$；$v_i=\dot{r}_i$；$\boldsymbol{\Omega}_i=\{w_i\in\mathbf{R}^m, w_i^-\leqslant w_i\leqslant w_i^+\}$；$c>0$ 表示各机器人之间不一致的反馈增益；$\delta_i(t)=r_i(t)-\boldsymbol{r}_{\rm rp}$，$\boldsymbol{r}_{\rm rp}$ 表示末端执行器和参考点之间的相对固定距离向量；对于 $i\in\mathbf{N}(0)$，有 $\rho_i=1$，对于 $i\notin\mathbf{N}(0)$，有 $\rho_i=0$。

考虑到冗余机器人的冗余特性，公式（4.3）和公式（4.4）的解可能不是唯一的，这使得我们可以增加额外的性能指标，从而在所有可行解中选择一个。本章主要考虑以下性能指标：

最小速度范数（minimum velocity norm，MVN）：

$$U=\sum_{i=1}^{p} w_i^{\rm T} w_i/2$$

其中，p 表示机器人数量。

重复运动规划（repetitive motion planning，RMP）[272]：

$$U=\sum_{i=1}^{p}\left\{w_i+d_1[\theta_i-\theta_i(0)]\right\}^{\rm T}\left\{w_i+d_1[\theta_i-\theta_i(0)]\right\}/2$$

其中，$d_1>0$ 表示机器人对关节位移的响应幅值；$\theta_i(0)$表示第 i 个机器人的初始关节角。

可操作性-最大化（manipulability-maximal，MM）[30]：

$$U=\sum_{i=1}^{p}\left(w_i-d_2\frac{\partial\det(J_iJ_i^{\rm T})}{\partial\theta_i}\right)^{\rm T}\left(w_i-d_2\frac{\partial\det(J_iJ_i^{\rm T})}{\partial\theta_i}\right)\Bigg/2$$

其中，$d_2>0$ 为常量；$\det(\cdot)$表示矩阵的行列式。

在接下来的分析中，我们将以 MVN 性能指标为例进行分析。对于 RMP 方法和 MM 方法，可以参考 MVN 方法的分析步骤进行理论分析。在冗余机器人的一致性协同控制中，基于 MVN 的分布式方案可以表示为

$$\text{minmise} \quad U=\sum_{i=1}^{p} w_i^{\mathrm{T}} w_i / 2 \tag{4.5}$$

$$\text{subject to} \quad \bar{\boldsymbol{J}}\bar{\boldsymbol{w}}=\bar{\boldsymbol{v}}=-c_0[(\boldsymbol{L}\otimes\boldsymbol{I}_n)\bar{\boldsymbol{\delta}}+(\boldsymbol{\Pi}\otimes\boldsymbol{I}_n)(\bar{\boldsymbol{\delta}}-\boldsymbol{l}_p\otimes\boldsymbol{r}_{\mathrm{d}})] \tag{4.6}$$

$$\bar{\boldsymbol{w}}\in\bar{\boldsymbol{\Omega}} \tag{4.7}$$

其中，$\bar{\boldsymbol{w}}=[w_1,\cdots,w_p]\in\mathbf{R}^{mp}$；$\bar{\boldsymbol{v}}=[v_1,\cdots,v_p]\in\mathbf{R}^{mp}$；$\bar{\boldsymbol{\Omega}}=\bigcap_{i=1}^{p}\Omega_i$；拉普拉斯矩阵 $\boldsymbol{L}=\mathrm{diag}(\boldsymbol{A}\boldsymbol{l}_p)-\boldsymbol{A}\in\mathbf{R}^{p\times p}$；$\bar{\boldsymbol{\delta}}(t)=[\delta_1^{\mathrm{T}}(t),\cdots,\delta_p^{\mathrm{T}}(t)]^{\mathrm{T}}\in\mathbf{R}^{np}$；$\boldsymbol{l}_p\in\mathbf{R}^p$ 为元素全为 1 的向量；$\boldsymbol{\Pi}\in\mathbf{R}^{p\times p}$，对于 $i=j$，有 $\Pi_{ij}=\rho_i$，对于 $i\neq j$，有 $\Pi_{ij}=0$，

$$\bar{\boldsymbol{J}}=\begin{bmatrix} J_1 & 0 & \cdots & 0 \\ 0 & J_2 & \cdots & 0 \\ \vdots & \vdots & & \vdots \\ 0 & 0 & \cdots & J_p \end{bmatrix}\in\mathbf{R}^{np\times mp}$$

由公式（4.3）可知，所有不在控制中心邻域集合内的机器人都无法获取目标末端执行器的位置约束 $\boldsymbol{r}_{\mathrm{d}}$。因此，我们需要以下的定理来确保，在 c_0 足够大，且机器人和控制中心形成的通信网络连接的条件下，约束公式（4.6）等价于 $\delta_i=\boldsymbol{r}_{\mathrm{d}}$，$i=1,\cdots,p$。

定理 4.1　如果 c_0 足够大，且机器人与控制中心构成的通信网络是连通的，则约束公式（4.6）等价于 $\delta_i=\boldsymbol{r}_{\mathrm{d}}$，其中 $i=1,\cdots,p$。

证明　定义 $\tilde{\boldsymbol{\delta}}=[\bar{\boldsymbol{\delta}};\boldsymbol{l}_p\otimes\boldsymbol{r}_{\mathrm{d}}]$，由公式（4.6）可知

$$\dot{\bar{\boldsymbol{\delta}}}=-c_0\left([(\boldsymbol{L}\otimes\boldsymbol{I}_n),0]\tilde{\boldsymbol{\delta}}+[\boldsymbol{\Pi}\otimes\boldsymbol{I}_n,-\boldsymbol{\Pi}\otimes\boldsymbol{I}_n]\tilde{\boldsymbol{\delta}}\right)$$

上式可以简化为

$$\dot{\bar{\boldsymbol{\delta}}}=-c_0[((\boldsymbol{L}+\boldsymbol{\Pi})\otimes\boldsymbol{I}_n),-\boldsymbol{\Pi}\otimes\boldsymbol{I}_n]\tilde{\boldsymbol{\delta}}$$

定义拉普拉斯矩阵

$$\tilde{\boldsymbol{L}}=\begin{bmatrix} (\boldsymbol{L}+\boldsymbol{\Pi})\otimes\boldsymbol{I}_n & -\boldsymbol{\Pi}\otimes\boldsymbol{I}_n \\ 0 & 0 \end{bmatrix}$$

于是有

$$\dot{\tilde{\boldsymbol{\delta}}}=-c_0\tilde{\boldsymbol{L}}\tilde{\boldsymbol{\delta}}+[0;\chi] \tag{4.8}$$

由于机器人与控制中心形成的通信网络是连接的，因此可以分为以下两种情况讨论公式（4.8）：当 $\dot{\boldsymbol{r}}_{\mathrm{d}}=0$，即 $\boldsymbol{r}_{\mathrm{d}}$ 保持不变时，所有的 δ_i 都达成一致，也就是说，

$\delta_i = \delta_2 = \cdots = \delta_p = \boldsymbol{r}_\mathrm{d}$；对于 $\dot{\boldsymbol{r}}_\mathrm{d} \neq 0$，即 $\boldsymbol{r}_\mathrm{d}$ 为时变参数时，公式（4.8）描述了带有扰动的一致性，因此，对于足够大的 c_0，一致性误差可以任意小，即只要 c_0 足够大，就能保证 $\delta_i = \delta_2 = \cdots = \delta_p = \boldsymbol{r}_\mathrm{d}$。由上述证明可以得出定理 4.1 是成立的。证明完毕。

4.2　基于动态神经网络的求解算法

为求解上述问题，本节提出了动态神经网络方法，并对其收敛性进行了分析。

4.2.1　方案转化与算法设计

对于问题公式（4.5）～公式（4.7），首先定义一个拉格朗日函数：

$$LF(\bar{\boldsymbol{w}} \in \bar{\boldsymbol{\Omega}}, \lambda) = \bar{\boldsymbol{w}}^\mathrm{T}\bar{\boldsymbol{w}}/2 + \boldsymbol{\lambda}^\mathrm{T}\{\bar{\boldsymbol{J}}\bar{\boldsymbol{w}} + c_0[(\boldsymbol{L}\otimes\boldsymbol{I}_n)\bar{\boldsymbol{\delta}} + (\boldsymbol{\Pi}\otimes\boldsymbol{I}_n)(\bar{\boldsymbol{\delta}} - \boldsymbol{l}_p \otimes \boldsymbol{r}_\mathrm{d})]\} \quad (4.9)$$

其中，$\boldsymbol{\lambda} \in \mathbf{R}^{np\times 1}$ 为辅助变量。基于 KKT 条件[27]，公式（4.5）～公式（4.7）的解应该满足

$$-\frac{\partial LF}{\partial \bar{\boldsymbol{w}}} \in N_{\bar{\boldsymbol{\Omega}}}(\bar{\boldsymbol{w}}),\ \frac{\partial LF}{\partial \boldsymbol{\lambda}} = 0 \quad (4.10)$$

其中，$\boldsymbol{N}_{\bar{\boldsymbol{\Omega}}}(\bar{\boldsymbol{w}})$ 表示集合 $\bar{\boldsymbol{\Omega}}$ 在 $\bar{\boldsymbol{w}}$ 处的法锥（关于法锥的定义，请参考文献［30］）。公式（4.10）可转化为以下形式[30]：

$$\bar{\boldsymbol{w}} = \boldsymbol{P}_{\bar{\boldsymbol{\Omega}}}\left(\bar{\boldsymbol{w}} - \frac{\partial LF}{\partial \bar{\boldsymbol{w}}}\right) \quad (4.11)$$

从公式（4.9）中可以得到

$$\frac{\partial LF}{\partial \bar{\boldsymbol{w}}} = \bar{\boldsymbol{w}} + \bar{\boldsymbol{J}}^\mathrm{T}\boldsymbol{\lambda} \quad (4.12)$$

将公式（4.12）代入公式（4.11）有

$$\bar{\boldsymbol{w}} = \boldsymbol{P}_{\bar{\boldsymbol{\Omega}}}(-\bar{\boldsymbol{J}}^\mathrm{T}\boldsymbol{\lambda}) \quad (4.13)$$

于是，用于求解公式（4.5）～公式（4.7）的非线性方程可以转化为

$$0 = -\bar{\boldsymbol{w}} + \boldsymbol{P}_{\bar{\boldsymbol{\Omega}}}(-\bar{\boldsymbol{J}}^\mathrm{T}\boldsymbol{\lambda}) \quad (4.14\mathrm{a})$$

$$0 = \bar{\boldsymbol{J}}\bar{\boldsymbol{w}} + c_0[(\boldsymbol{L}\otimes\boldsymbol{I}_n)\bar{\boldsymbol{\delta}} + (\boldsymbol{\Pi}\otimes\boldsymbol{I}_n)(\bar{\boldsymbol{\delta}} - \boldsymbol{l}_p \otimes \boldsymbol{r}_\mathrm{d})] \quad (4.14\mathrm{b})$$

对于非线性方程组公式（4.14），构造如下动态神经网络，用常微分方程描述为

$$\boldsymbol{\delta}\dot{\bar{\boldsymbol{w}}} = -\bar{\boldsymbol{w}} + \boldsymbol{P}_{\bar{\boldsymbol{\Omega}}}(-\bar{\boldsymbol{J}}^\mathrm{T}\boldsymbol{\lambda}) \quad (4.15\mathrm{a})$$

$$\delta\dot{\boldsymbol{\lambda}} = \bar{\boldsymbol{J}}\bar{\boldsymbol{w}} + c_0((\boldsymbol{L}\otimes\boldsymbol{I}_n)\bar{\boldsymbol{\delta}} + (\boldsymbol{\Pi}\otimes\boldsymbol{I}_n)(\bar{\boldsymbol{\delta}} - \boldsymbol{l}_p \otimes \boldsymbol{r}_\mathrm{d})) \quad (4.15\mathrm{b})$$

其中，缩放因子 $\delta>0$，该神经网络的平衡点与公式（4.14）相同。从动态神经网

络的表达式可以看出其输入为关节角速度，且它的值是有界的。

4.2.2　收敛性分析

本节将通过以下定理来分析动态神经网络公式（4.15）的稳定性和收敛性。

定理 4.2　动态神经网络公式（4.15）是稳定的，且全局收敛于冗余机器人的协同控制和一致性问题的最优解，即约束优化问题公式（4.5）～公式（4.7）。

证明　令 $\boldsymbol{\Upsilon}=[\bar{\boldsymbol{w}},\boldsymbol{\lambda}]^{\mathrm{T}}\in\mathbf{R}^{(m+n)\times p}$，则动态神经网络公式（4.15）可以被重写为

$$\dot{\boldsymbol{\Upsilon}}=-\boldsymbol{\Upsilon}+\boldsymbol{P}_{\boldsymbol{\Theta}}(\boldsymbol{\Upsilon}-\varrho\boldsymbol{F}(\boldsymbol{\Upsilon})) \tag{4.16}$$

其中，$\tilde{n}=1$；$\boldsymbol{P}_{\boldsymbol{\Theta}}(\cdot)=[\boldsymbol{P}_{\bar{\boldsymbol{\Omega}}},\boldsymbol{P}_{\Lambda}]^{\mathrm{T}}$；$\Lambda$ 的上下界为 $\pm\infty$。定义 $\boldsymbol{F}_1(\boldsymbol{\Upsilon})=\bar{\boldsymbol{w}}+\bar{\boldsymbol{J}}^{\mathrm{T}}\boldsymbol{\lambda}$ 和 $\boldsymbol{F}_2(\boldsymbol{\Upsilon})=-\bar{\boldsymbol{J}}\bar{\boldsymbol{w}}-c_0[(\boldsymbol{L}\otimes\boldsymbol{I}_n)\bar{\boldsymbol{\delta}}+(\boldsymbol{\Pi}\otimes\boldsymbol{I}_n)(\bar{\boldsymbol{\delta}}-\boldsymbol{l}_p\otimes\boldsymbol{r}_{\mathrm{d}})]$，从而得到

$$\boldsymbol{F}(\boldsymbol{\Upsilon})=\begin{bmatrix}\boldsymbol{F}_1(\boldsymbol{\Upsilon})\\ \boldsymbol{F}_2(\boldsymbol{\Upsilon})\end{bmatrix}\in\mathbf{R}^{(m+n)\times p}$$

以及

$$\nabla\boldsymbol{F}(\boldsymbol{\Upsilon})=\begin{bmatrix}\dfrac{\partial\boldsymbol{F}_1(\boldsymbol{\Upsilon})}{\partial\bar{\boldsymbol{w}}} & \dfrac{\partial\boldsymbol{F}_1(\boldsymbol{\Upsilon})}{\partial\lambda}\\ \dfrac{\partial\boldsymbol{F}_2(\boldsymbol{\Upsilon})}{\partial\bar{\boldsymbol{w}}} & \dfrac{\partial\boldsymbol{F}_2(\boldsymbol{\Upsilon})}{\partial\lambda}\end{bmatrix}=\begin{bmatrix}\boldsymbol{I}_p & \bar{\boldsymbol{J}}^{\mathrm{T}}\\ -\bar{\boldsymbol{J}} & 0\end{bmatrix}$$

考虑到 $\nabla\boldsymbol{F}(\boldsymbol{\Upsilon})$ 的存在性，易知 $\boldsymbol{F}(\boldsymbol{\Upsilon})$ 是连续可导的。此外，有

$$\frac{1}{2}\nabla\boldsymbol{F}(\boldsymbol{\Upsilon})+\frac{1}{2}\nabla^{\mathrm{T}}\boldsymbol{F}(\boldsymbol{\Upsilon})=\begin{bmatrix}\boldsymbol{I}_p & 0\\ 0 & 0\end{bmatrix}\geqslant 0$$

由文献［30］中的定义 3 可知，矩阵 $\boldsymbol{F}(\boldsymbol{\Upsilon})$ 是半正定矩阵的，因此相应的映射 $\boldsymbol{F}(\boldsymbol{\Upsilon})$ 是单调的。基于文献［30］，可以推出动态神经网络公式（4.15）是稳定的，且全局收敛于冗余机器人协同控制和一致性问题的最优解，即约束最优化问题公式（4.5）～公式（4.7）。由上述证明可以得出定理 4.2 是成立的。证明完毕。

4.3　仿 真 研 究

本节通过仿真实验对所提出的方案和动态神经网络公式（4.15）的有效性进行验证。

4.3.1　面向固定目标的一致性实现

面向固定目标期望建立的一致性可以看作机器人运动生成的初始化的预操作。在许多情况下，初始位置 $f[\bar{\boldsymbol{\theta}}(0)]$ 必须位于目标轨迹上。因此，将多个冗余机

器人的末端执行器转化为固定构型是非常重要的问题。在本仿真中，取参数 $\epsilon = 0.001$，$c_0 = 10$，$p = 6$，设置任务执行时间为 5s，且每个机器人的初始关节状态通过 $[-1;0;0.3;-2;1.4;0] + \sigma_0$，$\sigma_0 \in [0,1]^6$ 随机生成。此外，如果 $|i-j| \leqslant 1$，则 $A_{ij} = 1$，否则，$A_{ij} = 0$。仿真结果如图 4.1 所示。矩阵 $\boldsymbol{\Pi}$ 只有第一个元素为 1，其余元素都是 0。

如图 4.1（a）所示，6 个 PUMA 560 机器人的末端执行器的轨迹都在红色虚线表示的六边形的相应顶点处结束。图 4.1（b）展示了 6 个机器人在固定位置上达成一致的整个运动过程，从而初步验证了所提出的分布式方案公式（4.5）～公式（4.7）的有效性。图 4.1（c）和图 4.1（d）分别展示了相应的关节角度和关节角速度曲线。从这两张图中可以看出，关节角度的曲线是平滑的，且关节角速度一直保持在约束范围内。如图 4.1（e）和图 4.1（f）所示，经过短时间的振荡，末端执行器的位置和速度误差都迅速收敛为零，这进一步表明了所提出的分布式方案公式（4.5）～公式（4.7）对实现多个冗余机器人一致性的有效性。

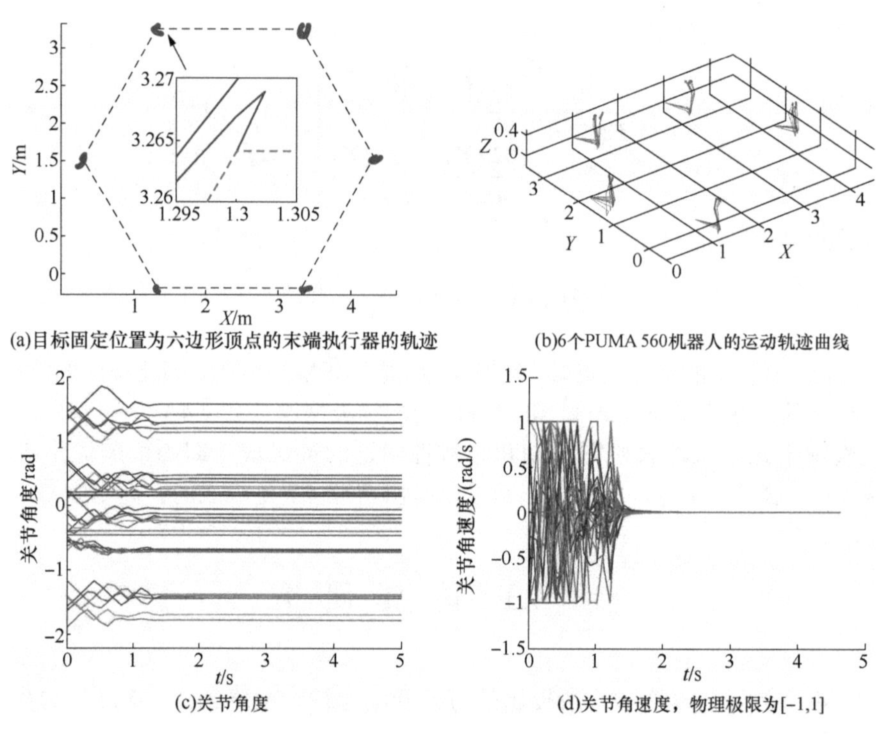

(a)目标固定位置为六边形顶点的末端执行器的轨迹　(b)6个PUMA 560机器人的运动轨迹曲线

(c)关节角度　(d)关节角速度，物理极限为[−1,1]

图 4.1　在初始关节状态随机生成以及通信受限条件下，分布式方案公式（4.5）～公式（4.7）控制的 6 个机器人的一致性仿真结果

彩图 4.1

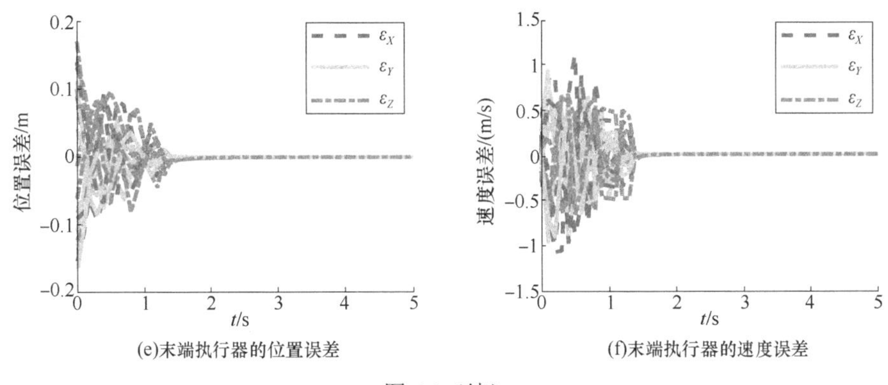

(e)末端执行器的位置误差　　(f)末端执行器的速度误差

图 4.1（续）

4.3.2 面向时变目标的合作协同

在本小节中将使用 10 个 PUMA 560 机器人来跟踪半径为 0.4m 的圆形轨迹。其中，只有机器人 1 和 7 能够访问所需的运动信息。此外，机器人需要使用与前述示例相同的通信拓扑来交换信息。参数设置为 $\eth = 0.001$， $c_0 = 60$， $p = 10$，任务持续时间为 $2\pi / 0.1 \approx 62.8\,\text{s}$，每个机器人的初始关节状态随机生成。相应的仿真结果如图 4.2 和图 4.3 所示。

具体来说，为了展示任务的具体执行过程，图 4.2 给出了分布式方案公式(4.5)～公式（4.7）控制下，10 个 PUMA 560 机器人运动轨迹的三维视图。从该图中可以看到，尽管所有机器人的初始构型不同，但它们在经过短时间的振荡后都获得了相同的理想圆形轨迹。为了详细观察 10 个 PUMA 560 冗余机器人协同作业的过程，图 4.3 进一步展示了末端执行器的运动轨迹、位置误差、关节角度和关节角速度等仿真结果。图 4.3（a）呈现了末端执行器位置的二维视图（*X-Y* 平面），从中我们可以发现，10 个机器人通过邻域通信的方式进行协作，使任务得到了很好的完成。此外，图 4.3（b）表明，末端执行器位置误差很快收敛到零点附近，并在整个任务执行期间保持在一个很小的值附近。在此基础上，

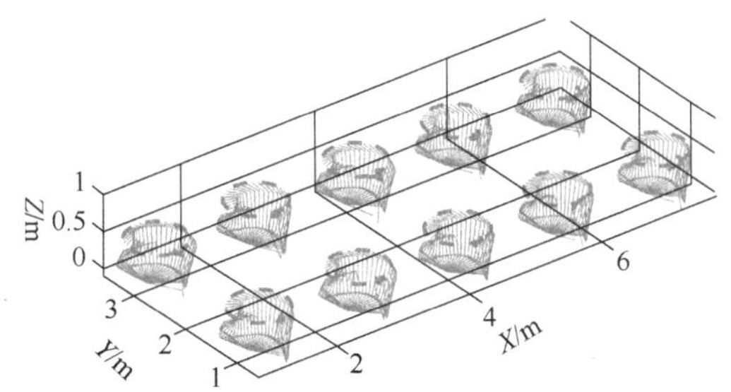

图 4.2　在分布式方案公式（4.5）～公式（4.7）控制下，10 个 PUMA 560 机器人运动轨迹的三维视图

表 4.1 列出了分布式方案公式（4.5）～公式（4.7）控制下，机器人被用于沿时变圆形轨迹进行协同作业时生成的最大末端执行器稳态位置误差的比较结果，从中可以得出结论：末端执行器最大稳态位置误差与参数 c_0 成反比。相应的关节角度和关节角速度曲线分别如图 4.3（c）和图 4.3（d）所示。从图 4.3（c）中可以观察到，生成关节角速度的 $\dot{\boldsymbol{\theta}}$ 与约束 $\bar{\boldsymbol{\Omega}}$ 相符。当 $\dot{\boldsymbol{\theta}}$ 中的某些元素在某个时间间隔内倾向于超出其范围时，它们的值会饱和，从而确保了约束的有效性。

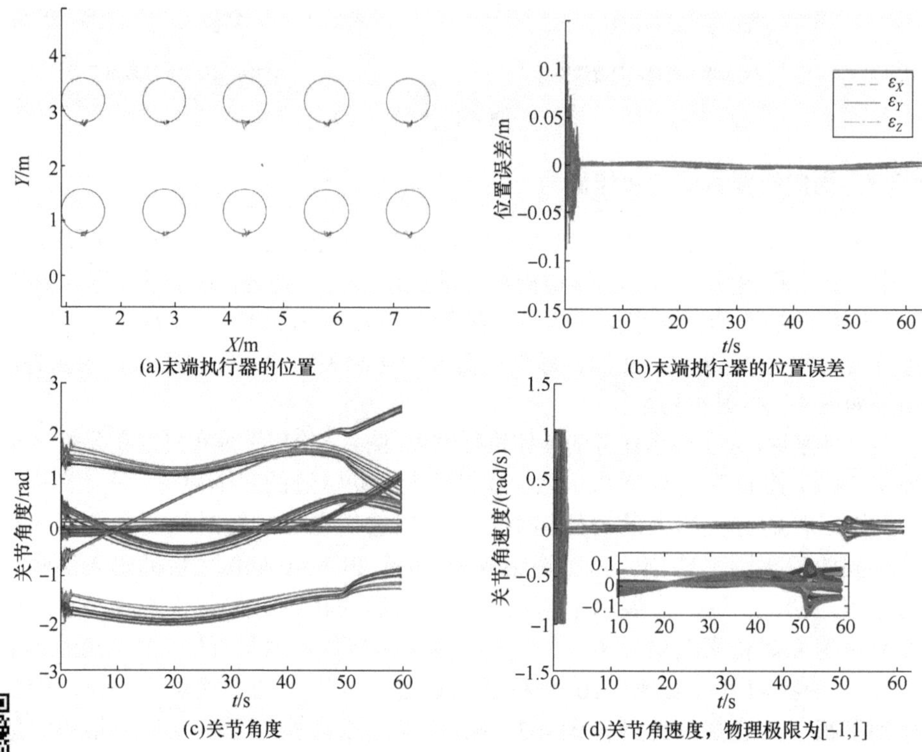

彩图 4.3

图 4.3　在通信受限场景下，10 个 PUMA 560 机器人在分布式方案公式（4.5）～公式（4.7）控制下沿时变圆形轨迹进行协同作业时的仿真结果

表 4.1　在分布式方案公式（4.5）～公式（4.7）控制下，机器人沿时变圆形轨迹进行协同作业时生成的最大末端执行器稳态位置误差的比较结果（其中，$c_0= c_3×c_4$）

	c_3=100	c_3=101	c_3=102	c_3=103
c_4=1	0.1985m	0.0216m	0.0022m	$2.2×10^{-4}$m
c_4=3	0.0712m	0.0072m	$7.2×10^{-4}$m	$7.2×10^{-5}$m
c_4=5	0.0434m	0.0043m	$4.3×10^{-4}$m	$4.3×10^{-5}$m
c_4=7	0.0308m	0.0031m	$3.1×10^{-4}$m	$3.1×10^{-5}$m
c_4=9	0.0239m	0.0024m	$2.4×10^{-4}$m	$2.4×10^{-5}$m

4.3.3　基于重复运动指标的合作协同

4.2.3 小节中所提出的方案并不局限于面向 MVN 方法的情况。相反，它是一类能够应对各种性能指标的通用方案。为了进一步研究该方案在不同性能指标下的表现，在本小节中，数值仿真将采用 RMP 性能指标，并设置 d_1=100，其余参数与 4.3.2 小节相同。相应的仿真结果如图 4.4 所示。具体地说，图 4.4 展示了当 10 个 PUMA 560 冗余机器人同时跟踪目标路径时，关节角度和关节角速度的分布情况。如图 4.4（a）所示，所有关节角度 $\bar{\boldsymbol{\theta}}$ 在运动结束后都会回到它们的初始状态。此外，所有的关节角速度 $\dot{\bar{\boldsymbol{\theta}}}$ 都保持在给定的范围内。这些再次证实了所提出的分布式方案的有效性。

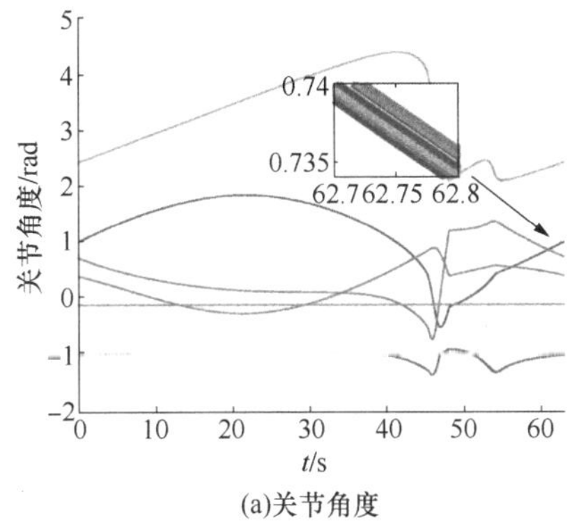

(a)关节角度

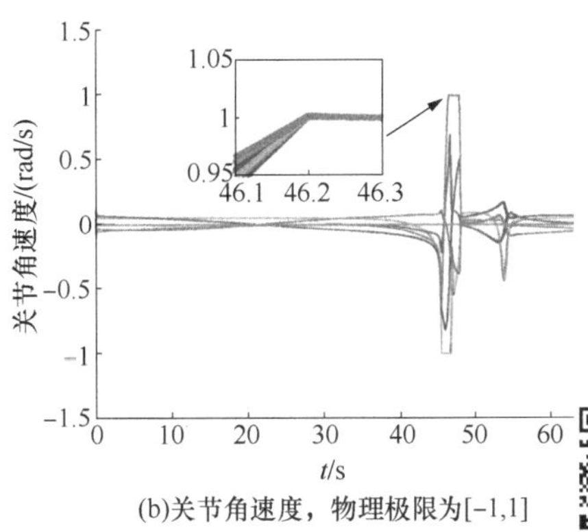

(b)关节角速度，物理极限为[−1,1]

彩图 4.4

图 4.4　考虑 RMP 性能指标时，10 个 PUMA 560 机器人在分布式方案公式（4.5）～公式（4.7）控制下在时变圆形轨迹上运动的仿真结果

通过观察，可以发现图 4.3（d）在 50s 后出现波动，类似的现象也出现在了图 4.4（b）中，我们对这种情况进行了如下分析和解释。在讨论波动的出现之前，首先给出可操作性和奇异的定义。机器人的雅可比矩阵在奇异配置下会出现病态化和秩亏化。此外，考虑到对于几乎奇异的雅可比矩阵，当末端执行器沿某一方向运动时，关节角速度可能会变得任意大。因此，机器人接近奇异是不可取的。接下来，我们提出了“可操作性”的定义，以便定量地衡量机器人在末端执行器定位中的操作能力。机器人的可操作性定义为

$$\boldsymbol{\mu} = \sqrt{\det(\boldsymbol{J}\boldsymbol{J}^{\mathrm{T}})} = \sqrt{\mu_1 \mu_2 \cdots \mu_m} \tag{4.17}$$

其中，$\mu_i \geqslant 0$；$i = 1,2,\cdots,m$ 为 $\boldsymbol{J}\boldsymbol{J}^{\mathrm{T}}$ 中第 i 大的特征值，其值是非负的。

关于可操作性的定义提供了从 $\boldsymbol{\theta}$ 到 $\dot{\boldsymbol{r}}$ 转换的标量描述，并计算了奇异点的数量。

图 4.3（d）和图 4.4（b）中关节角速度在 50s 后存在的波动现象可以从可操作性的角度进行分析和解释。如图 4.5 所示，图 4.3（d）和图 4.4（b）中的每个操作性度量在 50s 后达到最小值，这意味着机器人遇到了雅可比矩阵接近奇异的

情况，从而导致了波动现象。

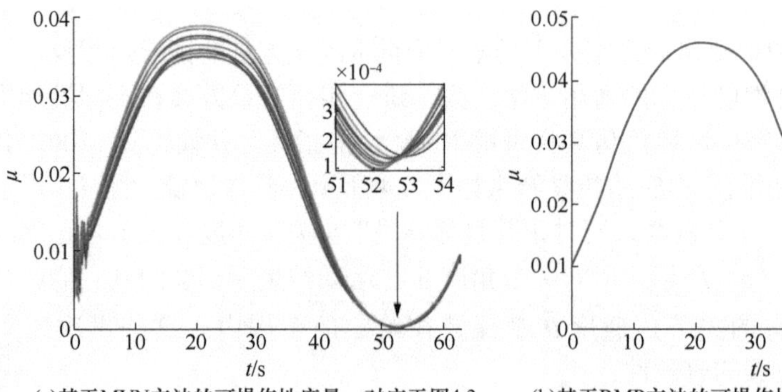

(a)基于MVN方法的可操作性度量，对应于图4.3　　(b)基于RMP方法的可操作性度量，对应于图4.4

彩图 4.5

图 4.5　在通信受限场景下，基于 MVN 方法和基于 RMP 方法的 10 个 PUMA 560 机器人沿时变圆形轨迹协同作业的可操作性度量

4.3.4　现有方案对比

在本小节中比较了本章所提出的分布式方案公式（4.5）～公式（4.7）与现有的解决方案在控制冗余机器人方面的性能[39, 44, 185, 213-214, 272]。文献［272］中提出的方案通过同时完成不同的目标扩展了文献［176］的结果。此外，文献［213］和［214］中的方案严格限制了机器人在目标路径上的初始位置，任何施加在该方案上的干扰都可能导致任务失败。如表 4.2 所示，本章提出的方案能够处理冗余机器人的协同控制和一致性问题，且能够克服不等式和边界约束条件，而现有的文献［39］、［176］、［185］、［213］、［272］中的方案无法做到这一点。

表 4.2　用于机器人冗余度解析的不同方案对比

文献	收敛性	机器人数量	分布式 vs 集中式	拓扑	全部连接到控制中心	初始位置	调节误差
本章	是	多个	分布式	邻域#	否	任意	0
［44］	是	多个	分布式	邻域#	否	受限$	失败*
［30］、［176］、［272］	是	单个	不适用^	不适用^	不适用^	任意	0
［39］、［185］、［219］	是	两个	集中式	不适用^	是	任意	0
［213］	是	多个	分布式	星形	是	受限$	失败*
［214］	是	多个	分布式	树状	否	受限$	失败*

^ 不适用，表示对应属性不适用于论文中的方案。

邻域，表示相应拓扑只能在相邻节点之间进行通信，无法实现全局通信。

$ 受限，表示相关方案要求末端执行器的初始位置应位于固定轨迹上，以便进行跟踪。

* 失败，表示相关方案可以追踪时变的轨迹，但是不能对固定点进行位置调整。

4.4 小　结

本章提出了一个基于动态神经网络的多机器人合作协同分布式控制方案。理论分析和仿真结果均表明了该方案的有效性和准确性。该方案在性能指标优化的基础上，消除了多个冗余机器人协同控制中对全局通信的要求，并成功解决了通信受限、物理约束等问题。该方案在工业领域具有广阔的应用前景。

第 5 章　基于动态神经网络的多机器人抗扰动合作协同

本章提出了一个基于动态神经网络的分布式方案，用以解决有限通信条件下的多冗余机器人抗扰动合作协同问题。在通信网络处于连通的情况下，所有机器人能够联动地完成相同的期望运动。本章所提分布式方案在转化为时变二次规划问题后，可借助 ZNN 进行求解。同时，理论分析表明，在无噪声情况下，本章所提分布式方案能够以指数收敛的位置误差完成给定任务。进一步地分析得出一种控制输入误差和末端执行器位置误差之间的显式有界关系。此外，通过数值比较实验验证了所提分布式方案是有效和准确的。

5.1　问题与方案构建

本节先给出单一机器人的运动学建模，再阐释多机器人协同控制问题，并给出基于神经网络的关联式、分布式方案。

5.1.1　机器人运动学

首先回顾 4.1.1 小节中的机器人运动学。在工作空间中，关节角度的笛卡儿坐标 $\boldsymbol{r}\in\mathbf{R}^n$ 由一种非线性映射唯一确定：

$$\boldsymbol{r}(t)=f[\boldsymbol{\theta}(t)]\rightarrow\boldsymbol{r}_{\mathrm{d}}(t)$$

其中，映射 $f(\cdot)$携带机器人的机械和几何信息；$\boldsymbol{r}_{\mathrm{d}}(t)$是期望轨迹。

根据定义，机器人关节角的维度 m 大于工作空间维度 n，即 $m>n$。此外，关节角速度层的运动学方程表述为

$$\dot{\boldsymbol{r}}(t)=\boldsymbol{J}[\boldsymbol{\theta}(t)]\dot{\boldsymbol{\theta}}(t)$$

5.1.2　问题提出与神经动力学设计

在本书的点对点控制场景中，指令信号仅供相邻的机器人获取，而非全部机器人。因此，对于第 i 个机器人，可得

$$\sum_{j\in\mathbf{N}(i)}A_{ij}[\delta_i(t)-\delta_j(t)]+\rho_i[\delta_i(t)-\boldsymbol{r}_{\mathrm{d}}(t)]=0 \tag{5.1}$$

将上式改写为紧凑形式，组内全部机器人可以得到

$$(\boldsymbol{L}\otimes \boldsymbol{I}_n)\bar{\boldsymbol{\delta}}(t)+(\boldsymbol{\Pi}\otimes \boldsymbol{I}_n)(\bar{\boldsymbol{\delta}}(t)-\boldsymbol{l}_p\otimes \boldsymbol{r}_{\mathrm{d}}(t))=0 \tag{5.2}$$

为探究雅可比等式约束，定义误差函数：

$$\xi(t)=(\boldsymbol{L}\otimes \boldsymbol{I}_n)\bar{\boldsymbol{\delta}}(t)+(\boldsymbol{\Pi}\otimes \boldsymbol{I}_n)(\bar{\boldsymbol{\delta}}(t)-\boldsymbol{l}_p\otimes \boldsymbol{r}_{\mathrm{d}}(t))$$

借助文献［92］中的神经动力学方法（即 ZNN），使用如下设计公式：

$$\dot{\xi}(t)=-\gamma\xi(t) \tag{5.3}$$

其中，设计参数γ用于放缩偏移，$\gamma>0$。

神经动力学方法公式（5.3）尤其擅于找到时变方程中的零，因此能够较好地追踪具有全局和指数收敛残差的时变解。此外，借助特殊设计的非线性激活函数[273-274]，神经动力学方法公式（5.3）能被加速到有限时间收敛。扩展公式（5.3），进一步可得

$$\begin{aligned}&(\boldsymbol{L}+\boldsymbol{\Pi})\otimes \bar{\boldsymbol{J}}(\bar{\boldsymbol{\theta}})\dot{\bar{\boldsymbol{\theta}}}(t)\\&=\boldsymbol{\Pi}\otimes \boldsymbol{I}_n\cdot \boldsymbol{I}_p\otimes \dot{\boldsymbol{r}}_{\mathrm{d}}(t)-\gamma\left\{\left(\boldsymbol{L}\otimes \boldsymbol{I}_n\right)\bar{\boldsymbol{\delta}}(t)+(\boldsymbol{\Pi}\otimes \boldsymbol{I}_n)[\bar{\boldsymbol{\delta}}(t)-\boldsymbol{I}_p\otimes \boldsymbol{r}_{\mathrm{d}}(t)]\right\}\end{aligned} \tag{5.4}$$

其中，$\bar{\boldsymbol{J}}(\bar{\boldsymbol{\theta}})=\begin{bmatrix}J_1(\theta_1)&0&\cdots&0\\0&J_2(\theta_2)&\cdots&0\\\vdots&\vdots&&\vdots\\0&0&\cdots&J_p(\theta_p)\end{bmatrix}\in\mathbf{R}^{np\times mp}$；$J_i(\theta_i)$表示第 i 个冗余机器人的雅可比矩阵。

特别如公式（5.1）中所示，由于不是所有机器人都与指令中心直接相邻，因此领域外的机器人无法直接获取期望的末端执行器位置约束$\boldsymbol{r}_{\mathrm{d}}(t)$及其时间导数$\dot{\boldsymbol{r}}_{\mathrm{d}}(t)$。为保证公式（5.4）中所提的约束与$\delta_i(t)=\boldsymbol{r}_{\mathrm{d}}(t)$等价，故给出如下定理，前提条件是由机器人和指令中心所组成的通信网络处于全连接状态。

定理 5.1　假设由机器人和指令中心所组成的通信网络处于全连接状态，约束公式（5.4）等价于$\delta_i(t)=\boldsymbol{r}_{\mathrm{d}}(t)$。

证明　用定义在公式（5.2）中的$\boldsymbol{\xi}(t)$将约束公式（5.4）改写为公式（5.3），可得$\boldsymbol{\xi}(t)$以全局指数收敛到零。这意味着，对于$t\to\infty$，有

$$[(\boldsymbol{L}+\boldsymbol{\Pi})\otimes \boldsymbol{I}_n]\bar{\boldsymbol{\delta}}(t)-(\boldsymbol{\Pi}\otimes \boldsymbol{I}_n)[\boldsymbol{I}_p\otimes \boldsymbol{r}_{\mathrm{d}}(t)]=0 \tag{5.5}$$

定义一个新的拉普拉斯矩阵：

$$\tilde{\boldsymbol{L}}=\begin{bmatrix}\boldsymbol{L}+\boldsymbol{\Pi}&-\boldsymbol{\Pi}\\0&0\end{bmatrix}\in\mathbf{R}^{2p\times 2p}$$

公式（5.5）可以重新表述为

$$(\tilde{\boldsymbol{L}}\otimes \boldsymbol{I}_n)\tilde{\boldsymbol{\delta}}(t)=0$$

其中，$\tilde{\boldsymbol{\delta}}(t)=[\bar{\boldsymbol{\delta}}(t);\boldsymbol{1}_p\otimes \boldsymbol{r}_{\mathrm{d}}(t)]$。新拉普拉斯矩阵$\tilde{\boldsymbol{L}}$定义在全连接图上。它明显是不

满秩的，且总有一个由 $2p$ 维向量 $\boldsymbol{I}_{2p}$ [275] 张成的零空间。进而，$(\tilde{\boldsymbol{L}}\otimes\boldsymbol{I}_n)\tilde{\boldsymbol{\delta}}(t)=0$ 等价于 $\tilde{\boldsymbol{\delta}}(t)=\boldsymbol{I}_{2p}\otimes\boldsymbol{\delta}'(t)=[\boldsymbol{\delta}'^{\mathrm{T}}(t),\boldsymbol{\delta}'^{\mathrm{T}}(t),\cdots,\boldsymbol{\delta}'^{\mathrm{T}}(t)]^{\mathrm{T}}$，其中 $\boldsymbol{\delta}'^{\mathrm{T}}(t)\in\mathbf{R}^{n\times1}$。由 $\tilde{\boldsymbol{\delta}}(t)=[\bar{\boldsymbol{\delta}}(t);\boldsymbol{I}_p\otimes\boldsymbol{r}_{\mathrm{d}}(t)]$ 和 $\tilde{\boldsymbol{\delta}}(t)=\boldsymbol{I}_{2p}\otimes\boldsymbol{\delta}'(t)=[\boldsymbol{\delta}'^{\mathrm{T}}(t),\boldsymbol{\delta}'^{\mathrm{T}}(t),\cdots,\boldsymbol{\delta}'^{\mathrm{T}}(t)]^{\mathrm{T}}$，可得 $\boldsymbol{r}_{\mathrm{d}}(t)=\delta_1(t)=\delta_2(t)=\cdots=\delta_p(t)$。在由机器人和指令中心所组成的通信网络处于全连接状态下，约束公式（5.4）等价于 $\delta_i(t)=\boldsymbol{r}_{\mathrm{d}}(t)$，其中 $i=1,\cdots,p$。证明完毕。

5.1.3　不同性能指标下机器人分布式合作协同方案

考虑到冗余机器人的冗余性，满足约束公式（5.4）的解可能不唯一，这就需要考虑额外的性能指标。本书考虑了如下两种性能指标。

① 最小速度范数：

$$U=\sum_{i=1}^{p}\dot{\theta}_i^{\mathrm{T}}(t)\dot{\theta}_i(t)/2=\left\|\dot{\bar{\boldsymbol{\theta}}}(t)\right\|_2^2\Big/2$$

② 重复运动规划[276]：

$$\begin{aligned}U&=\sum_{i=1}^{p}\{\dot{\theta}_i(t)+c_1[\theta_i(t)-\theta_i(0)]\}^{\mathrm{T}}\cdot\{\dot{\theta}_i(t)+c_1[\theta_i(t)-\theta_i(0)]\}/2\\&=\left\|\dot{\bar{\boldsymbol{\theta}}}(t)+c_1[\bar{\boldsymbol{\theta}}(t)-\bar{\boldsymbol{\theta}}(0)]\right\|_2^2\Big/2\end{aligned}$$

其中，$c_1>0$；$\bar{\boldsymbol{\theta}}(0)=[\theta_1^{\mathrm{T}}(0),\cdots,\theta_p^{\mathrm{T}}(0)]^{\mathrm{T}}\in\mathbf{R}^{mp}$ 中的 $\theta_i(0)$ 表示第 i 个机器人的初始关节角度。

以 RMP 性能指标为例，将分布式方案表述为

$$\begin{aligned}&\text{minnise}\quad\left\|\dot{\bar{\boldsymbol{\theta}}}(t)+p\right\|_2^2\Big/2\\&\text{subject to}\quad(\boldsymbol{L}+\boldsymbol{\Pi})\otimes\bar{\boldsymbol{J}}(\bar{\boldsymbol{\theta}})\dot{\bar{\boldsymbol{\theta}}}(t)=\boldsymbol{\Pi}\otimes\boldsymbol{I}_n\cdot\boldsymbol{I}_p\otimes\dot{\boldsymbol{r}}_{\mathrm{d}}(t)-\gamma\{(\boldsymbol{L}\otimes\boldsymbol{I}_n)\bar{\boldsymbol{\delta}}(t)\\&\qquad\qquad+(\boldsymbol{\Pi}\otimes\boldsymbol{I}_n)[\bar{\boldsymbol{\delta}}(t)-\boldsymbol{I}_p\otimes\boldsymbol{r}_{\mathrm{d}}(t)]\}\\&\qquad\qquad p=c_1[\bar{\boldsymbol{\theta}}(t)-\bar{\boldsymbol{\theta}}(0)]\end{aligned}\tag{5.6}$$

显然 MVN 导向的方案易于求导，且遵循与 RMP 导向的方案公式（5.6）相似的步骤，从理论上能够证明其有效性。

为了研究所提 RMP 导向的分布式方案公式（5.6）对于多冗余机器人协同控制的可重复性，给出如下定理。

定理 5.2　对于动力学系统 $\dot{e}(t)=-e_1e(t)\in\mathbf{R}^{mp}$，其向量值误差 $e(t)=\bar{\boldsymbol{\theta}}(t)-\bar{\boldsymbol{\theta}}(0)\in\mathbf{R}^{mp}$ 从任意初始状态 $e(0)\in\mathbf{R}^{mp}$ 出发，能够指数收敛到零，即 $\lim\limits_{t\to\infty}\bar{\boldsymbol{\theta}}(t)=\bar{\boldsymbol{\theta}}(0)$。

此外，$\lim_{t\to\infty}\dot{\bar{\theta}}(t)=0$。

证明　在初始值 $e(0)$ 下，求解动态系统 $\dot{e}(t)=-c_1e(t)\in\mathbf{R}^{mp}$ 即可得证，因此对应具体证明步骤略。证明完毕。

5.2　动态神经网络求解算法及其理论分析

本节提出了一种 ZNN 模型，用以求解 RMP 导向的分布式方案公式（5.6），并给出了理论分析。

5.2.1　用于实时冗余度解析的动态神经网络

首先，定义拉格朗日函数如下：

$$\begin{aligned}\boldsymbol{LF}[\dot{\bar{\boldsymbol{\theta}}}(t),\boldsymbol{\lambda}(t)]=&\dot{\bar{\boldsymbol{\theta}}}^{\mathrm{T}}(t)\dot{\bar{\boldsymbol{\theta}}}(t)/2+p^{\mathrm{T}}\dot{\bar{\boldsymbol{\theta}}}(t)+\boldsymbol{\lambda}^{\mathrm{T}}(t)\Big((\boldsymbol{L}+\boldsymbol{\Pi})\otimes\bar{\boldsymbol{J}}(\bar{\boldsymbol{\theta}})\dot{\bar{\boldsymbol{\theta}}}(t)\\&-\boldsymbol{\Pi}\otimes\boldsymbol{I}_n\cdot\boldsymbol{I}_p\otimes\dot{\boldsymbol{r}}_{\mathrm{d}}(t)+\gamma\{(\boldsymbol{L}\otimes\boldsymbol{I}_n)\bar{\boldsymbol{\delta}}(t)+(\boldsymbol{\Pi}\otimes\boldsymbol{I}_n)[\bar{\boldsymbol{\delta}}(t)-\boldsymbol{I}_p\otimes\boldsymbol{r}_{\mathrm{d}}(t)]\}\Big)\end{aligned}$$

其中，$\boldsymbol{\lambda}\boldsymbol{I}_p\otimes\dot{\boldsymbol{r}}_{\mathrm{d}}(t)\in\mathbf{R}^{np}$ 表示拉格朗日乘子向量。借助 KKT 条件[27]可得

$$\frac{\partial\boldsymbol{LF}[\dot{\bar{\boldsymbol{\theta}}}(t),\boldsymbol{\lambda}(t)]}{\partial\dot{\bar{\boldsymbol{\theta}}}(t)}=0\text{，}\quad\frac{\partial\boldsymbol{LF}[\dot{\bar{\boldsymbol{\theta}}}(t),\boldsymbol{\lambda}(t)]}{\partial\boldsymbol{\lambda}(t)}=0$$

故求解 RMP 导向的分布式方案公式（5.6）等价于求解如下方程：

$$\boldsymbol{\Theta}(t)\boldsymbol{x}(t)=\boldsymbol{\eta}(t)$$

具体地，

$$\boldsymbol{\Theta}(t)=\{\boldsymbol{I}_{mp}[(\boldsymbol{L}+\boldsymbol{\Pi})\otimes\bar{\boldsymbol{J}}(\bar{\boldsymbol{\theta}})]^{\mathrm{T}},(\boldsymbol{L}+\boldsymbol{\Pi})\otimes\bar{\boldsymbol{J}}(\bar{\boldsymbol{\theta}})\quad 0\}$$

$$\boldsymbol{x}(t)=\begin{bmatrix}\dot{\bar{\boldsymbol{\theta}}}(t)\\\boldsymbol{\lambda}(t)\end{bmatrix}\text{，}\quad\boldsymbol{\eta}(t)=\begin{bmatrix}-c_1(\bar{\boldsymbol{\theta}}(t)-\bar{\boldsymbol{\theta}}(0))\\\boldsymbol{u}(t)\end{bmatrix}$$

其中，$\boldsymbol{u}=\boldsymbol{\Pi}\otimes\boldsymbol{I}_n\cdot\boldsymbol{I}_p\otimes\dot{\boldsymbol{r}}_{\mathrm{d}}-\gamma[(\boldsymbol{L}\otimes\boldsymbol{I}_n)\bar{\boldsymbol{\delta}}+\big(\boldsymbol{\Pi}\otimes\boldsymbol{I}_n\big)(\bar{\boldsymbol{\delta}}-\boldsymbol{I}_p\otimes\boldsymbol{r}_{\mathrm{d}})]$。为监测 RMP 导向分布式方案公式（5.6）的求解过程，定义如下向量值不定误差函数：

$$\boldsymbol{\varsigma}(t)=\boldsymbol{\Theta}(t)\boldsymbol{x}(t)-\boldsymbol{\eta}(t)$$

为使 $\boldsymbol{\varsigma}(t)$ 归零，再次采用神经动力学设计公式（5.4）获得如下分布式 ZNN 模型：

$$\boldsymbol{\Theta}(t)\dot{\boldsymbol{x}}(t)=-\dot{\boldsymbol{\Theta}}(t)\boldsymbol{x}(t)-\gamma[\boldsymbol{\Theta}(t)\boldsymbol{x}(t)-\boldsymbol{\eta}(t)]+\dot{\boldsymbol{\eta}}(t)\tag{5.7}$$

进一步地，将未知噪声污染下的分布式 ZNN 模型公式（5.7）表述为

$$\boldsymbol{\Theta}(t)\dot{\boldsymbol{x}}(t)=-\dot{\boldsymbol{\Theta}}(t)\boldsymbol{x}(t)-\gamma[\boldsymbol{\Theta}(t)\boldsymbol{x}(t)-\boldsymbol{\eta}(t)]+\dot{\boldsymbol{\eta}}(t)+\boldsymbol{\sigma}(t)\tag{5.8}$$

其中，$\boldsymbol{\sigma}(t)\in\mathbf{R}^{np+mp}$ 表示向量形式的噪声。这些噪声可能来自通信噪声、计算误差、扰动甚至是它们的叠加。

备注 5.1 文中所提方案借助 ZNN 模型公式（5.7）实现。机器人间的信息交换可以借助蓝牙或 ZigBee 实现，其传输内容为$\delta_i(t)$。此外，该 ZNN 模型公式（5.7）被表述为连续形式。假设采样间隔足够小，利用差分数值算法逼近微分项，离散形式下的模型可以实现任意精度。然而，较短的采样间隔会导致信息的频繁更新，进一步导致巨大的通信开销。事件触发方法借助触发事件更新状态信息，能够保持稳定性、避免状态信息持续更新[277-278]。为减小通信负担，本书中内容的事件触发变型是一个未来研究方向。

5.2.2 收敛性与鲁棒性分析

本小节借助如下定理，分析了所提分布式 ZNN 模型公式（5.7）的稳定性、收敛性和鲁棒性。

定理 5.3 所提分布式 ZNN 模型公式（5.7）是稳定的并全局指数收敛到一个均衡点 x^*，其第 np 个元素中组成由 RMP 导向分布式方案公式（5.6）合成的冗余机器人协同控制方案最优解 $\bar{\dot{\boldsymbol{\theta}}}^*$ 。

证明 通过构建一个可选的李雅普诺夫函数 $\boldsymbol{v}(t)=\boldsymbol{\varsigma}^2(t)$ ，可得 $\dot{\boldsymbol{v}}(t)=-2\gamma\boldsymbol{\varsigma}(t)$ 。它意味着分布式 ZNN 模型公式（5.7）是稳定的。

此外，通过直接求解动态系统 $-\dot{\boldsymbol{\varsigma}}(t)=-\gamma\boldsymbol{\varsigma}(t)$ ，可得

$$\boldsymbol{\varsigma}(t)=\boldsymbol{\Theta}(t)\boldsymbol{x}(t)-\boldsymbol{\eta}(t)=\boldsymbol{\varsigma}(0)\exp(-\gamma t)$$

其中，$\boldsymbol{\varsigma}(0)$ 表示$\boldsymbol{\varsigma}(t)$的初值。因此，得出结论：用于求解 RMP 导向分布式方案公式（5.6）的分布式 ZNN 模型公式（5.7）的残差$\boldsymbol{\varsigma}(t)$从任意初始状态$\boldsymbol{\varsigma}(0)$出发，能够全局指数收敛到零。证明完毕。

考虑到分布式 ZNN 模型公式（5.7）的鲁棒性值得探究，在恒定噪声$\boldsymbol{\sigma}(t)=\boldsymbol{\varsigma}$下提出如下定理。

定理 5.4 受恒定噪声$\boldsymbol{\sigma}(t)=\boldsymbol{\varsigma}$干扰，由 RMP 导向分布式方案公式（5.6）合成的分布式 ZNN 模型公式（5.7）求解的冗余机器人协同控制方案，能够在足够大的γ下实现任意精度，相应的末端执行器位置误差 $\lim\limits_{t\to\infty}\xi(t)_2<\varsigma_2/\gamma^2$ ，也即相应的末端执行器位置误差与γ^2成反比。

证明 受噪声污染的分布式 ZNN 模型公式（5.8）可以重新表述为

$$\boldsymbol{\Theta}(t)\dot{\boldsymbol{x}}(t)+\dot{\boldsymbol{\Theta}}(t)\boldsymbol{x}(t)-\dot{\boldsymbol{\eta}}(t)=-\gamma[\boldsymbol{\Theta}(t)\boldsymbol{x}(t)-\boldsymbol{\eta}(t)]+\boldsymbol{\varsigma}$$

进一步写作

$$\frac{\mathrm{d}[\boldsymbol{\Theta}(t)\boldsymbol{x}(t)-\boldsymbol{\eta}(t)]}{\mathrm{d}t}=-\gamma[\boldsymbol{\Theta}(t)\boldsymbol{x}(t)-\boldsymbol{\eta}(t)]+\boldsymbol{\varsigma}$$

易知，受噪声污染的分布式 ZNN 模型公式（5.8）是$\dot{\boldsymbol{\varsigma}}(t)=-\gamma\boldsymbol{\varsigma}(t)+\boldsymbol{\varsigma}$的等价扩展形式。对模型第 i 个子系统作拉普拉斯变换可得

$$s\varsigma_i(s)-\varsigma_i(0)=-\gamma\varsigma_i(s)+\varsigma_i \tag{5.9}$$

其传递函数为 $1/(s+\gamma)$。对公式（5.9）应用最终值定理得

$$\lim_{t\to\infty}\varsigma_i(t)=\lim_{s\to 0}s\varsigma_i(s)=\lim_{s\to 0}\frac{s[\varsigma_i(0)-\varsigma_i/s]}{s+\gamma}=\frac{\varsigma_i}{\gamma}$$

因此，根据约束公式（5.4），对于$t\to\infty$，

$$\begin{aligned}&[(L+\boldsymbol{\Pi})\otimes\bar{J}(\bar{\theta})\dot{\bar{\theta}}(t)]_i\\&-\Big(\boldsymbol{\Pi}\otimes\boldsymbol{I}_n\cdot\boldsymbol{I}_p\otimes\dot{r}_{\mathrm{d}}(t)+\gamma\{(L\otimes I_n)\bar{\delta}(t)+(\boldsymbol{\Pi}\otimes I_n)[\bar{\delta}(t)-\boldsymbol{I}_p\otimes r_{\mathrm{d}}(t)]\}\Big)_i=\frac{\varsigma_i}{\gamma}\end{aligned}$$

它可以被进一步写作

$$\dot{\xi}_i(t)=-\gamma\xi_i(t)+\frac{\varsigma_i}{\gamma}$$

对上述子系统作拉普拉斯变换，并应用最终值定理可得

$$\lim_{s\to\infty}\xi_i(t)=\lim_{s\to\infty}s\xi_i(s)=\lim_{s\to\infty}\frac{s[\xi_i(0)-\varsigma_i/\gamma/s]}{s+\gamma}=\frac{\varsigma_i}{\gamma^2}$$

考虑到$\boldsymbol{\varsigma}$（即 $np+mp$）比$\boldsymbol{\xi}$（即 np）的维度更大，可得$\lim_{t\to\infty}\boldsymbol{\xi}(t)_2<\varsigma_2/\gamma^2$。从$\boldsymbol{\xi}$（即末端执行器位置误差）的定义可得结论，在受到恒定噪声扰动的情况下，由 RMP 导向的分布式方案公式（5.6）合成、分布式 ZNN 模型公式（5.7）求解的冗余机器人协同控制方案能够在足够大的γ下实现任意精度，相应的末端执行器位置误差符合 $O(1/\gamma^2)$模式，即相应的末端执行器位置误差与γ^2成反比。证明完毕。

此外，考虑到非线性噪声，又得到如下定理。

定理 5.5　受到有界未知非线性噪声$\boldsymbol{\sigma}(t)=\boldsymbol{\phi}(t)\in\mathbf{R}^{np+mp}$的干扰，由 RMP 导向的分布式方案公式（5.6）合成、分布式 ZNN 模型公式（5.7）求解的冗余机器人协同控制方案，能够在足够大的γ下实现任意精度，相应的末端执行器位置误差为$\lim\limits_{t\to\infty}\boldsymbol{\xi}(t)_2\leqslant\dfrac{\tilde{\boldsymbol{\phi}}\sqrt{np}}{\gamma^2}$，其中$\tilde{\boldsymbol{\phi}}=\sup_{0\leqslant\tau\leqslant t}\left|\phi_i(\tau)\right|$，即相应的末端执行器位置误差与$\gamma^2$成反比。

证明　借助与定理 5.4 相似的步骤，携带有界未知非线性噪声的第 i 个子系统的分布式 ZNN 模型公式（5.8）可以写为

$$\dot{\varsigma}_i(t)=-\gamma\dot{\varsigma}_i(t)+\phi_i(t)$$

上式的解计算如下：

$$\varsigma_i(t)=\varsigma_i(0)\exp(-\gamma t)+\int_0^t \exp[-\gamma(t-\tau)]\phi_i(\tau)\mathrm{d}\tau$$

基于三角不等式，得

$$|\varsigma_i(t)|\leqslant|\varsigma_i(0)\exp(-\gamma t)|+\int_0^t |\exp[-\gamma(t-\tau)]||\phi_i(\tau)|\mathrm{d}\tau$$

进一步可得

$$|\varsigma_i(t)|\leqslant|\varsigma_i(0)\exp(-\gamma t)|+\frac{1}{\gamma}\max_{0\leqslant\tau\leqslant t}|\phi_i(\tau)|$$

最终得到

$$\lim_{t\to\infty}|\varsigma_i(t)|\leqslant\frac{\tilde{\boldsymbol{\phi}}}{\gamma}$$

其中，$\tilde{\boldsymbol{\phi}}=\sup_{0\leqslant\tau\leqslant t}|\phi_i(\tau)|$。进一步地，通过如下与定理 5.4 相似的步骤，可得

$$\lim_{t\to\infty}\xi(t)_2\leqslant\frac{\tilde{\boldsymbol{\phi}}\sqrt{np}}{\gamma^2}$$

因此，得到结论：受到有界未知非线性噪声 $\boldsymbol{\sigma}(t)=\boldsymbol{\phi}(t)\in\mathbf{R}^{np+mp}$ 的干扰，由 RMP 导向的分布式方案公式（5.6）合成、分布式 ZNN 模型公式（5.7）求解的冗余机器人协同控制方案，能够在足够大的γ下实现任意精度，相应的末端执行器位置误差为 $O(1/\gamma^2)$。也就是说，相应的末端执行器位置误差与γ^2成反比。证明完毕。

5.3　仿真研究

本节中的计算机仿真实验验证了所提 RMP 导向的分布式方案公式（5.6）合成、分布式 ZNN 模型公式（5.7）求解的冗余机器人协同控制方案的有效性。

5.3.1　面向固定目标的一致性实现

在 RMP 导向方案的应用场景中，初始位置 $f[\overline{\boldsymbol{\theta}}(0)]$ 要求在期望轨迹上，以便给定任务能够较好地执行。因此，对于固定构型，多冗余机器人末端执行器的一致性是一个重要问题。受到 RMP 导向方案的本质启发，将 RMP 导向方案公式（5.6）中初始关节状态 $\overline{\boldsymbol{\theta}}(0)$ 替换为期望关节状态 $\overline{\boldsymbol{\theta}}_{\mathrm{d}}$，可以产生多机器人的一致性运动。

在该仿真中，选择 c_1=10，γ=10，p=10，任务时间 T=10，在$[0,1]^6$ 中随机生

成的初始关节状态。各个机器人的期望关节状态为 $\boldsymbol{\theta}_{\mathrm{d}}=[-0.48,0.20,0.14,\ -1.63,1.58,0]^{\mathrm{T}}$，且末端执行器期望位置在矩形的一边上。此外，对于 $|i-j|\leqslant 1$，有 $A_{ij}=1$，否则 $A_{ij}=0$；同时，对于 $i=2,\cdots,10$，有 $\rho_1=1$ 和 $\rho_i=0$。进一步地，其余初始值设为 0（如 $\bar{\lambda}$）。基于 RMP 导向方案公式（5.6）的冗余机器人一致性仿真实验结果如图 5.1 所示。

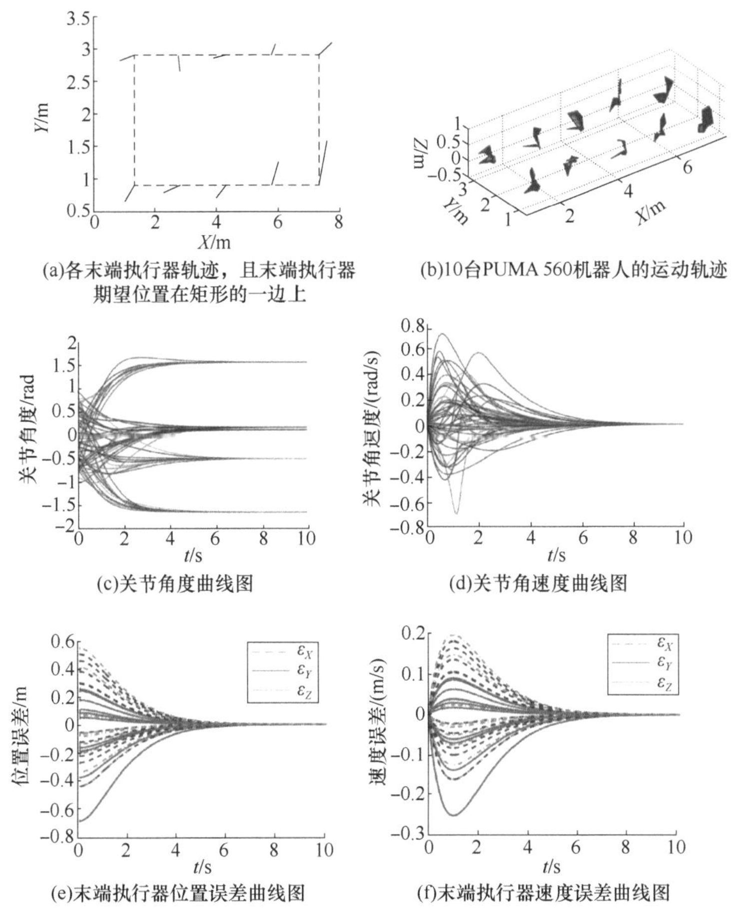

(a)各末端执行器轨迹，且末端执行器期望位置在矩形的一边上　(b)10台PUMA 560机器人的运动轨迹

(c)关节角度曲线图　(d)关节角速度曲线图

(e)末端执行器位置误差曲线图　(f)末端执行器速度误差曲线图

图 5.1　基于所提 RMP 导向的分布式方案公式（5.6）合成、分布式 ZNN 模型公式（5.7）求解的冗余机器人协同控制方案在有限通信条件下的一致性仿真实验

彩图 5.1

具体如图 5.1（a）所示，仅有第一个机器人能够获取由指令中心提供的期望运动信息，全部 10 个 PUMA 560 机器人的 10 个末端执行器均准确地停在矩形上相应的期望位置，即红色虚线处。图 5.1（b）展示了 10 个机器人一致性的整个运动过程，即最终运动到期望位置和期望关节状态。这初步证明了所提 RMP 导向

分布式方案公式（5.6）的有效性。此外，图 5.1（c）和 5.1（d）分别显示关节角度和关节角速度的光滑曲线。特别地，从两幅图中可见，所有机器人的关节状态均趋近期望值且每个关节角速度的最终状态均收敛到零。进一步地，图 5.1（e）和 5.1（f）表明在过渡状态结束后，末端执行器的位置和速度误差均很快收敛到零。这进一步证明了所提 RMP 导向方案公式（5.6）在多冗余机器人一致性方面的有效性。

5.3.2 面向时变目标的合作协同

所提 RMP 导向分布式方案公式（5.6）（含其变种）可以视作一种用于多冗余机器人运动学控制的框架，大量多冗余机器人控制方面的应用可以代入进去。例如，协作焊接[279]，精准抓取[280]，甚至著名的达芬奇手术系统[281]，都可以被视为协同的目标追踪问题，且目标为控制多机器人的末端执行器同步追踪期望轨迹。更进一步，通过将足式机器人的每条腿视为一个冗余机器人，而机器人身体视为需要搬运的载荷，足式机器人的步态控制也可以用所提方案[282]进行求解。此外，望远镜阵列可用于星球观赏[283]，其姿态控制同样可以在该框架中实现。将每一个天线单元的驱动机构视作一个机器人，望远镜的焦点视作期望的参考目标点。

本小节将探究 10 个 PUMA 560 机器人协作完成载荷搬运任务。给定动作为追踪半径为 0.3m 的原型轨迹。此外，只有 1 号和 5 号机器人可以获取指令信息。机器人间通过与前例相似的通信拓扑进行信息交换。参数选取γ=100，任务持续时间 T=2π/0.2=31.4。由于空间限制，各个机器人的初始关节状态可在图中观察，此处省略。其他参数与前例相同。图 5.2、图 5.3 及表 5.1 展示了一个从随机初始状态开始的典型实验。

表 5.1 具体任务如下，10 个 PUMA 560 机器人沿着时变圆形参考轨迹，协同搬运负载，并受到恒定噪声 $\boldsymbol{\sigma}(t)=0.5^{*}l_{9_p}$ 的扰动。其中，θ_{ij} 表示第 i 个机器人的第 j 个关节。

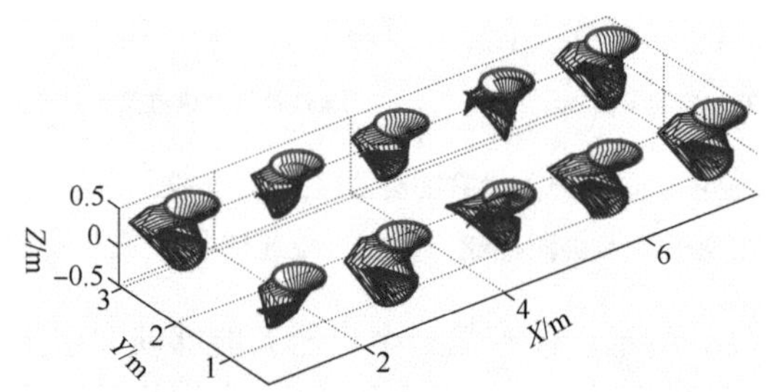

图 5.2 RMP 导向的分布式方案［公式（5.6）］和分布式 ZNN 模型［公式（5.7）］综合方案控制机器人进行的重复运动 3D 示意图

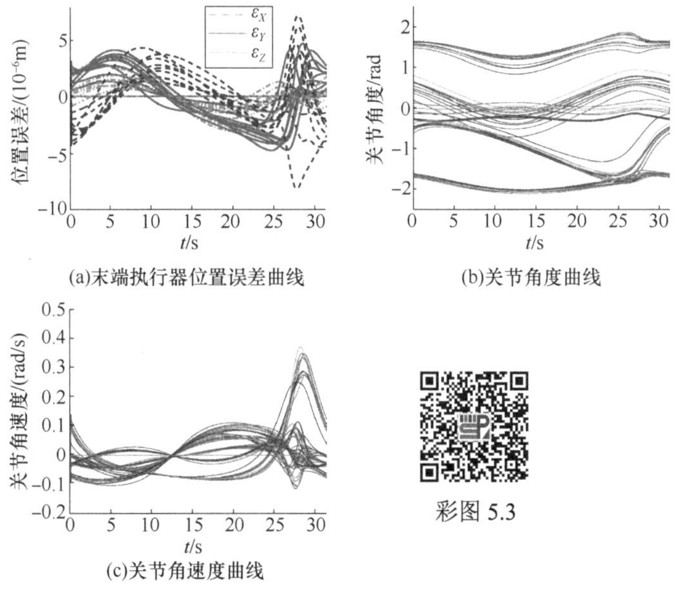

(a)末端执行器位置误差曲线　　(b)关节角度曲线

(c)关节角速度曲线

图 5.3　有限通信条件下，RMP 导向的分布式方案［公式（5.6）］和分布式 ZNN 模型［公式（5.7）］综合方案对 10 个 PUMA 560 机器人协同控制仿真实验

表 5.1　RMP 导向的分布式方案［公式（5.6）］和分布式 ZNN 模型［公式（5.7）］综合方案控制下的关节误差 $\theta_{ij}(T)-\theta_{ij}(0)$　（单位：10^6rad）

	j=1	j=2	j=3	j=4	j=5	j=6
i=1	1.007	−11.218	7.210	3.502	−24.61	0
i=2	0.8212	−3.085	−2.455	12.69	−8.667	0
i=3	5.665	−4.311	−0.9025	9.562	−8.076	0
i=4	2.726	−1.598	3.123	5.828	−19.99	0
i=5	−2.566	−4.038	−2.302	12.93	−14.43	0
i=6	4.182	−6.766	1.287	7.395	−15.58	0
i=7	−0.4685	−2.779	−3.552	13.49	−7.647	0
i=8	4.324	−3.086	1.163	6.136	−21.17	0
i=9	2.133	−2.992	−2.867	13.60	−7.213	0
i=10	5.779	−2.327	−2.314	15.33	−9.214	0

图 5.2 说明了所提方案控制下，10 个 PUMA 560 机器人的 3D 视角运动轨迹。如图所示，所有机器人以不同姿态协作完成任务。此外，图 5.3（a）显示，在任务执行过程中，末端执行器位置误差均保持在较小值。图 5.3（b）中，$\bar{\dot{\theta}}$ 最终刚好回到期望的初始状态。图 5.3（c）中是关节角速度的曲线图。表 5.1 展示了具体的关节漂移。从中可以看出，关节漂移的最大值为-2.461×10^{-5}，在实际应用中可以忽

略不计。这些仿真结果证实了所提方案公式（5.6）和模型公式（5.7）的有效性。

5.3.3　噪声环境中的合作协同

本节开展了噪声存在下的计算机仿真，结果如图 5.4 所示。

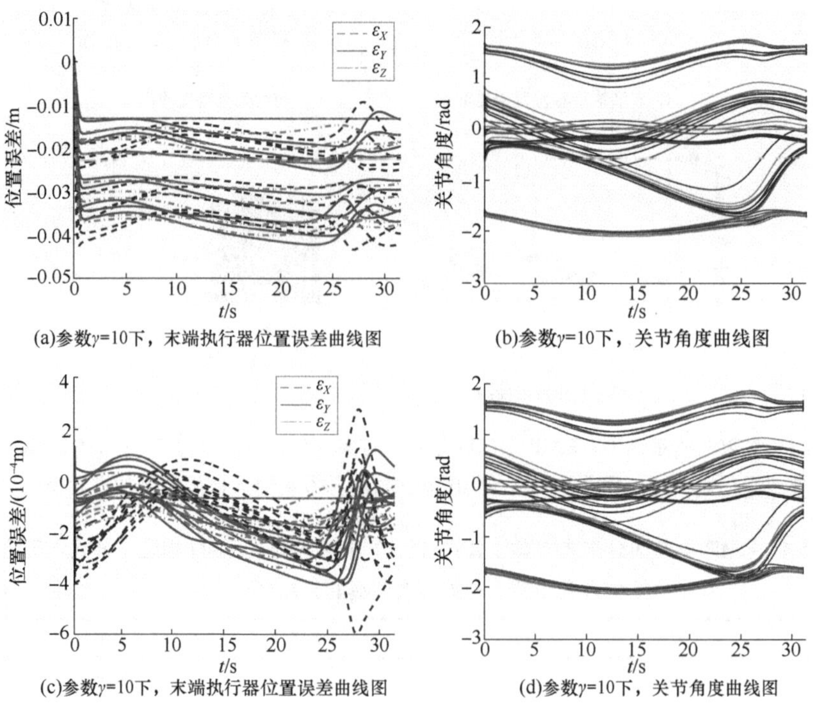

(a)参数γ=10下，末端执行器位置误差曲线图　(b)参数γ=10下，关节角度曲线图

(c)参数γ=10下，末端执行器位置误差曲线图　(d)参数γ=10下，关节角度曲线图

彩图 5.4

图 5.4　有线通信条件下，RMP 导向的分布式方案［公式（5.6），（a）、（b）］和分布式 ZNN 模型［公式（5.7），（c）、（d）］综合方案协同控制 10 个 PUMA 560 机器人仿真实验，并受到恒定噪声 $\boldsymbol{\sigma}(t)=0.5^{*}l_{9p}$ 的扰动

表 5.2 所执行任务如下：机器人沿着时变圆形参考轨迹，协同搬运负载，并受到恒定噪声 $\boldsymbol{\sigma}(t)=0.5^{*}l_{9p}$ 的扰动。其中，参数 $\gamma=\gamma_1\times\gamma_2$ 采用不同值。

表 5.2　RMP 导向的分布式方案［公式（5.6）］和分布式 ZNN 模型［公式（5.7）］综合方案控制下，10 个 PUMA 560 机器人末端执行器最大稳态误差

	$\gamma_2=10^0$	$\gamma_2=10^1$	$\gamma_2=10^2$
$\gamma_1=1$	NA	0.0452m	5.902×10^{-4}m
$\gamma_1=3$	NA	6.376×10^{-3}m	6.256×10^{-5}m
$\gamma_1=5$	0.2101m	2.406×10^{-3}m	3.571×10^{-5}m
$\gamma_1=7$	0.0881m	1.182×10^{-3}m	9.902×10^{-6}m
$\gamma_1=9$	0.0708m	7.096×10^{-4}m	6.759×10^{-6}m

从图 5.4 中可以观察到，即使在噪声的干扰下，机器人依然能够较好地完成重复运动。表 5.2 中列出了对上一小节中实验引入噪声后的末端执行器最大稳态位置误差。从图 5.4（a)、(c）中可以总结出如下重要事实：末端执行器最大稳态位置误差在 $O(1/\gamma^2)$数量级变化。这再次验证了所提 RMP 导向的分布式合成方案公式（5.6）和分布式 ZNN 模型公式（5.7）求解模型的有效性。

5.3.4　现有方案对比

本小节中，将对所提 RMP 导向分布式方案公式（5.6）与现存的冗余机器人跟踪控制方案[39, 177, 179, 276, 284-285]和文献[44]、[213]、[214]进行对比。文献[177]、[276] 提出了 RMP 方案以不同侧重点补偿关节漂移现象。前一个方案可以被视作后者设定具体参数的特殊情况。文献［179]、[284］对单机器人控制，提出了不同侧重的 ZNN 模型。具体而言，通过添加一个非线性激活函数，文献［179］中的模型可以转化为文献［284］中的有限时间收敛模型。文献［39]、[285］将它们拓展到了双臂系统上。相比而言，本章致力于冗余机器人有限通信下的协同控制。正如表 5.3 中总结的那样，本章所提方法能够解决分布式冗余机器人的协同及一致性控制问题，而这是上述工作[39, 177, 179, 276, 284-285]均不能解决的棘手问题。除此之外，由于工作[44, 213, 214]缺少直接位置反馈，机器人的末端执行器初始位置要求严格放置在期望轨迹的期望位置上。同时，据作者所知，本章是首次给出基于 ZNN 方法提供关于有噪、无噪下的位置误差边界相关理论证明。

表 5.3　不同机器人冗余解析方案对比

文献	位置误差边界保证	机器人数量	分布式或集中式	拓扑结构	全部单元连接指令中心	初始位置严格位于期望轨迹	固定位置调节误差
本章方案	有	多个	分布式	邻里相接	否	任意	零
[177]、[179]、[276]、[284]	无	单个	不可用	不可用	不可用	任意	零
[39]、[285]	无	两个	集中式	不可用	是	任意	零
[44]	无	多个	分布式	邻里相接	否	严格	无效
[213]	无	多个	分布式	星形	是	严格	无效
[214]	无	多个	分布式	树状	否	严格	无效

5.4　小　　结

本章提出了在有限通信条件下，一种基于动态神经网络的多机器人抗扰动合作协同控制的分布式方案。理论分析证明了本章所提分布式方案的有效性。接着，数值比较实验验证了本章所提分布式方案的优越性、有效性和准确性。本章所提分布式方案首次以指数收敛位置误差执行了给定任务。除了性能指标上的优化外，本章所提方案在多冗余机器人协同控制场景下，不要求完全连通的通信模式。这与现存冗余机器人的研究完全不同，也为工业应用场景提供了更广泛的视角。

第 6 章　基于 k-WTA 算法的多机器人竞争协同

本章重点研究多机器人协调中的动态任务分配，用于解决有限通信下的移动目标跟踪问题：在一组 n（$n>k$）个移动机器人中，分配 k 个最合适的机器人来执行跟踪任务。针对这一任务，以竞争的方式为多个非完整机器人开发了一种新的协调控制方法，该方法将任务分配给竞争中的优胜者，并激活优胜者向目标移动，而其余机器人则保持不动。由于机器人动力学的相互作用和机器人之间对被激活的动态竞争，该问题具有挑战性。我们提出了一种分布式协调模型，用于在有限通信约束的情况下协调多机器人目标跟踪的动态任务分配，并从理论上证明分布式控制的稳定性。受群居动物狩猎行为的启发，我们还提出了一种以比追踪者更快的目标速度处理问题的新策略，并被证实非常有效。最后，通过实例分析验证所提模型在有限通信条件下以竞争方式协调任务分配的有效性。

6.1　问题构建

本节介绍移动机器人的建模和问题描述，为下一步的研究奠定基础。

6.1.1　差分驱动轮式移动机器人

本章采用如图 6.1 所示的差分驱动轮式移动机器人作为机器人平台。

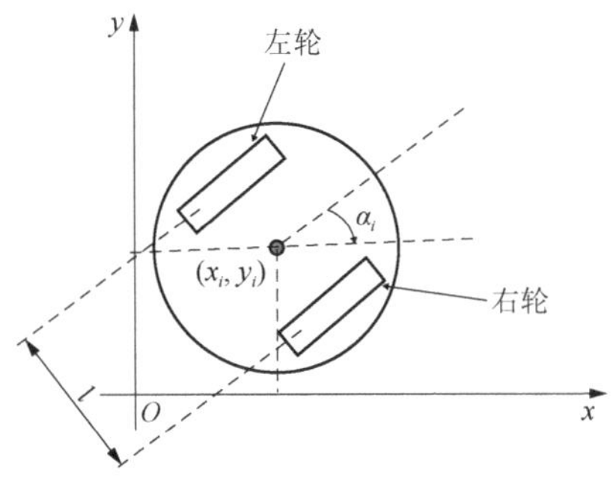

图 6.1　差分驱动轮式移动机器人

第 i 个差分驱动轮式移动机器人的运动学模型可以写作

$$\begin{bmatrix} \dot{x}_i \\ \dot{y}_i \\ \dot{\alpha}_i \end{bmatrix} = \begin{bmatrix} \frac{\cos\alpha_i}{2} & \frac{\cos\alpha_i}{2} \\ \frac{\sin\alpha_i}{2} & \frac{\sin\alpha_i}{2} \\ \frac{-1}{l} & \frac{1}{l} \end{bmatrix} \begin{bmatrix} \xi_{i1} \\ \xi_{i2} \end{bmatrix} \tag{6.1}$$

其中，(x_i, y_i)表示驱动轮轴中点的笛卡儿坐标；α_i是机器人平台相对于X轴的方位角；l是两个驱动轮之间的长度；ξ_{i1}和ξ_{i2}分别是左右车轮的速度。

借助文献［210］中提出的反馈线性化技术，将车轮输入ξ_i与转换后的输入u_i之间的关系表示为

$$\begin{bmatrix} \xi_{i1} \\ \xi_{i2} \end{bmatrix} = \begin{bmatrix} \frac{l\sin\alpha_i}{2c} + \cos\alpha_i & \frac{-l\cos\alpha_i}{2c} + \sin\alpha_i \\ \frac{-l\sin\alpha_i}{2c} + \cos\alpha_i & \frac{l\cos\alpha_i}{2c} + \sin\alpha_i \end{bmatrix} \begin{bmatrix} u_{i1} \\ u_{i2} \end{bmatrix}$$

其中，u_{i1}和u_{i2}构成向量u_i，分别表示第i个机器人在新坐标系中沿x轴和y轴的控制输入（速度）；参数c和l是正常数。

为了简单说明，每个机器人的运动可以用一个积分器来描述：

$$\varphi_i = u_i \tag{6.2}$$

其中，$\varphi_i = [x_i + c * \cos(\alpha), y + c * \sin(\alpha_i)] \in \mathbf{R}^2$是新参考位置，它位于机器人的中心线上，距车轮中心的偏移量为c。

6.1.2 问题描述

下面给出关于通信图和不同通信拓扑的定义。

通信图是以机器人为节点，以通信链路为边的图。此外，$\mathbf{N}(i)$表示与第i个机器人有通信链路的一组机器人，它表示第i个机器人在通信图上的邻居集。此外，下面给出了两种通信拓扑的定义[210]，即全局通信和有限通信。

假设 1 全局通信，以每个机器人为节点，每对机器人之间的单跳通信链路为边，通信拓扑为全连接图。也就是说，每个机器人都可以与其他机器人直接通信，在这种情况下，允许任意一对相邻的机器人之间进行信息交换。

假设 2 有限通信，以每个机器人为节点，单跳相邻机器人之间的通信链路为边，通信拓扑为连通无向图。我们使用$j \in \mathbf{N}(i)$表示通信图中第i个移动机器人的邻居集。

在本章中，考虑在通信拓扑有限的情况下，以竞争的方式进行目标跟踪的多机器人协调中的动态任务分配问题，定义如下。

问题定义（具有有限通信的k个个体竞争跟踪）：在假设 2 下，设计一个协调

控制律，使公式（6.2）所描述的 n 个移动机器人相互竞争，结果为 k 个与移动目标距离最小的移动机器人保持激活状态以进行跟踪，而其他机器人则不被激活，保持不动。

6.2　有限通信下的动态任务分配

本节提出了一种分布式竞争控制律，用于多机器人在有限通信条件下的目标跟踪的动态任务分配。

6.2.1　基于 k-WTA 的动态神经网络设计

文献［142］提出了一个 k-WTA 神经网络模型，描述如下：
状态方程为

$$\frac{\mathrm{d}z}{\mathrm{d}t}=-\lambda\left(\sum_{i=1}^{n}w_i-k\right) \tag{6.3}$$

输出方程为

$$w_i=g_{\Omega i}\left(z+\frac{v_i}{2a}\right) \tag{6.4}$$

其中，z 是一个辅助变量，$z\in\mathbf{R}$；λ用于缩放收敛速度，$\lambda>0$；v_i 表示输入向量 $\boldsymbol{v}$ 的第 i 个元素；w_i 代表输出向量 $\boldsymbol{w}$ 的第 i 个元素，$\boldsymbol{w}\in\{0,1\}^n$；$a$ 是一个足够小的常数；$g_{\Omega i}(\cdot)$ 为投影函数，$g_{\Omega i}(\cdot)$ 的第 i 个元素定义为

$$g_{\Omega i}\left(z+\frac{v_i}{2a}\right)=\begin{cases}1, & z+\dfrac{v_i}{2a}>1\\ z+\dfrac{v_i}{2a}, & 0\leqslant z+\dfrac{v_i}{2a}\leqslant 1\\ 0, & z+\dfrac{v_i}{2a}<0\end{cases} \tag{6.5}$$

在 $\boldsymbol{v}$ 中由 $\bar{v}_k$ 表示的第 k 个最大元素严格大于由 $\bar{v}_{k+1}$ 表示的第 $k+1$ 个最大元素，且在常数参数 a 满足 $a\leqslant 0.5(\bar{v}_k-\bar{v}_{k+1})$ 的条件下，文献［142］证明了上述 k-WTA 神经网络模型可以解决以下 k-WTA 问题：

$$w_i=f(v_i)=\begin{cases}1, & v_i\geqslant\bar{v}_k\\ 0, & v_i<\bar{v}_k\end{cases} \tag{6.6}$$

此外，将 WTA 指标定义为

$$v_i=f_i(z_i)=-\left\|\varphi_i-\boldsymbol{\varphi}_{\mathrm{o}}\right\|_2^2/2 \tag{6.7}$$

其中，$\boldsymbol{\varphi}_0$表示移动目标的位置。

第 i 个移动机器人的运动控制可以表示为

$$\dot{\varphi}_i = w_i c_0 \tau \tag{6.8}$$

其中，c_0 表示反馈增益；控制律τ定义为$\partial v_i / \partial \varphi_i$。由公式（6.8）可以很容易地得出，对于 $w_i=0$ 的情况，第 i 个移动机器人不移动；对于 $w_i=1$ 的情况，第 i 个移动机器人接近移动目标。

将公式（6.4）代入公式（6.3）和公式（6.8），得到

$$\begin{cases} \dot{\varphi}_i = g_{\Omega i}\left(z + \dfrac{v_i}{2a}\right) c_0 \dfrac{\partial v_i}{\partial \varphi_i} \\ \dot{z} = -\lambda\left[\displaystyle\sum_{i=1}^{n} g_{\Omega i}\left(z + \dfrac{v_i}{2a}\right) - k\right] \end{cases} \tag{6.9}$$

结合组内所有移动机器人的控制输入，跟踪运动目标的协调模型可以改写成如下紧凑形式：

$$\begin{cases} \dot{\boldsymbol{\varphi}} = g_{\Omega}\left(z\boldsymbol{I}_{2n} + \dfrac{\boldsymbol{v}}{2a} \otimes \boldsymbol{I}_2\right) c_0 \boldsymbol{\Phi} \\ \dot{z} = -\lambda\left[\boldsymbol{I}_n^{\mathrm{T}} g_{\Omega}\left(z\boldsymbol{I}_n + \dfrac{\boldsymbol{v}}{2a}\right) - k\right] \end{cases} \tag{6.10}$$

其中，$\boldsymbol{\Phi} = [\boldsymbol{\tau}_1, \cdots, \boldsymbol{\tau}_n]^{\mathrm{T}}$；$\boldsymbol{I}_{2n}$、$\boldsymbol{I}_n$和$\boldsymbol{I}_2$分别表示由 $2n$、n 和 2 个为 1 的元素组成的向量。

6.2.2 收敛性分析

此外，对于所提出的用于竞争跟踪的协调模型公式（6.10），有以下定理。

定理 6.1 对于一组由公式（6.2）描述的具有协调控制律公式（6.10）的 n 个差分驱动机器人，具有最小距离的 k 个机器人随时间向目标移动。

证明 定义

$$V_0 = \lambda\left[\sum_{i=1}^{n} h\left(z + \frac{v_i}{2a}\right) - kz\right]$$

其中，

$$h(x) = \begin{cases} 0, & x < 0 \\ \dfrac{x^2}{2}, & 0 \leqslant x \leqslant 1 \\ -\dfrac{1}{2} + x, & x > 1 \end{cases}$$

（1）对于 $h(x)$的性质，有如下结论。

① $\sum_{i=1}^{n}\left[h\left(z+\frac{v_i}{2a}\right)-\frac{k\left(z+v_i/2a\right)}{n}\right]$是下方有界的。注意，

$$h(x)-\frac{kx}{n}=\begin{cases}-\frac{kx}{n}, & x<0\\ \frac{x^2}{2}-\frac{kx}{n}, & 0\leqslant x\leqslant 1\\ -\frac{1}{2}+\frac{n-k}{n}x, & x>1\end{cases}$$

可以得出结论

$$h(x)-\frac{kx}{n}=\begin{cases}-\frac{kx}{n}\geqslant 0, & x<0\\ \frac{x^2}{2}-\frac{kx}{n}\geqslant -\frac{k^2}{2n^2}, & 0\leqslant x\leqslant 1\\ -\frac{1}{2}+\frac{n-k}{n}x\geqslant \frac{n-k}{n}-\frac{1}{2}, & x>1\end{cases}$$

因此，$\sum_{i=1}^{n}\left[h\left(z+\frac{v_i}{2a}\right)-\frac{k(z+v_i/2a)}{n}\right]$是下方有界的。

② $\frac{\partial h(x)}{\partial x}=g_{\Omega}(x)$。这里定义

$$L_i=-v_i=-f_i(z_i)=\left\|\varphi_i-\boldsymbol{\varphi}_o\right\|_2^2/2$$

令

$$\Psi=\frac{2a}{c_0\lambda}V_0+\frac{1}{c_0}\sum_{i=1}^{n}L_i$$

（2）对于Ψ的性质，有如下结论。

① Ψ是下方有界的。从Ψ的定义进一步有

$$\Psi=\frac{2a}{c_0}\sum_{i=1}^{n}\left[h\left(z+\frac{v_i}{2a}\right)-\frac{k}{n}\left(z+\frac{v_i}{2a}\right)\right]+\frac{n-k}{c_0 n}\sum_{i=1}^{n}(-v_i)$$

请注意，如上所述，$\sum_{i=1}^{n}\left[h\left(z+\frac{v_i}{2a}\right)-\frac{k(z+v_i/2a)}{n}\right]$是下方有界的。此外，$-v_i$也是下方有界的。因此，$\Psi$是下方有界的。

② 对于$\dot{\Psi}$有如下结论。

$$\dot{\Psi}=\left(\frac{\partial\Psi}{\partial z}\right)^{\mathrm{T}}\dot{z}+\sum_{i=1}^{n}\left(\frac{\partial\Psi}{\partial v_i}\right)^{\mathrm{T}}\dot{v}_i$$

其中，有

$$\begin{aligned}\frac{\partial\Psi}{\partial z}&=\frac{2a}{c_0}\sum_{i=1}^{n}\left[g_{\Omega i}\left(z+\frac{v_i}{2a}\right)-\frac{k}{n}\right]\\&=\frac{2a}{c_0}\sum_{i=1}^{n}\left(w_i-\frac{k}{n}\right)=\frac{2a}{c_0}\sum_{i=1}^{n}w_i-k\end{aligned}$$

$$\begin{aligned}\frac{\partial\Psi}{\partial v_i}&=\frac{2a}{c_0}\left[g_{\Omega i}\left(z+\frac{v_i}{2a}\right)\frac{1}{2a}-\frac{k}{n}\frac{1}{2a}\right]+\frac{k}{c_0 n}-\frac{1}{c_0}\\&=\frac{1}{c_0}g_{\Omega i}\left(z+\frac{v_i}{2a}\right)-\frac{1}{c_0}\end{aligned}$$

以及

$$\dot{v}_i=\frac{\partial f_i(\varphi_i)}{\partial p_i}^{\mathrm{T}}\dot{\varphi}_i=C_0 g_{\Omega i}\left(z+\frac{v_i}{2a}\right)\left\|\frac{\partial f_i(\varphi_i)}{\partial\varphi_i}\right\|_2^2$$

进一步地，有

$$\begin{aligned}\left(\frac{\partial\Psi}{\partial z}\right)^{\mathrm{T}}\dot{z}&=\frac{2a}{c_0}\left(\sum_{i=1}^{n}w_i-k\right)^{\mathrm{T}}\dot{z}\\&=-\lambda\frac{2a}{c_0}\left(\sum_{i=1}^{n}w_i-k\right)^{\mathrm{T}}\left(\sum_{i=1}^{n}w_i-k\right)\\&=-\lambda\frac{2a}{c_0}\left(\sum_{i=1}^{n}w_i-k\right)^2\leqslant 0\end{aligned}$$

以及

$$\left(\frac{\partial\Psi}{\partial v_i}\right)^{\mathrm{T}}\dot{v}_i=\left[g_{\Omega i}\left(z+\frac{v_i}{2a}\right)-1\right]g_{\Omega i}\left(z+\frac{v_i}{2a}\right)\left\|\frac{\partial f_i(\varphi_i)}{\partial\varphi_i}\right\|_2^2$$

根据公式（6.5）可以得出结论：

$$g_{\Omega i}\left(z+\frac{v_i}{2a}\right)-1\leqslant 0$$

$$g_{\Omega i}\left(z+\frac{v_i}{2a}\right)\geqslant 0$$

且有

$$\left(\frac{\partial \Psi}{\partial v_i}\right)^{\mathrm{T}} \dot{v}_i \leqslant 0$$

其中，符号=适用于 $g_{\Omega i}\left(z+\dfrac{v_i}{2a}\right)=1$ 或 $g_{\Omega i}\left(z+\dfrac{v_i}{2a}\right)=0$ 的情况。此外，可以很容易地得到 $\dot{\Psi} \leqslant 0$ 。使用拉萨尔原理，令 $\dot{\Psi}=0$ ，对于 $\forall i$ ，有

$$\left\{\left[g_{\Omega i}\left(z+\frac{v_i}{2a}\right)-1\right]\right\} g_{\Omega i}\left(z+\frac{v_i}{2a}\right)\left\|\frac{\partial f_i(\varphi_i)}{\partial \varphi_i}\right\|_2^2=0 \tag{6.11}$$

以及

$$\sum_{i=1}^{n} w_i = k \tag{6.12}$$

对于以上两种情况，有如下分析结果。

① 对于公式（6.11）的情况，有以下三种子情况。

a. $g_{\Omega i}\left(z+\dfrac{v_i}{2a}\right)=1 \Rightarrow w_i=1 \Rightarrow \dot{\varphi}_i = c_0 \boldsymbol{\tau}_i$ ，最终可以得到随着 $t \to \infty$ ， $\varphi_i \to \boldsymbol{\varphi}_{\mathrm{o}}$ 。

b. $g_{\Omega i}\left(z+\dfrac{v_i}{2a}\right)=0 \Rightarrow w_i=0 \Rightarrow \dot{\varphi}_i=0$ ，最终可以得到 φ_i 不移动。

c. $\dfrac{\partial f_i(\varphi_i)}{\partial \varphi_i}=0 \Rightarrow \varphi_i=\boldsymbol{\varphi}_{\mathrm{o}}$ 。

② 对于公式（6.12）的情况，有

$$\sum_{i=1}^{n} w_i = k = \sum_{i=1}^{n} g_{\Omega i}\left(z+\frac{v_i}{2a}\right)$$

将 v_i （ $i=1,2,\cdots,n$ ）重新排序为 $v_1^* \geqslant v_2^* \geqslant \cdots \geqslant v_n^*$ 。此后，有

$$g_{\Omega i}\left(z+\frac{v_1^*}{2a}\right) \geqslant g_{\Omega i}\left(z+\frac{v_2^*}{2a}\right) \geqslant \cdots \geqslant g_{\Omega i}\left(z+\frac{v_n^*}{2a}\right)$$

当 $n1+n2+n3=n$ ，假设 $g_{\Omega i}\left(z+\dfrac{v_1^*}{2a}\right)=g_{\Omega i}\left(z+\dfrac{v_2^*}{2a}\right)=\cdots=g_{\Omega i}\left(z+\dfrac{v_{n1}^*}{2a}\right)=1$ ；

$g_{\Omega i}\left(z+\dfrac{v_{n1+1}^*}{2a}\right)$ ， $g_{\Omega i}\left(z+\dfrac{v_{n1+2}^*}{2a}\right)$ ，…， $g_{\Omega i}\left(z+\dfrac{v_{n1+n2}^*}{2a}\right)$ 的值在（0，1）的范围内；

$g_{\Omega i}\left(z+\dfrac{v_{n1+n2+1}^*}{2a}\right)=g_{\Omega i}\left(z+\dfrac{v_{n1+n2+2}^*}{2a}\right)=\cdots=g_{\Omega i}\left(z+\dfrac{v_{n1+n2+n3}^*}{2a}\right)=0$ 。进一步地，有

以下三种子情况。

a. 对于v_i^*，$i\in\{1,\cdots,n1\}$，有$w_i=1\Rightarrow\dot{\varphi}_i=c_0\boldsymbol{\tau}_i$，最终，可以得到随着$t\to\infty$，$\varphi_i\to\boldsymbol{\varphi}_0$。

b. 对于v_i^*，$i\in\{n1+1,\cdots,n1+n2\}$，有$w_i>0$，最终，可以得到随着$t\to\infty$，$\varphi_i\to\boldsymbol{\varphi}_0$。

c. 对于v_i^*，$i\in\{n1+n2+1,\cdots,n1+n2+n3\}$，有$w_i=0\Rightarrow\dot{\varphi}_i=\mathbf{0}$，最终，可以得到$\varphi_i$不移动。

对于前两种子情况，v_i都趋于最大值，因此$g_{\Omega i}\left(z+\dfrac{v_{n1+1}^*}{2a}\right)$在这两种情况下都达到相同的值。此外，有

$$k=\sum_{i=1}^{n}g_{\Omega i}\left(z+\frac{v_i^*}{2a}\right)=n1+\sum_{i=n1+1}^{n1+n2}g_{\Omega i}\left(z+\frac{v_i^*}{2a}\right)$$

如上所述，对于$i\in\{n1+1,\cdots,n1+n2\}$，有

$$g_{\Omega i}\left(z+\frac{v_i^*}{2a}\right)=1$$

因此，$k=n1+n2$，并且在$g_{\Omega i}\left(z+\dfrac{v_i}{2a}\right)=1$的意义上它们都是赢家。

因此，对于一组由公式（6.2）描述的具有协调控制律公式（6.10）的n个差分驱动机器人，具有最小距离的k个机器人随时间向目标移动。证明完毕。

针对多机器人协调目标跟踪问题，我们提出了一个集中式动态任务分配模型公式（6.10），该模型要求全局通信。为了减轻通信负担，我们开发了一个全分布式模型，它只要求有限的通信。由公式（6.9）可以看出$\sum_{i=1}^{n}g_{\Omega i}\left(z+\dfrac{v_i}{2a}\right)$需要团队中每个移动机器人的信息，因此，求和项$\sum_{i=1}^{n}g_{\Omega i}\left(z+\dfrac{v_i}{2a}\right)$是分布式集中协调模型的阻碍。在文献［286］中提出了一个比例积分（proportional integral，PI）型平均一致性估计器以离散化求平均操作，它允许n个代理（即本章中的移动机器人），每个代理仅使用有限的通信测量其动态项$g_{\Omega i}\left(z+\dfrac{v_i}{2a}\right)$，并计算$\bar{g}_{\Omega i}\left(z+\dfrac{v_i}{2a}\right)=\dfrac{1}{n}\sum_{i=1}^{n}g_{\Omega i}\left(z+\dfrac{v_i}{2a}\right)$的近似。借助文献［286］中提出的 PI 型平均一致性估计器，移动机器人可以通过运行以下协议来估计滤波器输入的平均值：

$$
\begin{cases}
\dot{\psi}_i = -\gamma \sum\limits_{j\in \mathbf{N}(i)} A_{ij}(\psi_i - \psi_j) - \gamma\left[\psi_i - g_{\Omega i}\left(z + \dfrac{v_i}{2a}\right)\right] \\
\qquad -\gamma \sum\limits_{j\in \mathbf{N}(i)} A_{ij}\left(\mathcal{R}_i - \mathcal{R}_j\right) \\
\dot{\mathcal{R}}_i = \sum\limits_{j\in \mathbf{N}(i)} A_{ij}(\psi_i - \psi_j)
\end{cases}
\tag{6.13}
$$

其中，ψ_i 是$\dfrac{1}{n}\sum\limits_{i=1}^{n} g_{\Omega i}\left(z+\dfrac{v_i}{2a}\right)$的估计值；$\mathbf{N}(i)$ 表示假设 2 中定义的通信图上第 i 个移动机器人的邻居集；R_i 是由第 i 个移动机器人维护的标量状态；A_{ij} 是 $j\in \mathbf{N}(i)$ 的正常数，满足 $A_{ij}=A_{ji}$；γ是一个用于缩放收敛速度的正常数。此外，值得一提的是，对于 $j\notin \mathbf{N}(i)$，$A_{ij}=A_{ji}=0$。通过在每个移动机器人上运行公式（6.13），ψ_i 能够跟踪输入的平均值，即 $\sum\limits_{i=1}^{n} w_i / n$ 或 $\sum\limits_{i=1}^{n} g_{\Omega i}\left(z+\dfrac{v_i}{2a}\right)\Big/ n$。

因此，公式（6.9）中的项 $\sum\limits_{i=1}^{n} g_{\Omega i}\left(z+\dfrac{v_i}{2a}\right)$ 可以替换为分布式滤波器公式（6.13）。那么有

$$
\begin{cases}
\dot{\psi}_i = -\gamma \sum\limits_{j\in \mathbf{N}(i)} A_{ij}(\psi_i - \psi_j) - \gamma\left[\psi_i - g_{\Omega i}\left(z + \dfrac{v_i}{2a}\right)\right] - \gamma \sum\limits_{j\in \mathbf{N}(i)} A_{ij}\left(\mathcal{R}_i - \mathcal{R}_j\right) \\
\dot{\mathcal{R}}_i = \sum\limits_{j\in \mathbf{N}(i)} A_{ij}(\psi_i - \psi_j) \\
\dot{\varphi}_i = g_{\Omega i}\left(z + \dfrac{v_i}{2a}\right) c_0 \dfrac{\partial v_i}{\partial \varphi_i} \\
\dot{z} = -\lambda(n\psi_i - k)
\end{cases}
\tag{6.14}
$$

组合组内所有移动机器人的控制输入，在通信受限的情况下跟踪运动目标的协调模型可以改写为紧凑形式：

$$
\begin{cases}
\dot{\boldsymbol{\psi}} = -\gamma \boldsymbol{L}\boldsymbol{\psi} - \gamma(\boldsymbol{\psi} - w) - \gamma \boldsymbol{L}\int_{t_0}^{t} L\boldsymbol{\psi}\,\mathrm{d}t \\
\dot{\boldsymbol{p}} = g_{\Omega}\left(\boldsymbol{z}\boldsymbol{I}_{2n} + \dfrac{\boldsymbol{v}}{2a} \otimes \boldsymbol{I}_2\right) c_0 \boldsymbol{\Phi} \\
\dot{\boldsymbol{z}} = -\lambda(\boldsymbol{I}_n^{\mathrm{T}}\boldsymbol{\psi} - k)
\end{cases}
\tag{6.15}
$$

其中，t_0 表示初始时刻；拉普拉斯矩阵 $\boldsymbol{L} = \mathrm{diag}(\boldsymbol{A}\boldsymbol{I}_n) - A$ 中 $\mathrm{diag}(\boldsymbol{A}\boldsymbol{I}_n)$ 是对角矩阵，n 个对角元素是向量 $\boldsymbol{A}\boldsymbol{I}_n$ 的 n 个元素，而矩阵 $\boldsymbol{A}$ 的第 ij 个元素是 A_{ij}。

如文献［287］所述，分布式一致性滤波器公式（6.13）与其他现有方法相比具有几个优点。例如，假设网络是连通的，估计器误差收敛到一个零附近的球，其半径与输入的变化率有关。在恒定输入的情况下，相应的估计器误差指数收敛到零。

本章所提出的分布式协调模型公式（6.15）的流程在算法 6.1 中有详细说明。第 i 个移动机器人先收集自身位置 p_i 和移动目标的位置$\boldsymbol{\varphi}_{\rm o}$，并与移动机器人$j\in\mathbf{N}(i)$进行通信，得到$\psi_j$和$\mathfrak{R}_j$，再使用式（6.14）计算 $\dot{p}_i$，驱动移动机器人，重复执行此步骤，直到达到预设的距离限制。

算法 6.1 通信受限的第 i 个机器人竞争目标跟踪中的分布式动态任务分配

输入：

移动机器人及邻居机器人（$j\in\mathbf{N}(i)$）的位置$\boldsymbol{\varphi}$，移动目标的位置$\boldsymbol{\varphi}_{\rm o}$ 可供第 i 个移动机器人使用，预设距离限制ε。

目标：

与移动目标距离最小的 k 个移动机器人接近目标，其余移动机器人保持不动。

流程：

① 初始化变量 z，ψ_i，$\mathfrak{R}_i$；

② 重复；

③ 得到φ_i，$\boldsymbol{\varphi}_{\rm o}$；

④ 与移动机器人$j\in\mathbf{N}(i)$通信，得到ψ_j和 $\mathfrak{R}_j$；

⑤ 使用分布式一致性滤波器公式（6.13）计算ψ_i和 $\mathfrak{R}_i$；

⑥ 使用式（6.14）计算 z，w_i和 $\dot{\varphi}_i$；

⑦ 使用生成的 $\dot{\varphi}_i$ 驱动移动机器人；

⑧ 直到$\| w_i(\varphi_i-\boldsymbol{\varphi}_{\rm o})\|_2<\varepsilon$。

备注 6.1 如果分布式一致性滤波器公式（6.13）相对于集中协调控制律公式（6.10）运行得足够快，可以得到一个稳定的多机器人协调目标跟踪中动态任务分配的分布式协调模型公式（6.15）。也就是说，如果参数γ相对于λ足够大，那么我们期望的动态结果是半全局收敛的[287]。

备注 6.2 移动机器人进行目标跟踪的一个潜在的基本假设是目标的速度应该比移动机器人的速度慢。但在现实生活中，可能存在目标速度快于跟踪者速度的情况，解决这一棘手问题的有效方法是围攻目标，利用弓形速度捕获目标。受这种广泛存在的行为的启发，我们研究了在这种情况下通信受限的分布式协调模型公式（6.15）的捕获能力。模拟这种行为的一种方法是采用如下饱和函数，其

中 $\dot{\varphi}_i^+$ 和 $\dot{\varphi}_i^-$ 表示第 i 个移动机器人的上下限，分别为

$$S(\dot{\varphi}_i)=\begin{cases}\dot{\varphi}_i^+, & \dot{\varphi}_i>\dot{\varphi}_i^+\\ \dot{\varphi}_i, & \dot{\varphi}_i^-\leqslant\dot{\varphi}_i\leqslant\dot{\varphi}_i^+\\ \dot{\varphi}_i^-, & \dot{\varphi}_i<\dot{\varphi}_i^-\end{cases}$$

如前所述，本章研究的目标跟踪中多机器人协调的动态任务分配可以被视为一个受生物学启发的模型。这种行为所涉及的核心概念是，群体中能力最大的个体执行任务，而其他个体则保持不动。

6.3　多机器人分布式竞争协同仿真验证

在本节中，将基于 30 个差分驱动轮式移动机器人以竞争方式跟踪移动目标进行了仿真，以说明通信受限的分布式协调模型公式（6.15）的有效性。参数设置 a=0.1，c_0=10，λ=10，γ=10^5，距离限制ε=0.01m。此外，A_{ij} 设置为

$$A_{ij}=\begin{cases}1, & |i-j|\leqslant 1\\ 0, & \text{其他}\end{cases}$$

1. 示例一

本例采用不限制每个移动机器人速度的分布式协调模型公式（6.15）来完成 k=1 的移动目标跟踪任务。也就是说，每个移动机器人作为追踪者，都能够跟踪和捕获移动目标，因为移动机器人的速度可以比移动目标的速度更快。相应的仿真结果如图 6.2 和图 6.3 所示。

具体来说，如图 6.2（a）所示，当 t=0.1s 时，运动目标的初始位置为（3，3）。此外，由于通过分布式一致性滤波器公式（6.13）对随机初始值 $\sum_{i=1}^{n}g_{\Omega i}[z+v_i/(2a)]$ 的估计，使得在初始阶段几乎所有的移动机器人都向移动目标移动。从图 6.3（a）中可以清楚地观察到，所有失败的移动机器人的状态 w_i 在 0.05s 内迅速收敛到零，而获胜的移动机器人的状态保持在 1。这一现象表明分布式一致性滤波器公式（6.13）运行良好，WTA 网络生成了图 6.3（a）中以黄色虚线标记的单一获胜者信号 w_i。此外，如图 6.2（b）所示，当 t=1s 时，可以发现目标移动到（3.8，3.8）附近，紧随其后的以黑线标记的最近的移动机器人获胜。相比之下，其余的机器人作为竞争的失败者，则被停止激活，保持不动。如图 6.2（c）所示，随着移动目标接近其中一个失败者，初始时刻的获胜者在 t≈3.8s 时失败，之后成为失败者。作为继承者，跟踪任务被动态分配给以紫色线标记的新获胜者，后者开始跟踪移动目标。图 6.2（d）给出了移动目标的实际路径和不同移动机器人的跟踪轨迹，可以

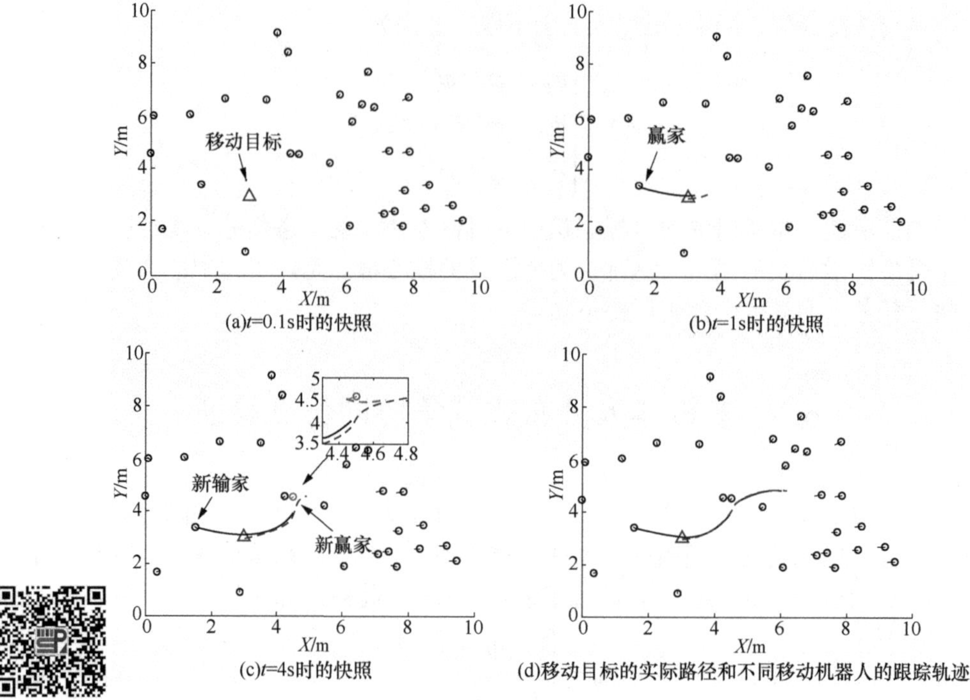

(a) t=0.1s时的快照　(b) t=1s时的快照

(c) t=4s时的快照　(d) 移动目标的实际路径和不同移动机器人的跟踪轨迹

彩图 6.2

图 6.2　当 k=1 时，分布式协调模型公式（6.15）的快照

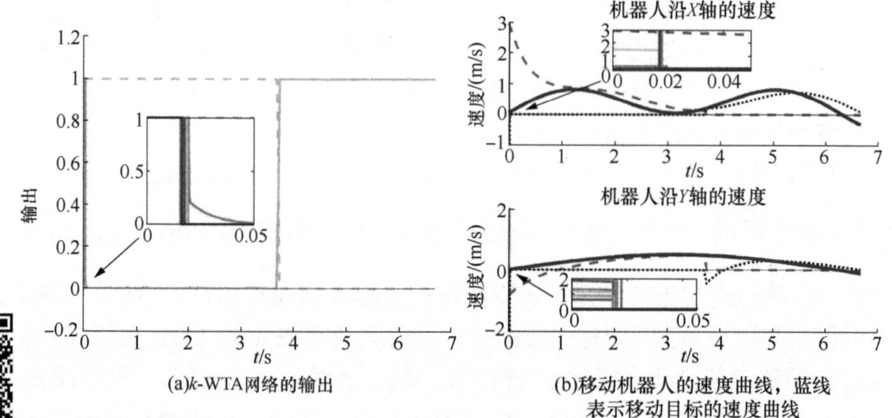

(a) k-WTA网络的输出　(b) 移动机器人的速度曲线，蓝线表示移动目标的速度曲线

彩图 6.3

图 6.3　当 k=1 时，分布式协调模型公式（6.15）中 k-WTA 网络的输出，以及移动机器人在不同阶段的相应速度

看出两个移动机器人（新赢家和新输家）的轨迹都是平滑的。另外，作为失败者，其余的移动机器人保持不动，这可以看作一种节能措施。这些仿真结果初步验证了在通信受限情况下所提出的分布式协调模型公式（6.15）的有效性。

为了从不同角度观察多机器人协调目标跟踪时的动态任务分配情况，整

个过程的 k-WTA 网络输出，以及移动机器人的相应速度如图 6.3 所示。在图 6.3（a）中可以发现，从随机生成的初始状态开始，k-WTA 网络的输出在 0.05s 内迅速收敛到正确的结果，当目标接近新的赢家时，输出迅速变化。移动机器人的详细速度如图 6.3（b）所示，从中可以看出获胜移动机器人的速度快于移动目标的速度。此外，在以红色虚线标记的相应速度下，第一个获胜者在 $t≈3.8$s 时停止，几乎同时，新的获胜者开始执行跟踪任务，最终在 $t≈6.8$s 时捕获目标。这些结果从不同角度进一步验证了所提出的分布式协调模型公式（6.15）在通信受限情况下的有效性。

2. 示例二

在本例中，采用限制每个移动机器人速度的分布式协调模型公式（6.15）来完成 $k=4$ 且 $\dot{\varphi}_i^+=-\dot{\varphi}_i^-=1.8$m/s 的移动目标跟踪任务。也就是说，每个移动机器人作为追踪者，都不能直接追上并捕获追捕目标，因为移动目标的速度可以比移动机器人的速度更快。相应的仿真结果如图 6.4 和图 6.5 所示。

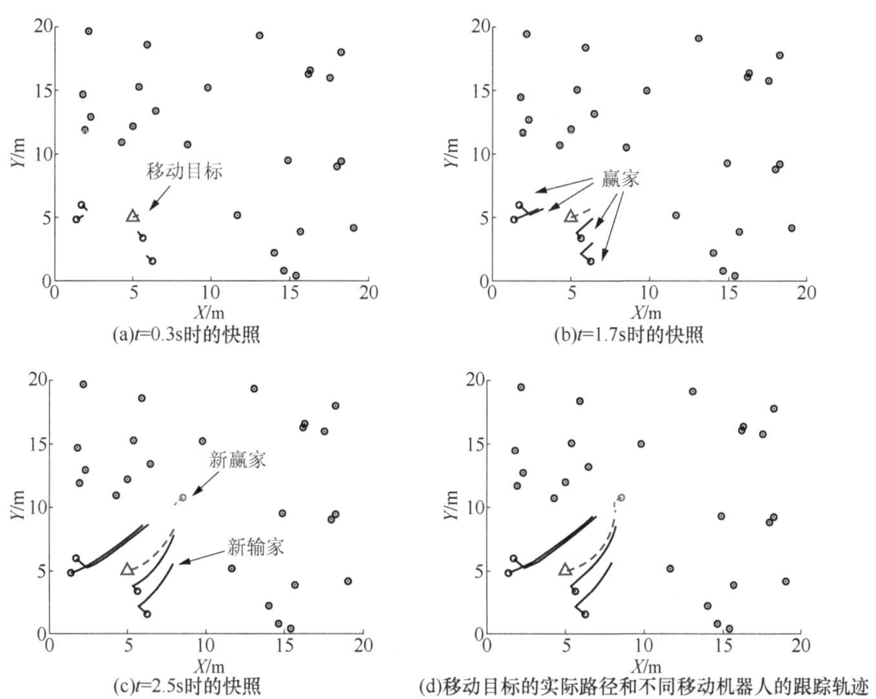

(a)t=0.3s时的快照　(b)t=1.7s时的快照

(c)t=2.5s时的快照　(d)移动目标的实际路径和不同移动机器人的跟踪轨迹

图 6.4　当 $k=4$ 时，分布式协调模型公式（6.15）的快照，限制每个移动机器人跟踪运动目标的速度和相应的跟踪轨迹（$\dot{\varphi}_i^+=-\dot{\varphi}_i^-=1.8$ m/s）

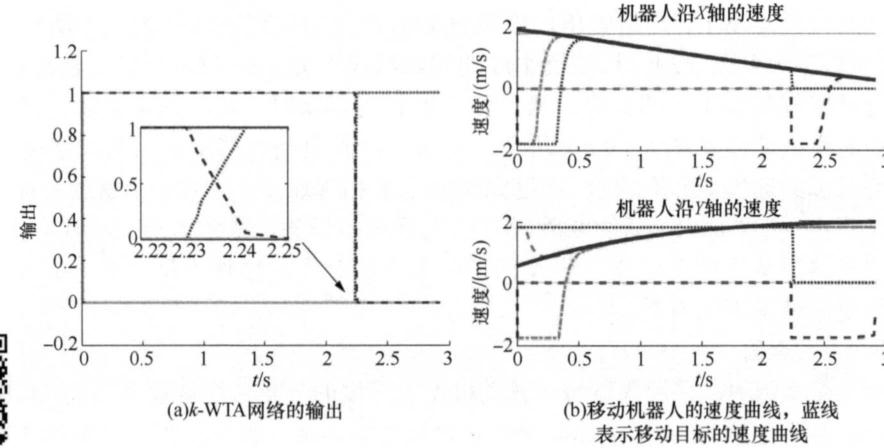

(a)k-WTA网络的输出　(b)移动机器人的速度曲线，蓝线表示移动目标的速度曲线

彩图 6.5

图 6.5　当 k=4 时，分布式协调模型公式（6.15）中 k-WTA 网络的输出，以及移动机器人在不同阶段的相应速度

具体而言，如图 6.4（a）所示，当 $t=0.3$s 时，移动目标的位置在（5，5）附近，用黑线标记出的距离最近的移动机器人获胜，可视为被分配了跟踪任务。相比之下，其余机器人作为竞争的失败者，则被停止激活，保持不动。结果，获胜者开始跟踪移动目标。然而，如图 6.4（b）所示，由于移动目标的速度可以比移动机器人的速度更快，所以这些获胜的移动机器人无法捕获它。此外，随着移动目标接近其中一个失败者，最初的获胜者之一在比赛中失败沦为失败者，作为继承者，以紫色线标记的新获胜者开始正面跟踪移动目标。此外，图 6.4（d）给出了移动目标相应的实际路径和不同移动机器人的跟踪轨迹，可以看出移动机器人的轨迹是平滑的。另外，作为失败者，其余的移动机器人保持不动。这些仿真结果初步验证了在每个移动机器人速度受限和通信受限的情况下，所提出的分布式协调模型公式（6.15）的有效性。

图6.5提供了一个不同的视角来观察目标跟踪任务，展示了整个过程的 k-WTA 网络的输出，以及移动机器人相应的速度。从图 6.5（a）中可以发现，从随机生成的初始状态开始，k-WTA 网络的输出迅速收敛到正确的结果。移动机器人的速度如图 6.5（b）所示，从中可以看出，获胜移动机器人的速度受给定数值的限制。运动目标的速度值可达 2m/s，明显快于移动机器人。然而，类似于现实世界中存在的情况，这样一个棘手的问题可以通过围攻目标然后捕获它来解决。这些结果进一步验证了在每个移动机器人速度受限和通信受限的情况下，所提出的分布式协调模型公式（6.15）的有效性。

6.4　小　　结

本章定义了一种新的竞争协调行为，用于多个移动机器人跟踪移动目标的任务分配，其中只有竞争的获胜者被激活向目标移动，而其余的机器人则保持不动。借助分布式一致性滤波器，建立了一种有限通信下的分布式协调模型。从理论上证明了分布式控制的稳定性。此外，鉴于移动目标的速度可能比移动机器人更快，利用所提出的模型研究了移动机器人速度受限的目标跟踪任务。最后，我们提供并分析了基于差分驱动轮式移动机器人的说明性仿真示例，验证了所提出的分布式协调模型在有限通信条件下以竞争方式跟踪移动目标时动态任务分配的有效性。值得一提的是，本章所提出的分布式协调模型公式（6.15）中的 WTA 索引 v 可以使用其他度量形式，如相对位置和相对速度的组合形式，这是一个可行的研究方向。

第 7 章　鲁棒 k-WTA 算法及多机器人竞争协同

本章的研究内容作为 2.4 节内容的深化，侧重于多机器人竞争协同中 k-WTA 模型的设计与应用研究。首先，考虑实际应用中 k-WTA 系统的信息约束与限制条件，为递归神经动力学引入一类饱和允许型激励函数，进而面向 k-WTA 操作开发出一种基于饱和允许递归神经动力学的 k-WTA（saturation-allowed recurrent neural dynamics based k-WTA，SRND-kWTA）模型。与现有的 k-WTA 模型相比，SRND-kWTA 模型对扰动具有增强的鲁棒性，并对此及其全局收敛性提供了理论分析与数值仿真验证。进一步地，研究了该模型在多机器人竞争协同领域的应用。通过结合多机器人系统的动态任务驱动策略，并辅以一致性估计器形成了一套分布式协同方案，即从 $n(n>k)$个机器人中分配 k 个执行追踪任务，而其余的（$n-k$）个机器人静候下一任务来临。仿真实验结果表明了该方案的有效性和可行性。

7.1　问题构建与模型设计

本节根据 k-WTA 的原理，给出了相应的数学表达式，并将其等价转化为一个受等式和不等式约束的 QP 问题。进一步地，构造一个 SRND-kWTA 模型用于执行 k-WTA 操作。

7.1.1　问题描述

首先，回顾一下 2.4 节中所指出的 k-WTA 数学描述形式：

$$x_i=\psi(\boldsymbol{u})_i=\begin{cases}1, & u_i\in u_k\\ 0, & u_i\notin u_k\end{cases} \tag{7.1}$$

其中，u_k 为 $\boldsymbol{u}$ 的前 k 个最大元素，且其等价于如下 QP 问题：

$$\text{minimize}\quad \nu\boldsymbol{x}^{\mathrm{T}}(t)\boldsymbol{x}(t)-\boldsymbol{u}^{\mathrm{T}}(t)\boldsymbol{x}(t) \tag{7.2a}$$

$$\text{subject to}\quad \boldsymbol{q}^{\mathrm{T}}\boldsymbol{x}(t)=k \tag{7.2b}$$

$$0\leqslant \boldsymbol{x}_i(t)\leqslant 1,\quad i=1,2,\cdots,n \tag{7.2c}$$

其中，$\nu\in\mathbf{R}^{+}$，这确保上述操作是严格凸的，且稳态输出 $\boldsymbol{x}(t)$是存在且唯一的。具体参数ν 的选择应该满足以下约束：

$$\nu\leqslant[\tilde{u}_k(t)-\tilde{u}_{k+1}(t)]/2 \tag{7.3}$$

其中，$\tilde{u}_k(t)$ 和 $\tilde{u}_{k+1}(t)$ 分别为 $\boldsymbol{u}(t)$ 的第 k 个和第 k+1 个最大元素。

7.1.2　k-WTA 操作中的平局状态

在借助 QP 思想设计的 k-WTA 求解器中通常会涉及常数 ν 的使用[79, 141, 142]，且其一般作为先验信息。然而，实际问题的动态性使得无法确保 $\boldsymbol{u}(t)$ 的第 k 个和第 k+1 个最大元素间的差值始终小于 2ν，可能会出现两个信息的瞬时交叉甚至重叠的情况，也即违背了条件公式（7.3）。文献［141］指出，当出现违背约束条件的情况时，QP 问题的解为 0 和 1 之间的小数值，而并非集合{0，1}中的信息。换言之，只有满足公式（7.3），所构建的模型才能准确地处理未知输入情况下的 k-WTA 操作公式（7.2），因此本章提出的模型不可避免地具有有限的分辨率。幸运的是，该模型对于违背约束所产生的“平局”状态是可以解决的。

文献［144］在研究 k-WTA 问题时，通过级联两个网络来消除输入信息之间出现交叉的情况。其中第一个网络接受主要输入，如果不存在交叉现象，那么它的输出即为期望解；否则，第 k 个最大元素对应的输出值将被指定为 0。当确定会产生“平局”的信息后，对它们重新分配输入信息（如基于索引的或随机的），该设定即可保证第 k 个最大元素是唯一的。之后，原始网络进行二次传递即可得到精确的输出。该文献中研究的打破平局的方法主要作用于处理 LP 的模型，当然它可以很容易地作用于面向 QP 的模型。

值得指出的是，在实际面向时变信号时，违背条件公式（7.3）的情况通常是瞬时发生的或很少发生的。此外，在某些应用中（如多机器人协同系统），k-WTA 状态是自强化型的。因此，为了简单起见，平局的产生往往可以忽略。

7.1.3　基于神经动力学的 k-WTA 模型设计

根据 2.4 节所述，建模为 QP 问题的 k-WTA 操作公式（7.2）与公式（2.37）有如下对应关系。

$$\underbrace{\begin{bmatrix} 2\nu I & \boldsymbol{q} & \boldsymbol{D}^{\mathrm{T}}(t) \\ \boldsymbol{q}^{\mathrm{T}} & 0 & \boldsymbol{0} \\ -\boldsymbol{D}(t) & \boldsymbol{0} & I \end{bmatrix}}_{G} \underbrace{\begin{bmatrix} \boldsymbol{x}(t) \\ \eth(t) \\ \sigma(t) \end{bmatrix}}_{z(t)} - \underbrace{\begin{bmatrix} \boldsymbol{u}(t) \\ k \\ s_3(t) \end{bmatrix}}_{s(t)} = 0 \tag{7.4}$$

其中，$s_3(t) = -\boldsymbol{\vartheta}(t) + \sqrt{\wp(t)\cdot\wp(t) + \sigma(t)\cdot\sigma(t) + j}$；$\wp(t) = \boldsymbol{\vartheta}(t) - \boldsymbol{D}(t)\boldsymbol{x}(t)$。鉴于在所有的时刻 t 下 G 均为非奇异的，公式（7.4）有唯一解 $\boldsymbol{z}^*(t)$，进而从该解中可以提取到公式（7.2）的理论解。为获得 $\boldsymbol{z}^*(t)$，类似地，定义一个向量值误差函数 $\boldsymbol{\varepsilon}(t)$ 为

$$\boldsymbol{\varepsilon}(t) = \boldsymbol{G}\boldsymbol{z}(t) - \boldsymbol{s}(t) \in \mathbf{R}^{3n+1} \tag{7.5}$$

进而采用一个 SRND-*k*WTA 模型推动上式随着 $\boldsymbol{z}(t)$ 的不断更新趋近于 0。本章所设计的模型旨在加速网络的收敛性能，并考虑数值设备所能承受的求解精度和允许的计算复杂度、实际应用场景的限制，以及物理约束等问题，引入激励函数联合构建如下 *k*-WTA 动力学：

$$\dot{\boldsymbol{\varepsilon}}(t)=-\gamma F_{V_1}[\boldsymbol{\varepsilon}(t)]-\lambda F_{V_2}\left\{\boldsymbol{\varepsilon}(t)+\gamma\int_0^t F_{V_1}[\boldsymbol{\varepsilon}(g)]\mathrm{d}g\right\} \tag{7.6}$$

其中，$\lambda>0$ 和 $\gamma>0$ 为决定收敛速率的增益因子；$F_V(I)$ 表征从集合 I 到凸集 V 的映射，具体定义为 $F_V(I)=\left\{\arg\min_{\Phi\in V}\|\Phi-I\|_2,\ 0\in\mathrm{int}(V)\right\}$ 且 $\|\cdot\|_2$ 为欧几里得范数；$\mathrm{int}(V)$ 代表集合 V 的内部，具体定义为 $\mathbf{0}\in V$ 、$\mathbf{0}\notin\partial V$ 且 ∂V 代表 V 的边界集；$F_{V_{1,2}}(I)$ 代表两种激励函数。此外，线性激励函数为 $F_V(I)=I$；有界激励函数定义为 $V=\{I\in\mathbf{R}^{3n+1},\ \eth_-\leqslant I_i\leqslant\eth_+\}$，$i=1,2,3,\cdots,\eth_-<0$，$\eth_+>0$，则有

$$F_{V_i}(I_i)=\begin{cases}\eth_-, & I_i<\eth_-\\ I_i, & \eth_-\leqslant I_i\leqslant\eth_+\\ \eth_+, & I_i>\eth_+\end{cases}$$

结合公式（7.5）和公式（7.6），同时考虑有界加性测量噪声 $\tilde{\boldsymbol{n}}(t)\in\mathbf{R}^{3n+1}$ 的干扰可得

$$\begin{aligned}G\dot{\boldsymbol{z}}(t)=&\ \dot{\boldsymbol{s}}(t)-\gamma F_{V_1}[G\boldsymbol{z}(t)-\boldsymbol{s}(t)]\\&-\lambda F_{V_2}\left\{G\boldsymbol{z}(t)-\boldsymbol{s}(t)+\gamma\int_0^t F_{V_1}[G\boldsymbol{z}(g)-\boldsymbol{s}(g)]\mathrm{d}g\right\}+\tilde{\boldsymbol{n}}(t)\end{aligned} \tag{7.7}$$

该公式即为用于 *k*-WTA 竞争筛选操作的基于饱和允许递归神经动力学的 *k*-WTA 模型，以下简称为 SRND-*k*WTA 模型。

7.1.4 现有的 *k*-WTA 模型

为了证明 SRND-*k*WTA 模型公式（7.7）相较于现有方法具备优势，本节列出了若干有效的 *k*-WTA 模型。此外，为模型引入扰动项 $\tilde{\boldsymbol{n}}(t)$ 更直观地展示了噪声的干扰方式，同时为仿真部分受噪声干扰下的模型性能对比奠定了基础。

可用于 *k*-WTA 操作公式（7.2）求解的梯度相关神经动力学（gradient-related neural dynamics，GRND）模型[288]为

$$\dot{\boldsymbol{z}}(t)=-C_0G^{\mathrm{T}}[G\boldsymbol{z}(t)-\boldsymbol{s}(t)]+\tilde{\boldsymbol{n}}(t) \tag{7.8}$$

其中，$C_0\in\mathbf{R}^+$ 为可调节的增益因子。此外，基于文献［141］中的简易对偶网络发展而来的一个具有 n 个神经元的 *k*-WTA 模型有如下设计形式，且其被命名为 LW（Liu-Wang）神经动力学：

$$\begin{aligned}&C_1\dot{\boldsymbol{d}}=-D\boldsymbol{d}+\Gamma_1(D\boldsymbol{d}-\boldsymbol{d}+\boldsymbol{\varsigma})-\boldsymbol{\varsigma}+\tilde{\boldsymbol{n}}(t)\\&\boldsymbol{x}=D\boldsymbol{d}+\boldsymbol{\varsigma}\end{aligned} \tag{7.9}$$

其中，$C_1 \in \mathbf{R}^+$；$\boldsymbol{D} = (I - \boldsymbol{q}\boldsymbol{q}^{\mathrm{T}} / n) / (2\nu) \in \mathbf{R}^{n \times n}$；$\boldsymbol{d} \in \mathbf{R}^n$ 为状态向量；$\varsigma = \boldsymbol{D}\boldsymbol{d} + k\boldsymbol{q} / n \in \mathbf{R}^n$；$\Gamma_1(\cdot)$ 表示一个分段线性激励函数，即

$$\Gamma_1(e) = \begin{cases} 1, & e > 1 \\ e, & 0 \leqslant e \leqslant 1 \\ 0, & e < 0 \end{cases}$$

除以上两类代表性模型之外，文献［79］、［144］设计了一种递归神经动力学，在此将该类 k-WTA 模型[144]命名为 LDC（Liu-Dang-Cao）神经动力学。

$$\dot{d} = C_2[\boldsymbol{q}^{\mathrm{T}} \Gamma_2(\boldsymbol{u} - \boldsymbol{q}\boldsymbol{d}) - k] + \tilde{\boldsymbol{n}}(t) \tag{7.10a}$$

$$\boldsymbol{x} = \Gamma_3(\boldsymbol{u} - \boldsymbol{q}d) \tag{7.10b}$$

其中，公式（7.10a）为状态方程；公式（7.10b）为输出方程；$C_2 \in \mathbf{R}^+$ 和 $\boldsymbol{d} \in \mathbf{R}$ 为状态变量；$\Gamma_2(\cdot)$ 和 $\Gamma_3(\cdot)$ 均为单调且不连续的激励函数，即

$$\Gamma_2(e) = \begin{cases} 1, & e > 1 \\ [0,1], & 0 \leqslant e \leqslant 1 \\ 0, & e < 0 \end{cases}, \quad \Gamma_3(e) = \begin{cases} 1, & e \geqslant 0 \\ 0, & e < 0 \end{cases}$$

上述三个模型在执行 k-WTA 操作公式（7.2）时的性能结果将通过 7.3 节中的对比性仿真展示。

7.2　收敛性与鲁棒性分析

在本节中，将对面对各种干扰时 SRND-kWTA 模型公式（7.7）执行 k-WTA 运算公式（7.2）的收敛性能和鲁棒性进行研究，并给出以下定理证明。

定理 7.1　在理想情况下，即噪声干扰 $\tilde{\boldsymbol{n}}(t) = \boldsymbol{0}$ 时，SRND-kWTA 模型公式（7.7）执行 k-WTA 运算公式（7.2）所产生的误差 $\boldsymbol{\varepsilon}(t)$ 全局收敛于 0。

证明　为便于后续分析，首先引入如下辅助方程：

$$\bar{\boldsymbol{\omega}}(t) = \boldsymbol{\varepsilon}(t) + \gamma \int_0^t F_{V_1}[\boldsymbol{\varepsilon}(\alpha)] \mathrm{d}\alpha$$

对上述方程的等号两侧取时间导数，可得

$$\dot{\bar{\boldsymbol{\omega}}}(t) = \dot{\boldsymbol{\varepsilon}}(t) + \gamma F_{V_1}[\boldsymbol{\varepsilon}(t)] \tag{7.11}$$

将 k-WTA 动力学公式（7.6）代入公式（7.11）可得

$$\dot{\bar{\boldsymbol{\omega}}}(t) = -\lambda F_{V_1}[\bar{\boldsymbol{\omega}}(t)] \tag{7.12}$$

之后，构造一个李雅普诺夫函数为

$$P_1(t) = \bar{\boldsymbol{\omega}}(t) \bar{\boldsymbol{\omega}}^{\mathrm{T}}(t) / 2 \tag{7.13}$$

根据上式可知：对于所有的 $\bar{\boldsymbol{\varpi}}(t)\neq 0$，有 $P_1(t)>0$；对于 $\bar{\boldsymbol{\varpi}}(t)=0$，有 $P_1(t)=0$，也即公式（7.13）是正定的。对公式（7.13）的两侧同时取时间导数可得

$$\dot{P}_1(t)=-\lambda\bar{\boldsymbol{\varpi}}^{\mathrm{T}}(t)F_{V_2}[\bar{\boldsymbol{\varpi}}(t)] \tag{7.14}$$

根据 $kF_{V_2}[\bar{\boldsymbol{\varpi}}(t)]$ 的定义，可以进一步得到

$$\left\|\Phi-\bar{\boldsymbol{\varpi}}(t)\right\|_2^2\geqslant\left\|F_{V_2}[\bar{\boldsymbol{\varpi}}(t)]-\bar{\boldsymbol{\varpi}}(t)\right\|_2^2,\quad \Phi\in V_2$$

显然，对于 $\Phi=0\in V_2$，有 $\left\|\bar{\boldsymbol{\varpi}}(t)\right\|_2^2\geqslant\left\|F_{V_2}[\bar{\boldsymbol{\varpi}}(t)]-\bar{\boldsymbol{\varpi}}(t)\right\|_2^2$，即

$$F_{V_2}^{\mathrm{T}}[\bar{\boldsymbol{\varpi}}(t)]F_{V_2}[\bar{\boldsymbol{\varpi}}(t)]-2F_{V_2}^{\mathrm{T}}[\bar{\boldsymbol{\varpi}}(t)]\bar{\boldsymbol{\varpi}}(t)\leqslant 0$$

上式可整理为 $0<F_{V_2}^{\mathrm{T}}[\bar{\boldsymbol{\varpi}}(t)]F_{V_2}[\bar{\boldsymbol{\varpi}}(t)]\leqslant 2F_{V_2}^{\mathrm{T}}[\bar{\boldsymbol{\varpi}}(t)]\bar{\boldsymbol{\varpi}}(t)$，进而有

$$\dot{P}_1(t)\leqslant-\lambda F_{V_2}^{\mathrm{T}}[\bar{\boldsymbol{\varpi}}(t)]F_{V_2}[\bar{\boldsymbol{\varpi}}(t)]/2<0$$

由此推导出 $\bar{\boldsymbol{\varpi}}(t)$ 全局收敛于 0。此外，借助公式（7.11）和拉萨尔不变原理[289]，公式（7.6）可重新表示为

$$\dot{\boldsymbol{\varepsilon}}(t)=-\gamma F_{V_1}[\boldsymbol{\varepsilon}(t)] \tag{7.15}$$

设计一个李雅普诺夫函数为

$$P_2(t)=\boldsymbol{\varepsilon}(t)\boldsymbol{\varepsilon}^{\mathrm{T}}(t)/2 \tag{7.16}$$

显然 $P_2(t)$ 是正定的，且其时间导数为 $\dot{P}_2(t)=-\gamma\boldsymbol{\varepsilon}^{\mathrm{T}}(t)F_{V_1}[\boldsymbol{\varepsilon}(t)]$。因此，对公式（7.16）的分析可以类似地从公式（7.14）的证明中推证，即在无噪声干扰时，SRND-*k*WTA 模型公式（7.7）执行 k-WTA 运算公式（7.2）所产生的误差 $\boldsymbol{\varepsilon}(t)$ 全局收敛于 0。证明完毕。

当激励函数为线性激励函数，且测量噪声是任意有界的，SRND-*k*WTA 模型公式（7.7）有如下收敛性能。

定理 7.2　若 F_V 为线性激励函数且 $\tilde{\boldsymbol{n}}(t)$ 代表任意有界扰动，则 SRND-*k*WTA 模型公式（7.7）执行 *k*-WTA 运算公式（7.2）所产生的误差 $\boldsymbol{\varepsilon}(t)$ 是有界的，且该稳态误差的上界 $\left\|\boldsymbol{\varepsilon}(t)\right\|_\infty$ 对于足够大的 γ 和 λ 可以达到任意小，其中 $\left\|\cdot\right\|_\infty$ 表示向量的无穷范数。

证明　基于公式(7.6)，给出受任意有界扰动 $\tilde{\boldsymbol{n}}(t)$ 且采用线性激励函数 $F_{V_1}(\cdot)$ 和 $F_{V_2}(\cdot)$ 时的误差演化动力学：

$$\dot{\boldsymbol{\varepsilon}}(t)=-(\gamma+\lambda)\boldsymbol{\varepsilon}(t)-\lambda\gamma\int_0^t\boldsymbol{\varepsilon}(g)\mathrm{d}g+\tilde{\boldsymbol{n}}(t) \tag{7.17}$$

定义一个辅助变量为 $c_i(t)=\left[\varepsilon_i(t);\int_0^t\varepsilon_i(g)\mathrm{d}g\right]$，其中 $\varepsilon_i(t)$ 为 $\boldsymbol{\varepsilon}(t)$ 的第 i 个元素；$A=[-(\gamma+\lambda),\ -\lambda\gamma;\ 1,\ 0]$；$B=[1;\ 0]$。此时，公式（7.17）可引申为

$$\dot{c}_i(t)=Ac_i(t)+B\tilde{n}_i(t)$$

由此，可以得到如下状态空间形式的连续时变线性系统：

$$\dot{c}_i(t) = Ac_i(t) + B\tilde{n}_i(t)$$
$$\varepsilon_i(t) = Cc_i(t)$$

其中，$C=[1\ \ 0]$；该系统的脉冲响应表示，$R(t)=C\exp(At)B$ 所对应的拉普拉斯变换为 $R(s)=C(sI-A)^{-1}B$。整理该式可以得到

$$\begin{aligned} R(s) &= C(sI-A)^{-1}B \\ &= [1\ \ 0]\begin{bmatrix} s+(\gamma+\lambda) & \lambda\gamma \\ -1 & s \end{bmatrix}^{-1}\begin{bmatrix} 1 \\ 0 \end{bmatrix} \\ &= \frac{s}{s^2+(\gamma+\lambda)s+\gamma\lambda} \end{aligned}$$

令 s=j$\boldsymbol{\omega}$，将上式转化为频域进行分析得到

$$R(\mathrm{j}\boldsymbol{\omega}) = \mathrm{j}\boldsymbol{\omega}/[-\boldsymbol{\omega}^2+\mathrm{j}(\gamma+\lambda)\boldsymbol{\omega}+\gamma\lambda]$$

为寻找系统的最大幅值及相应的极值点，进行如下运算过程：

$$\begin{aligned} \frac{\mathrm{d}|R(\mathrm{j}\boldsymbol{\omega})|^2}{\mathrm{d}\boldsymbol{\omega}} &= \mathrm{d}\left[\frac{\boldsymbol{\omega}^2}{\boldsymbol{\omega}^4+(\gamma^2+\lambda^2)\boldsymbol{\omega}^2+\gamma^2\lambda^2}\right]\bigg/\mathrm{d}\boldsymbol{\omega} \\ &= \frac{-2\boldsymbol{\omega}^5+2\gamma^2\lambda^2\boldsymbol{\omega}}{[\boldsymbol{\omega}^4+(\gamma^2+\lambda^2)\boldsymbol{\omega}^2+\gamma^2\lambda^2]^2} \end{aligned}$$

令 $\mathrm{d}|R(\mathrm{j}\boldsymbol{\omega})|^2/\mathrm{d}\boldsymbol{\omega}=0$，并考虑到 $\gamma,\ \lambda\neq 0$ 恒成立，可得 $-2\boldsymbol{\omega}^5+2\gamma^2\lambda^2\boldsymbol{\omega}=0$。换言之，$\mathrm{d}|R(\mathrm{j}\boldsymbol{\omega})|^2/\mathrm{d}\boldsymbol{\omega}$ 的零点为 $\boldsymbol{\omega}=-\sqrt{\gamma\lambda},\ 0,\ \sqrt{\gamma\lambda}$，因此，可以毫不费力地得出结论：$|R(\mathrm{j}\boldsymbol{\omega})|^2$ 在 $k\boldsymbol{\omega}^2=\gamma\lambda$ 时达到最大值，且最大值为 $|R(\mathrm{j}\boldsymbol{\omega})|=1/(\gamma+\lambda)$。该结论同时表明了 $R(t)$ 与γ、λ的值成反比。

另外，考虑脉冲响应 $R(t)$ 的输入输出关系[290]：

$$\varepsilon_i(t) = \int R(t-g)\tilde{n}_i(g)\mathrm{d}g$$

可以得出结论

$$\begin{aligned} \max\nolimits_{1\leqslant i\leqslant 3n+1}|\varepsilon_i(t)| &= \max\nolimits_i\left|\int R(t-g)\tilde{n}_i(g)\mathrm{d}g\right| \\ &\leqslant\left[\max\nolimits_i\int|R(t-g)|\mathrm{d}g\right]\max\nolimits_i\sup_t|\tilde{n}_i(t)| \end{aligned}$$

于是有 $\|\boldsymbol{\varepsilon}(t)\|_\infty=\sup\limits_t\max_{1\leqslant i\leqslant 3n+1}|\ \varepsilon_i(t)|\leqslant\left[\max_i\int|R(t)|\mathrm{d}t\right]\|\tilde{\boldsymbol{n}}(t)\|_\infty$。显然，若 $\tilde{\boldsymbol{n}}(t)$ 为任意有界噪声，$\|\boldsymbol{\varepsilon}(t)\|_\infty$ 的上界取决于 $R(t)$ 的值，且通过选取足够大的参数 γ 或 λ 可以减小 $R(t)$，进而得到一个足够小的误差值。证明完毕。

值得注意的是，为便于实际实现，快收敛速度/低误差与软硬件可承受能力之间是需要权衡的。理论上，γ或λ是与电路中电感系数的倒数及电容系数相关的变量，该数值的量级可达到 10^{12}[291]。然而，模型公式（7.7）的实现过程需要积分器和微分器，而这两种元器件在实际实现中是具有物理限制的。因此，在软硬件

条件允许的前提下，γ和λ可设置得足够大。

接下来考虑有界激励函数和任意常数扰动下 SRND-*k*WTA 模型公式（7.7）的鲁棒性，并给出以下定理。

定理 7.3　若 F_{V_2} 为有界激励函数集，且 $F_{V_2}^{+}$ 和 $F_{V_2}^{-}$ 分别为该函数的上下界；系统受任意常数噪声 $\tilde{\boldsymbol{n}}(t)$ 的干扰；且函数界与噪声之间的关系满足 $0<\tilde{\boldsymbol{n}}(t)<\lambda F_{V_2}^{+}$ 或 $\lambda F_{V_2}^{-}<\tilde{\boldsymbol{n}}(t)<0$，其中 $Q<G$ 表征 Q 中的元素均小于 G 中对应位置的元素，则此时 SRND-*k*WTA 模型公式（7.7）执行 *k*-WTA 运算公式（7.2）所产生的误差 $\boldsymbol{\varepsilon}(t)$ 全局收敛于 0。

证明　若考虑噪声的影响，公式（7.12）可改写为

$$\dot{\bar{\boldsymbol{\omega}}}(t)=-\lambda F_{V_2}[\bar{\boldsymbol{\omega}}(t)]+\tilde{\boldsymbol{n}}(t) \tag{7.18}$$

其中，λF_{V_2} 为有界激励函数集，且上式的第 i 个子元素可表示为

$$\dot{\bar{\omega}}_i(t)=-\lambda F_{V_{2i}}[\bar{\omega}_i(t)]+\tilde{n}_i(t) \tag{7.19}$$

定义一个李雅普诺夫函数为 $\omega_i(t)=\bar{\omega}_i^2(t)/2$。同样地，可以确定 $\omega_i(t)$ 是正定的。再而，对该式两侧同时取时间导数信息可得

$$\dot{\omega}_i(t)=\bar{\omega}_i(t)\dot{\bar{\omega}}_i(t) \tag{7.20}$$

结合公式（7.19）和公式（7.20）可得

$$\dot{\omega}_i(t)=\bar{\omega}_i(t)\{-\lambda F_{V_{2i}}[\bar{\omega}_i(t)]+\tilde{n}_i(t)\}$$

下面给出误差 $\boldsymbol{\varepsilon}(t)$ 相关的中间变量 $\bar{\boldsymbol{\omega}}(t)$，如图 7.1 所示。

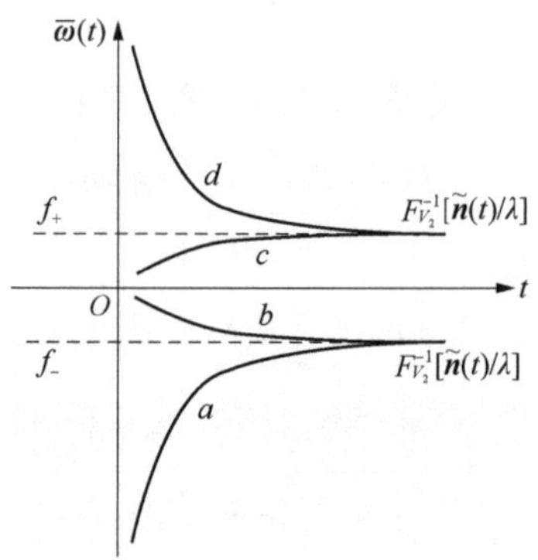

图 7.1　误差 $\boldsymbol{\varepsilon}(t)$ 相关的中间变量 $\bar{\boldsymbol{\omega}}(t)$

图 7.1 中，$\bar{\boldsymbol{\omega}}(t)=\boldsymbol{\varepsilon}(t)+\gamma\int_0^t F_{V_1}[\boldsymbol{\varepsilon}(g)]\mathrm{d}g$，全局收敛于稳态值 $F_{V_2}^{-1}[\tilde{\boldsymbol{n}}(t)/\lambda]$。此时，通过增大$\lambda$的值可降低稳态值至任意小。

当 $\omega_i(t)$ 随时间变化时，关于上式的分析可划分为以下三种情况：$\bar{\omega}_i(t)<0$、$\bar{\omega}_i(t)=0$、$\bar{\omega}_i(t)>0$。

① 当 $\bar{\omega}_i(t)<0$ 时，有 $F_{V_{2i}}[\bar{\omega}_i(t)]<0$。此时 $\dot{\omega}_i(t)$ 的正负性分析可分为以下三种子情况：$F_{V_{2i}}[\bar{\omega}_i(t)]-\tilde{n}_i(t)/\lambda<0$、$F_{V_{2i}}[\bar{\omega}_i(t)]-\tilde{n}_i(t)/\lambda=0$、$F_{V_{2i}}[\bar{\omega}_i(t)]-\tilde{n}_i(t)/\lambda>0$。

a. 在 $F_{V_{2i}}[\bar{\omega}_i(t)]-\tilde{n}_i(t)/\lambda<0$ 的情况下，很容易得到 $\dot{\omega}_i(t)<0$。这反映出 $\bar{\omega}_i(t)$ 是全局收敛的，同时 $F_{V_{2i}}[\bar{\omega}_i(t)]$ 的值随时间而增大，直到 $F_{V_{2i}}[\bar{\omega}_i(t)]-\tilde{n}_i(t)/\lambda=0$。因此，条件 $\bar{\omega}_i(t)<F_{V_{2i}}^{-1}[\tilde{n}_i(t)/\lambda]$ 终将稳定收敛到 $\bar{\omega}_i(t)=F_{V_{2i}}^{-1}[\tilde{n}_i(t)/\lambda]$，即图 7.1 中曲线 a 所示的变化趋势。

b. 在 $F_{V_{2i}}[\bar{\omega}_i(t)]-\tilde{n}_i(t)/\lambda=0$ 的情况下，很容易得到 $\dot{\omega}_i(t)=0$。也就是说，$\bar{\omega}_i(t)=F_{V_{2i}}^{-1}[\tilde{n}_i(t)/\lambda]$ 总是保持在稳态，即图 7.1 所示的固定曲线 f_-。

c. 在 $F_{V_{2i}}[\bar{\omega}_i(t)]-\tilde{n}_i(t)/\lambda>0$ 的情况下，很容易得到 $\dot{\omega}_i(t)>0$，即 $\bar{\omega}_i(t)>F_{V_{2i}}^{-1}[\tilde{n}_i(t)/\lambda]$。这反映出系统公式（7.18）是发散的，且 $\bar{\omega}_i(t)$ 和 $F_{V_{2i}}[\bar{\omega}_i(t)]$ 的绝对值均随时间而增大。然而，由于受激励函数上下界的约束，之后的分析将会出现两种情况。情况 1：若 $\lambda F_{V_{2i}}^{-1}<\tilde{n}_i(t)$，其中 $\lambda F_{V_{2i}}^{-1}$ 为 $\lambda F_{V_2}^{-1}$ 的第 i 个元素，则总会存在一个时刻 t 使得系统公式（7.18）恢复到第二种子情况，并最终趋于稳定。换言之，当 $\lambda F_{V_{2i}}^{-1}\leqslant\tilde{n}_i(t)$ 时，该系统会向边界值 $\bar{\omega}_i(t)=F_{V_{2i}}^{-1}[\tilde{n}_i(t)/\lambda]$ 发散，即图 7.1 中曲线 b 所示的变化趋势。情况 2：若 $\lambda F_{V_{2i}}^{-1}>\tilde{n}_i(t)$，则该系统始终是发散的，而弥补这一缺陷的一种可行方法是增大λ的值。

② 当 $\bar{\omega}_i(t)=0$ 时，有 $F_{V_{2i}}[\bar{\omega}_i(t)]=0$，则 $\dot{\omega}_i(t)=\tilde{n}_i(t)$。因此，可以得出对于 $\tilde{\boldsymbol{n}}(t)>0$，$\bar{\omega}_i(t)$ 是单调增函数［即 $\bar{\omega}_i(t)>0$］；对于 $\tilde{\boldsymbol{n}}(t)<0$，$\bar{\omega}_i(t)$ 是单调减函数（即 $\bar{\omega}_i(t)<0$）。这个结论说明了 $\bar{\omega}_i(t)=0$ 这种情况只是一个暂态，系统公式（7.18）在 $\tilde{\boldsymbol{n}}(t)\neq 0$ 时是不稳定的。此时，关于此情况的分析有两种：一种是当 $\tilde{\boldsymbol{n}}(t)<0$ 时，跳转为情况①；另一种是当 $\tilde{\boldsymbol{n}}(t)>0$ 时，跳转为情况③。

③ 当 $\bar{\omega}_i(t)>0$ 时，有 $F_{V_{2i}}[\bar{\omega}_i(t)]>0$。此时 $\dot{\omega}_i(t)$ 的正负性分析分为以下三种子情况：$F_{V_{2i}}[\bar{\omega}_i(t)]-\tilde{n}_i(t)/\lambda>0$、$F_{V_{2i}}[\bar{\omega}_i(t)]-\tilde{n}_i(t)/\lambda=0$、$F_{V_{2i}}[\bar{\omega}_i(t)]-\tilde{n}_i(t)/\lambda<0$。

a. 在 $F_{V_{2i}}[\bar{\omega}_i(t)]-\tilde{n}_i(t)/\lambda>0$ 的情况下，很容易得到 $\dot{\omega}_i(t)<0$。这反映 $\dot{\omega}_i(t)$ 是全局收敛的，同时 $F_{V_{2i}}[\bar{\omega}_i(t)]$ 的值随时间而减小，直到 $F_{V_{2i}}[\bar{\omega}_i(t)]-\tilde{n}_i(t)/\lambda=0$。因此，条件 $\bar{\omega}_i(t)>F_{V_{2i}}^{-1}[\tilde{n}_i(t)/\lambda]$ 终将稳定收敛到 $\bar{\omega}_i(t)=F_{V_{2i}}^{-1}[\tilde{n}_i(t)/\lambda]$，即图 7.1 中曲线 d 所示的变化趋势。

b. 在 $F_{V_{2i}}[\bar{\omega}_i(t)]-\tilde{n}_i(t)/\lambda=0$ 的情况下，很容易得到 $\dot{\omega}_i(t)=0$。也就是说，$\bar{\omega}_i(t)=F_{V_{2i}}^{-1}[\tilde{n}_i(t)/\lambda]$ 总是保持在稳态，即图 7.1 所示的固定曲线 f_+。

c. 在 $F_{V_{2i}}[\bar{\omega}_i(t)]-\tilde{n}_i(t)/\lambda<0$ 的情况下，很容易得到 $\dot{\omega}_i(t)>0$，即 $\bar{\omega}_i(t)<F_{V_{2i}}^{-1}[\tilde{n}_i(t)/\lambda]$。这反映出系统公式（7.18）是发散的，且 $\bar{\omega}_i(t)$ 和 $F_{V_{2i}}[\bar{\omega}_i(t)]$ 的值均随时间而增大。然而，由于受激励函数上下界的约束，之后的分析将会出现两种情况。

情况 1：若 $\lambda F^{+}_{V_{2i}} \geqslant \tilde{n}_i(t)$，则总会存在一个时刻 t 使得系统公式（7.18）恢复到第二种子情况，并最终趋于稳定。换言之，当 $\lambda F^{+}_{V_{2i}} \geqslant \tilde{n}_i(t)$ 时，该系统会向边界值 $\bar{\omega}_i(t) = F^{-1}_{V_{2i}}[\tilde{n}_i(t)/\lambda]$ 发散，即图 7.1 中曲线 c 所示的变化趋势。情况 2：若 $\lambda F^{+}_{V_{2i}} < \tilde{n}_i(t)$，则该系统始终是发散的，而弥补这一缺陷的一种可行方法是增大λ的值。

综上，当 $0 < \tilde{\boldsymbol{n}}(t) < \lambda F^{+}_{V_2}$ 或 $\lambda F^{-}_{V_2} < \tilde{\boldsymbol{n}}(t) < 0$，有 $\lim_{t\to\infty} \bar{\boldsymbol{\omega}}(t) = F^{-1}_{V_2}[\tilde{\boldsymbol{n}}(t)/\lambda]$，且其变化趋势根据取值范围的不同对应于图 7.1 所示的曲线 a～d、f_+及 f_-中的任意一种情况。由于 $\boldsymbol{\delta}(t)$ 为常数噪声，因此有 $\lim_{t\to\infty} \dot{\bar{\boldsymbol{\omega}}}(t) = 0$。再而，结合式（7.11）可以得出结论：系统经过足够的时间之后，必然会有 $\dot{\bar{\boldsymbol{\omega}}}(t) = \dot{\boldsymbol{\varepsilon}}(t) + \gamma F_{V_1}[\boldsymbol{\varepsilon}(t)] = 0$，即

$$\dot{\boldsymbol{\varepsilon}}(t) = -\gamma F_{V_1}[\boldsymbol{\varepsilon}(t)] \tag{7.21}$$

上式的后续证明与公式（7.15）的证明类似，故省略。至此，可得出结论：若 F_{V_2} 为有界激励函数集，$\tilde{\boldsymbol{n}}(t)$ 为任意常数噪声，且满足 $0 < \tilde{\boldsymbol{n}}(t) < \lambda F^{+}_{V_2}$ 或 $\lambda F^{-}_{V_2} < \tilde{\boldsymbol{n}}(t) < 0$ 的条件，SRND-*k*WTA 模型公式（7.7）执行 *k*-WTA 运算公式（7.2）所产生的误差 $\boldsymbol{\varepsilon}(t)$全局收敛于 0。证明完毕。

无界激励函数作为具有无限边界的有界激励函数的一种特殊情况，与有界激励函数相比，其应用能力有限。这是由于数值设备所能承受的求解精度和允许的计算复杂度、实际应用场景的限制及研究对象本身的物理约束所造成的。然而，在实际应用中无界激励函数也是常被应用的一种技术，为此，当前的结果可以进一步扩展如下。

定理 7.4 若 F_V 为无界激励函数集，则当系统受任意常数噪声 $\tilde{\boldsymbol{n}}(t)$ 的干扰时，SRND-*k*WTA 模型公式（7.7）执行 *k*-WTA 运算公式（7.2）所产生的误差$\boldsymbol{\varepsilon}(t)$全局收敛于 0。

证明 由定理 7.3 可知，无论 $\tilde{\boldsymbol{n}}(t)$ 多大，系统公式（7.18）始终存在一个平衡点，即 $\bar{\boldsymbol{\omega}}(t)$ 收敛的稳定状态为 $\lim_{t\to\infty} \bar{\boldsymbol{\omega}}(t) = F^{-1}_{V_2}[\tilde{\boldsymbol{n}}(t)/\lambda]$；进而可以获得 $\lim_{t\to\infty} \dot{\bar{\boldsymbol{\omega}}}(t) = 0$。在 $F_{V_1}(\cdot)$ 为无界激励函数时，公式（7.21）的第 i 个子系统为

$$\varepsilon_i(t) = -\gamma F_{V_{1i}}[\varepsilon_i(t)] \tag{7.22}$$

定义其对应的李雅普诺夫函数为 $\vartheta_i(t) = \varepsilon_i^2(t)$，并对等号两侧取时间导数，有

$$\dot{\vartheta}_i(t) = 2\varepsilon_i(t)\dot{\varepsilon}_i(t) \tag{7.23}$$

将公式（7.22）代入公式（7.23）可得

$$\dot{\vartheta}_i(t) = -2\gamma\varepsilon_i(t)F_{V_{1i}}[\varepsilon_i(t)]$$

基于 $F_{V_1}(\cdot)$ 的定义，可以判定 $\varepsilon_i(t)$ 和 $F_{V_{1i}}[\varepsilon_i(t)]$ 正负性相同，则上式满足 $\dot{\vartheta}_i(t) < 0$。根据李雅普诺夫稳定性理论，$\vartheta_i(t)$ 和 $\boldsymbol{\varepsilon}(t)$ 均全局收敛于 0。因此，若 F_V 为无界激励函

数集，则当系统受任意常数噪声 $\tilde{\boldsymbol{n}}(t)$ 的干扰时，SRND-kWTA 模型公式（7.7）执行 k-WTA 运算公式（7.2）所产生的误差 $\boldsymbol{\varepsilon}(t)$ 全局收敛于 0。证明完毕。

7.3　数值仿真验证

在本节中，为了检验 SRND-kWTA 模型公式（7.7）的有效性和鲁棒性，考虑一组值为 $u_i = -\sin\{0.5\pi[t+0.8+0.6(i-1)]\}$ $(i=1,2,3,4)$ 包含 4 个正弦信号的输入数据；要求输出 $\boldsymbol{x}$ 的前 $k=2$ 个最大值；$\nu=10^{-5}$；设计参数 $\gamma=\lambda=10$；任务执行时间 $T=10$s。在下文中，所考虑的任意常数噪声定义为[−8，20][13]；线性激励函数定义为 $F_V(I)=I$；有界激励函数的上下界分别为 $\delta_+=1$ 和 $\delta_-=-1$。

图 7.2 展示了输入信息 u_i 和输出信息 x_i 的时变特性，其中图 7.2 的坐标均使用标准化单位，本书中的其他图亦是如此。具体地，图 7.2（a）和图 7.2（b）分别为无噪声和受常数噪声干扰时，SRND-kWTA 模型公式（7.7）在线性激励函数 F_V 作用下的数值仿真结果。从图中可以看出两种情况下的时变输出总能确保两个 1 和两个 0。就这一点而言，SRND-kWTA 模型公式（7.7）可以实时且准确地从时变输入中确定 k 个最大的信号，具有鲁棒性和高效性。图 7.2（c）和图 7.2（d）是在线性激励函数 F_{V_1} 和有界激励函数 F_{V_2} 作用下所得到的结果，同样用于论证在无噪声和受恒定噪声干扰时模型的性能。

为了进行对比分析，采用 GRND 模型公式（7.8），LW 神经动力学公式（7.9）和 LDC 神经动力学公式（7.10）求解同样的问题，其结果如图 7.3～图 7.5 所示，并综合考虑了无噪声和受常数噪声干扰的情况。首先，对 LW 神经动力学公式（7.9），设定相关参数 $C_1=10^{-6}$；对 LDC 神经动力学公式（7.10），设定 C_2 为任意的正常数，其余参数的定义均与前文中对 SRND-kWTA 模型公式（7.7）的定义相同。根据如图 7.3（a）～图 7.5（a）的仿真结果可知 SRND- kWTA 模型公式（7.7），LW 神经动力学公式（7.9）和 LDC 神经动力学公式（7.10）相比 GRND 模型公式（7.8）在无噪情况下的时变信号最大值筛选方面有着突出的优势。后者在求解过程中无法快速准确地选出最大值（即胜者），且存在较大的滞后误差。此外，在系统受到常数噪声干扰时，如图 7.3（b）和图 7.5（b）所示，GRND 模型公式（7.8）和 LDC 神经动力学公式（7.10）均无法求解目标问题，其所得到的结果与 k-WTA 原理相违背。图 7.4（b）说明了 LW 神经动力学公式（7.9）虽然在某些时刻能够确保时变信号选择过程的精确性，但在整个过程中存在毛刺或轻微的振荡，使得误差不可忽略，甚至导致决策失败。这些对比性结果进一步佐证了 SRND-kWTA 模型公式（7.7）相比现有算法提升了决策精度与鲁棒性。

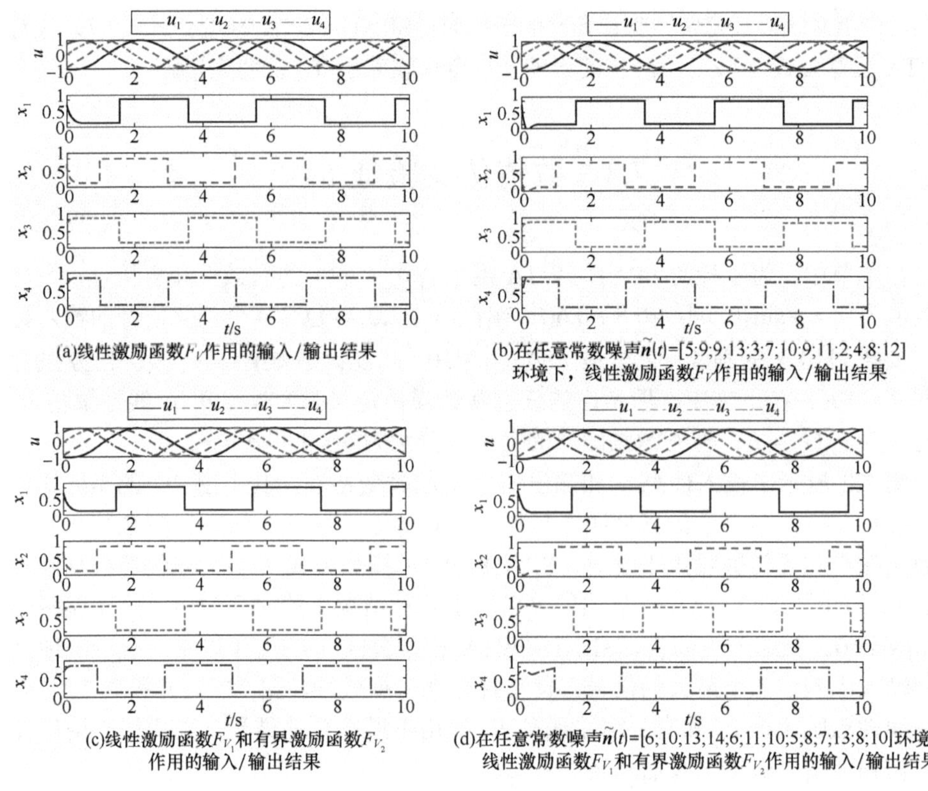

(a)线性激励函数F_V作用的输入/输出结果

(b)在任意常数噪声$\tilde{\boldsymbol{n}}(t)$=[5;9;9;13;3;7;10;9;11;2;4;8;12]环境下，线性激励函数F_V作用的输入/输出结果

(c)线性激励函数F_{V_1}和有界激励函数F_{V_2}作用的输入/输出结果

(d)在任意常数噪声$\tilde{\boldsymbol{n}}(t)$=[6;10;13;14;6;11;10;5;8;7;13;8;10]环境下，线性激励函数F_{V_1}和有界激励函数F_{V_2}作用的输入/输出结果

图 7.2　由 SRND-kWTA 模型公式（7.7）处理正弦输入信号的仿真结果

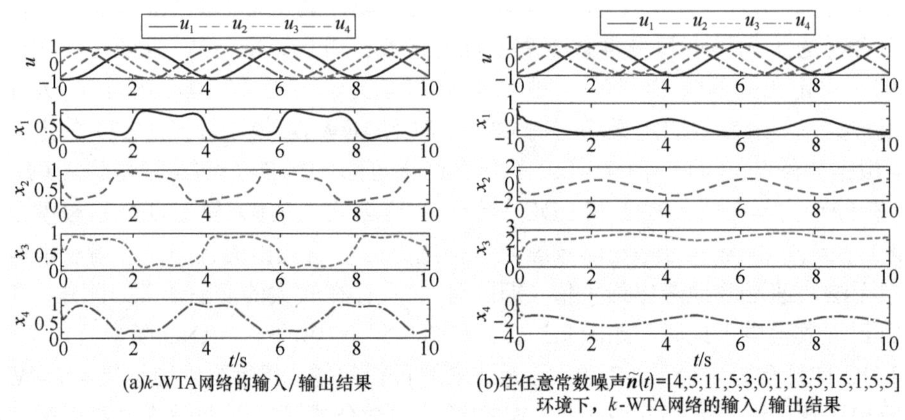

(a)k-WTA网络的输入/输出结果

(b)在任意常数噪声$\tilde{\boldsymbol{n}}(t)$=[4;5;11;5;3;0;1;13;5;15;1;5;5]环境下，k-WTA网络的输入/输出结果

图 7.3　由 GRND 模型公式（7.8）处理正弦输入信号的仿真结果

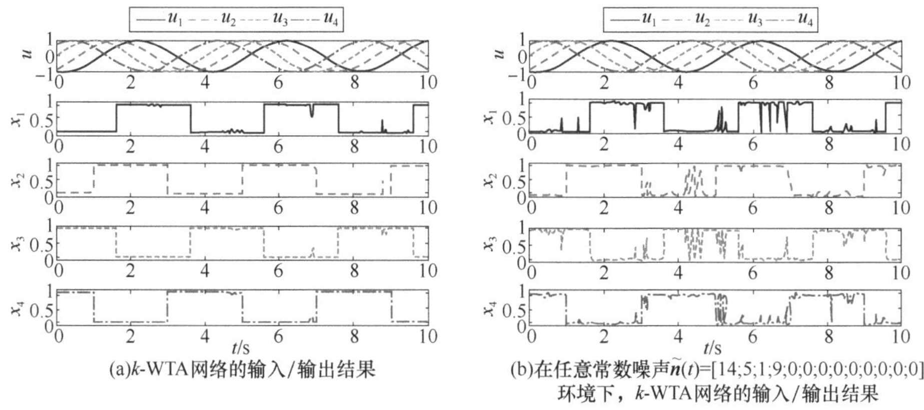

(a)k-WTA网络的输入/输出结果

(b)在任意常数噪声$\tilde{\boldsymbol{n}}(t)$=[14;5;1;9;0;0;0;0;0;0;0;0;0]环境下，k-WTA网络的输入/输出结果

图 7.4　由 LW 神经动力学公式（7.9）处理正弦输入信号的仿真结果

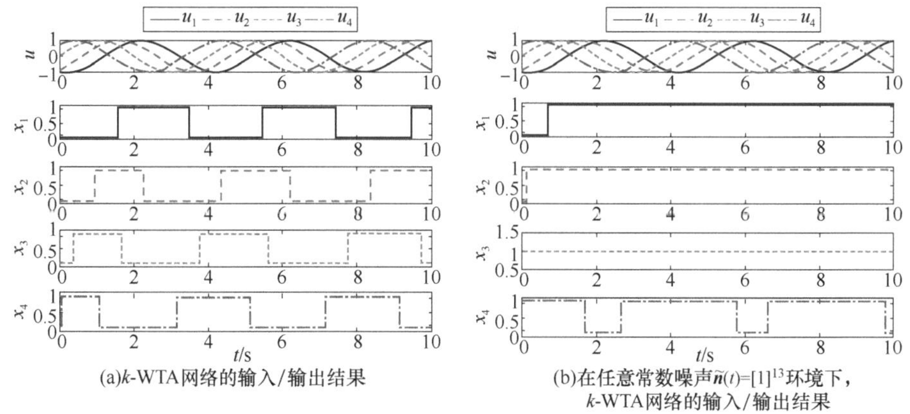

(a)k-WTA网络的输入/输出结果

(b)在任意常数噪声$\tilde{\boldsymbol{n}}(t)$=$[1]^{13}$环境下，$k$-WTA网络的输入/输出结果

图 7.5　由 LDC 神经动力学公式（7.10）处理正弦输入信号的仿真结果

为进一步突出 SRND-kWTA 模型公式（7.7）的优势，将其与 GRND 模型公式（7.8），LW 神经动力学公式（7.9），LDC 神经动力学公式（7.10），以及文献［79］、［80］、［125］、［145］、［292］～［296］中研究的模型进行性能特征和复杂度的对比，汇总结果如表 7.1 所示。首先，文献［80］、［145］、［292］所构建的模型由于参数的特定约束，显示出较弱的收敛性和稳定性，进而限制了它们的应用场景。其次，考虑到所设计的算法是面向实际问题求解的，即多为动态问题，因此需要其具有处理动态问题的能力和精度。其中，判断模型精度的直观方法是判断求解过程是否存在滞后误差，因为滞后误差会随着时间的推移不断累积，最终使实际解与理论解出现极大的偏差。显然，SRND-kWTA 模型公式（7.7）彰显了其突出的优势。此外，表 7.1 中同时列出了模型对噪声的鲁棒性和无噪声时的稳态误差信息。尽管模型［125］在处理动态问题时可能会产生不可忽略的滞后误差，模型公式（7.7）和模型［125］在这两方面相

比其他方法仍有显著的改进。值得一提的是，现有的一些模型大大降低了计算复杂度[27]，从而提升了其在电路实现中的可移植性，而 SRND-*k*WTA 模型公式（7.7）在这方面稍显逊色。然而，考虑到当前的硬件能力，具有 $O(n^2)$计算复杂度的模型所消耗的时间成本仍然很小。综上所述，SRND-*k*WTA 模型公式（7.7）具有显著的优越性和可观的应用前景。

表 7.1 不同神经动力学模型执行 *k*-WTA 操作的性能比较

模型	收敛性	动态问题求解（滞后误差）	鲁棒性	稳态误差	计算复杂度
SRND-*k*WTA［公式（7.7）］	√	是（×）	是	零值	$O(n^2)$
GRND［公式（7.8）］	√	否（√）	否	非零	$O(n^2)$
LW［公式（7.9）］	√	是（√）	否	非零	$O(n^2)$
LDC［公式（7.10）］	√	是（√）	否	非零	$O(n)$
［80］	√‡	否（√）	是	非零	$O(n)$
［125］	√	是（√）	是	非零	$O(n)$
［145］	√‡	否（√）	否	非零	$O(n)$
［292］	√‡	否（√）	否	非零	$O(n)$
［293］	√	是（√）	是	非零	$O(n^2)$
［294］	√	是（√）	是	非零	∉
［295］	√	否（√）	否	非零	$O(n^2)$
［296］	√	是（√）	否	非零	∉

‡ 神经动力学的收敛需要满足特定的条件，如对其中所涉及的参数值的约束。

7.4 多机器人协同应用

本节基于模型公式（7.7）构建了一个分布式 SRND-*k*WTA 协同方案，用于通信受限下多机器人协同任务的动态分配。

7.4.1 分布式竞争协同

本节考虑以轮式机器人为代表的一类移动机器人群体，其基于移动基座可以完成多方位运动。由于方案构建与驱动过程主要依赖机器人的运动速度等行为信息，而忽略了其大小和形状，因此这类机器人可建模为质点。此时，构建 *k*-WTA 指标为

$$u_i = -\|\varphi_i - \boldsymbol{\varphi}_{\mathrm{o}}\|_2^2 / 2 \tag{7.24}$$

其中，φ_i 和 $\boldsymbol{\varphi}_{\rm o}$ 分别代表第 i 个机器人和目标物的位置。

故第 i 个机器人的运动规划动力学可表示为

$$\dot{\varphi}_i = x_i \Im \partial u_i / \partial \varphi_i \tag{7.25}$$

其中，$\Im \in \mathbf{R}^+$ 表示连接机器人与目标之间距离与机器人速度变化的反馈增益。

可以很容易地得出结论：输出 x_i=1 所对应的第 i 个机器人执行追踪任务，而输出 x_i=0 所对应的机器人为未激活的，即不进行运动的。基于此，由 k-WTA 操作公式（7.2）可知，在综合使用每个机器人的信息来选择执行追踪任务的最优机器人时，最小化问题公式（7.2a）退化为 $\nu x_i^2 - \boldsymbol{u}^{\rm T} x_i$，从该过程可以发现在求解最小化问题的理论解时，每个机器人只需要自身前一时刻的信息，而不会涉及全局信息的使用。然而，等式约束公式（7.2b）在构建 k-WTA 操作公式（7.2）中是必不可少的，该式等价为 $\sum_{i=0}^{m} x_i = k$，则可以看到其不可避免地涉及所有机器人的信息，这也限制了分布式 k-WTA 模型的构建。

Olfati-Saber 等[297]在一致性算法方面做出了开创性的工作，分析了不同通信拓扑和时延下稳定收敛的一致性问题。之后的工作[298]研究了移动网络的动态平均一致性协议，并构建了比例型及比例积分型一致性估计器。这为该领域的研究人员提供了开拓性的思路。基于这些工作，Freeman 等[286]设计了一种改进的比例积分算法，在提高收敛速度和稳定性的同时，完全消除了一致性中的稳态误差。此后，相关探索层出不穷并取得了丰富且成熟的成果，然而将其应用于 k-WTA 操作以实现分布式竞争的工作较少。文献［84］首次实现了一致性算法与多机器人协同的融合，并完成了多机器人竞争型协同研究。具体为，利用一致性估计器实现 n 个机器人基于分散平均操作对 $\overline{x}_i = \sum_{i=0}^{n} x_i / n$ 的近似计算，以完成对动态项 $\sum_{i=0}^{n} x_i$ 的度量。因此，单个机器人可在一致性估计器[84]的指导下借助其邻居信息完成对全系统输入信息的均值估计：

$$\begin{aligned}
\dot{\psi}_i &= -h \sum_{j\in\mathbf{N}(i)} A_{ij}(\psi_i - \psi_j) - h \sum_{j\in\mathbf{N}(i)} A_{ij}(\Re_i - \Re_j) \\
\dot{\Re}_i &= \sum_{j\in\mathbf{N}(i)} A_{ij}(\psi_i - \psi_j)
\end{aligned} \tag{7.26}$$

其中，ψ_i 为第 i 个机器人对 $\sum_{i=0}^{n} x_i / n$ 的近似；$\mathbf{N}(i)$ 代表第 i 个机器人在通信拓扑中的邻域集；A_{ij} 为该多机器人系统通信拓扑图的邻接矩阵的第 (i,j) 个元素，具体有当 $j\in\mathbf{N}(i)$ 时，$A_{ij} = A_{ji}$，当 $j\notin\mathbf{N}(i)$ 时，$A_{ij} = A_{ji} = 0$；$h\in\mathbf{R}^+$；$\Re_i$ 为辅助变量。

因此，利用一致性估计器公式（7.26）使 ψ_i 代替 $\sum_{i=0}^{n} x_i / n$，并进一步联合上

述方程组可得

$$
\begin{aligned}
&\dot{z}=G^{-1}\left(-\lambda F_{V_2}\left\{Gz-s+\gamma\int_0^t F_{V_1}[Gz(g)-s(g)]\mathrm{d}g\right\}\right)+\dot{s}-\gamma F_{V_1}(Gz-s)\\
&x=z[1:n]\\
&\dot{\varphi}_i=x_i\Im\partial u_i/\partial\varphi_i\\
&\dot{\psi}_i=-h\sum_{j\in\mathbf{N}(i)}A_{ij}(\psi_i-\psi_j)-h\sum_{j\in\mathbf{N}(i)}A_{ij}(\mathfrak{R}_i-\mathfrak{R}_j)\\
&\dot{\mathfrak{R}}_i=\sum_{j\in\mathbf{N}(i)}A_{ij}(\psi_i-\psi_j)
\end{aligned}
\tag{7.27}
$$

该系统公式（7.27）描述了用于通信受限环境下竞争协同的一种分布式SRND-*k*WTA 协同方案，其具体实现过程如下。

① 设定目标物的初始位置 $\boldsymbol{\varphi}_o(0)$ 与机器人的初始位置 $\varphi_i(0)$；确定各机器人邻域信息 $j\in\mathbf{N}(i)$；设定最小距离容限值 w_f。

② 初始化变量 G, $s(0)$, $z(0)$, $\psi(0)$ 和 $\mathfrak{R}(0)$，以及参数λ，γ和 h。

③ 应用分布式 SRND-*k*WTA 协同方案公式（7.27）计算一致性估计器的结果ψ，进而将其替代模型中使用全局信息的部分 $\boldsymbol{q}^{\mathrm{T}}\boldsymbol{x}(t)$，以获取 z 和 x_i。

④ 应用公式（7.24）计算 *k*-WTA 指标 u_i，进而获取 $\dot{\varphi}_i$。

⑤ 利用已知的 $\dot{\varphi}_i$ 控制多机器人运动行为，并更新机器人与目标物的位置信息φ_i和 $\boldsymbol{\varphi}_o$。

⑥ 判断条件$\|x_i(\varphi_i-\boldsymbol{\varphi}_o)\|_2<w_f$ 是否成立。若成立，则输出多机器人协同的动态任务分配结果；反之，重复步骤③～步骤⑤。

备注 7.1 对许多应用问题而言，*k*-WTA 系统的输出会对其输入产生影响，例如，多机器人竞争协同。具体表现为赢家机器人在下一时刻会获得更大的输入，而输家的输入信息保持不变。换言之，利用 *k*-WTA 思想的应用通常并不仅是简单地区分赢家和输家，而是强调识别赢家和输家后对系统的后续影响。在这种情况下，输出信息会对输入产生一定的反馈作用，进一步加剧 *k*-WTA 系统的输入差异，使赢家的优势逐渐扩大。因此，在实际场景中，鉴于 *k*-WTA 系统存在此种反馈，所提协同方案在求解过程中可能出现的违背约束条件公式（7.3）的情况是瞬时发生的且可消除的。此外，借助求解过程中不可避免的外部环境干扰、设备处理误差或模型本身的微小偏差，即可区分出完全接近甚至相等的任意两种状态。

7.4.2 仿真实验

根据分布式 SRND-*k*WTA 协同方案公式（7.27）及其实现步骤，对仿真中所涉及的参数定义如下：机器人的数量 n=10；目标数为 1；用于执行任务的机器人

数量 $k=2$；$v=0.1$；$h=100000$；当第 i 个机器人与第 j 个机器人间通信距离在 2m 内时 $A_{ij}=1$，反之 $A_{ij}=0$；最小距离容限 $w_f=0.001$m；反馈增益 L 为区间［5，15］内的任意数值；F_{V_1} 和 F_{V_2} 为线性激励函数；设计参数 $\gamma=20$，$\lambda=1$。被建模的机器人和目标物的初始位置被随机放置在 X 轴［−10，10］m，Y 轴［−10，10］m 的范围内；目标物的速度满足 $U_r=-5\exp(-0.5t)X_r/\|X_r\|_2$，其中 X_r 代表目标物的位置信息，由 X 和 Y 方向上的分量组成。在这种情况下，追踪过程中可能出现三种情况：（a）由局部通信下的 k-WTA 筛选后，有且只有两个最优机器人用于追踪任务并达成目标；（b）在追踪过程中，由局部通信决定的两个最优机器人在运动开始之后未能保持优势条件，进而出现一个额外的机器人取代已有的一个赢家成为新的赢家；（c）在追踪过程中，完成最终任务的两个机器人均不是最初选定的赢家。

对于情况（a），其仿真结果如图 7.6 所示。图 7.6 给出了追踪过程中 k-WTA 操作的输出，以及相应的机器人速度变化情况。其中 10 个机器人相互竞争，而只有距目标物实时距离最近的两个机器人（赢家）被选择用于追踪给定目标，其余机器人（输家）状态保持不变，整个任务需要在 t=10s 内完成。图 7.6（a）给出了机器人和目标物的初始位置，以及赢家机器人的追踪轨迹。可以观察到通过比较各机器人与目标物间的距离，最终两个条件最优的机器人成功完成给定的任务。为了剖析目标追踪过程中机器人速度的变化过程，图 7.6（b）描述了各机器人随着与目标物间距的缩短而从任意初始速度减速直至收敛为 0 的过程，确保了动态系统最终维持在稳定状态，实现了多机器人协同任务。正常情况下，在整个追踪过程中，未被驱动的机器人速度应保持为 0，但图 7.6（b）中有三条变化的曲线，即在整个过程中有两个以上的机器人在移动。该情况产生的原因在于，在应用分布式 SRND-kWTA 协同方案公式（7.27）时，基于邻居通信方式进行信息交互的机器人群体需要首先借助一致性估计器公式（7.26）达成一致，而一致性过程需要短暂的时间。换言之，多机器人竞争协同作业的初期，系统需要进行一定的调整（即缓冲区）进而实现稳定运行（即稳定区）。因此，实时解决方案中的瞬时波动或毛刺会导致短时间内多于两个的机器人（即误判机器人）被选择，但由于分布式 SRND-kWTA 协同方案公式（7.27）的鲁棒性，在下一时刻误判机器人对应的 k-WTA 网络输出信息将被快速修正为 0。这种快速纠正误判信息的能力，保证了多机器人系统的稳定、正常运行。此外，从图 7.6（c）中可以发现，当赢家机器人接近目标时，输出迅速变化并精确地得到结果，即前两个性能最佳的机器人输出为 1，其余为 0。

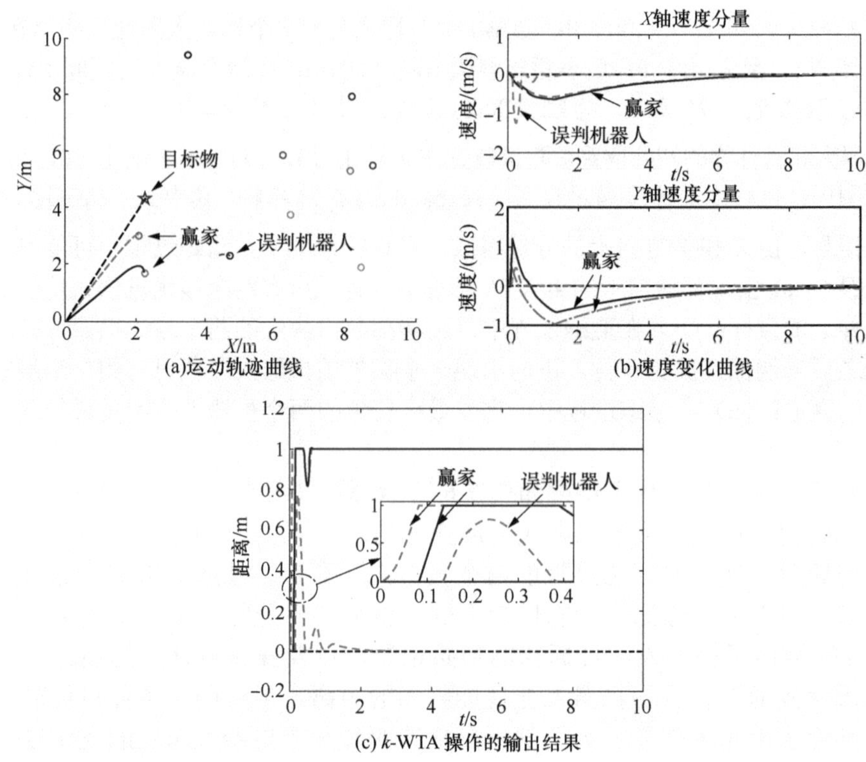

(a)运动轨迹曲线　(b)速度变化曲线

(c) k-WTA 操作的输出结果

图 7.6　在分布式 SRND-kWTA 协同方案公式（7.27）控制下，机器人追踪目标物的运动轨迹及整个过程中机器人的速度变化［情况（a）］（其中，n=10；k=2；机器人的初始位置与速度均为随机生成的任意值）

对于情况（b），其仿真结果如图 7.7 所示。随着追踪过程的进行，初始赢家#1 被替换为新赢家#1。这一现象在图 7.7（c）中表现为在整个任务中曲线发生了从 1 到 0（或从 0 到 1）的转换。可以发现，分布式 SRND-kWTA 协同方案公式（7.27）的输出在 1.096s 左右切换为 0，此时的一个未驱动机器人被选为新阶段的赢家，从而由新形成的系统继续执行任务。

对于情况（c），其仿真结果如图 7.8 所示。这个例子展示了多机器人系统的更新，以及协同方案公式（7.27）输出的更新（两个赢家都被替换：赢家#1 替换为新赢家#1，赢家#2 替换为新赢家#2）。对这两种情况的分析与情况（a）类似，故省略。以上结果验证了一致性估计器公式（7.26）和分布式 SRND-kWTA 协同方案公式（7.27）在有限通信条件下能够完成实时、快速、准确的判断，体现了网络的有效性和本地通信机制的流畅性。

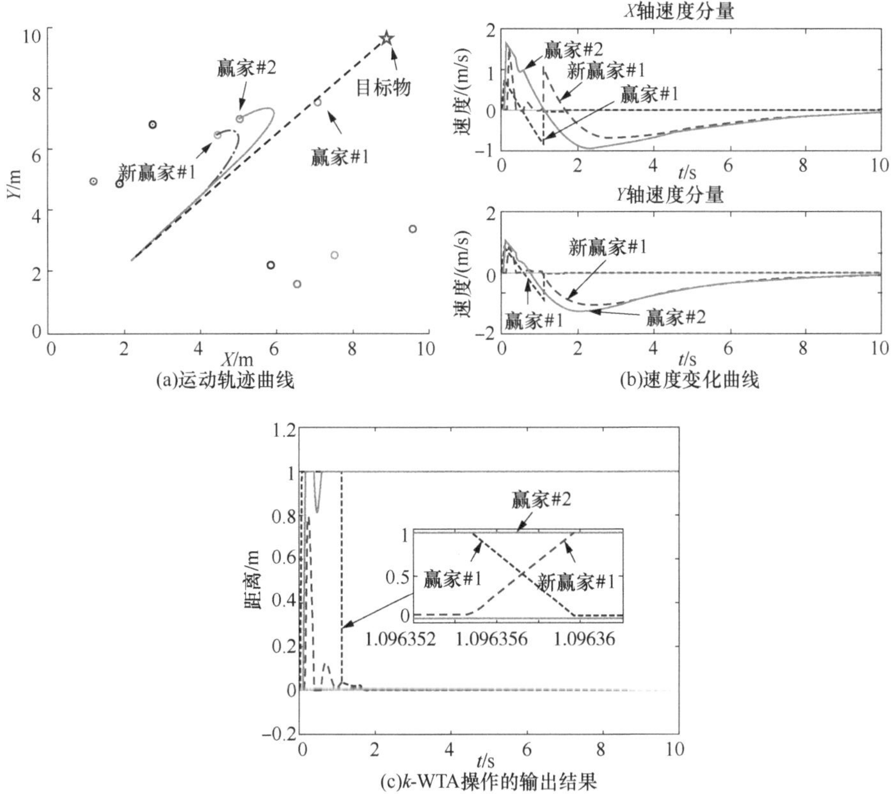

图 7.7　在分布式 SRND-*k*WTA 协同方案公式（7.27）控制下，
机器人追踪目标物的运动轨迹及整个过程中机器人的速度变化［情况（b）］
（其中，n=10；k=2；机器人的初始位置与速度均为随机生成的任意值）

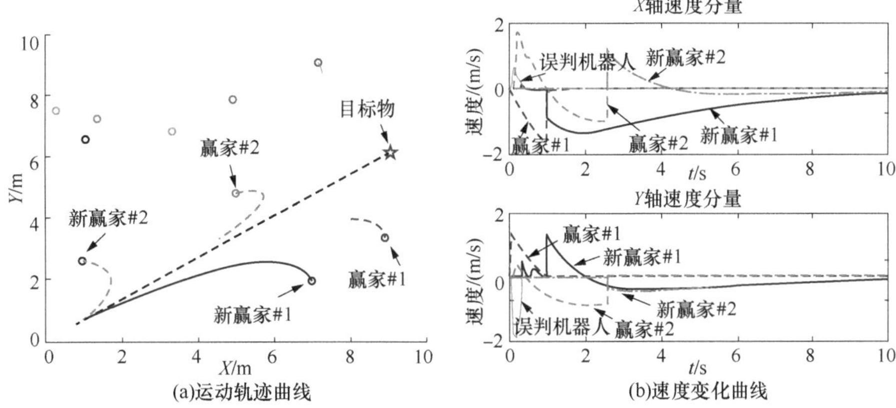

图 7.8　在分布式 SRND-*k*WTA 协同方案公式（7.27）控制下，
机器人追踪目标物的运动轨迹及整个过程中机器人的速度变化［情况（c）］
（其中，n=10；k=2；机器人的初始位置与速度均为随机生成的任意值）

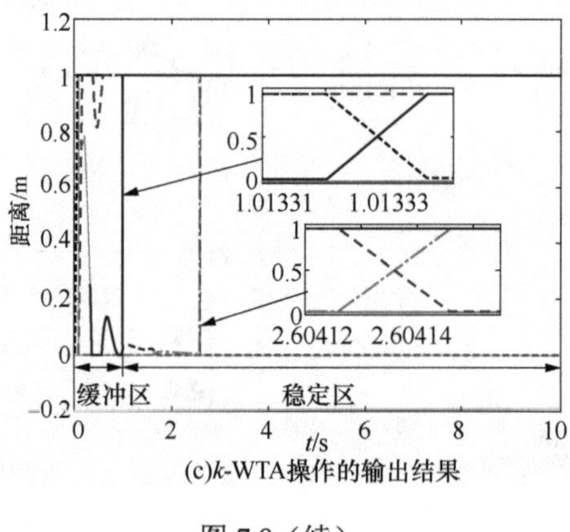

(c)k-WTA操作的输出结果

图 7.8（续）

备注 7.2　为了在硬件设备中实现分布式 SRND-*k*WTA 协同方案公式（7.27），并使其能够直接处理数字信号，可对公式（7.27）进行离散化。具体地，对$\dot{\boldsymbol{z}}$应用欧拉前向差分公式 $\dot{\boldsymbol{z}}(t_\iota)=[\boldsymbol{z}(t_{\iota+1})-\boldsymbol{z}(t_\iota)]/g$ ；对 $\dot{\boldsymbol{s}}$ 应用欧拉后向差分公式 $\dot{\boldsymbol{s}}(t_\iota)=[\boldsymbol{s}(t_\iota)-\boldsymbol{s}(t_{\iota-1})]/g$ ，即

$$
\begin{cases}
\boldsymbol{z}(t_{\iota+1})=\boldsymbol{z}(t_\iota)+G^{-1}\Bigg(\boldsymbol{s}(t_\iota)-\boldsymbol{s}(t_{\iota-1})-\gamma gF_{V_1}[G\boldsymbol{z}(t_\iota)-\boldsymbol{s}(t_\iota)] \\
\qquad -\lambda gF_{V_2}\left\{G\boldsymbol{z}(t_\iota)-\boldsymbol{s}(t_\iota)+\gamma g\sum_{j=0}^{\iota}F_{V_1}[G\boldsymbol{z}(t_j)-\boldsymbol{s}(t_j)]\right\}\Bigg) \\
\boldsymbol{x}(t_{\iota+1})=\boldsymbol{z}(t_{\iota+1})[1:n] \\
\varphi_i(t_{\iota+1})=\varphi_i(t_\iota)+gx_i(t_\iota)I\partial u_i(t_\iota)/\partial\varphi_i(t_\iota) \\
\psi_i(t_{\iota+1})=\psi_i(t_\iota)-gh\Bigg\{\sum_{j\in\mathbf{N}(i)}A_{ij}[\psi_i(t_\iota)-\psi_j(t_\iota)]+\psi_i(t_\iota)-\boldsymbol{x}_i(t_\iota) \\
\qquad +\sum_{j\in\mathbf{N}(i)}A_{ij}[\Re_i(t_\iota)-\Re_j(t_\iota)]\Bigg\} \\
\Re_i(t_{\iota+1})=\Re_i(t_\iota)+g\sum_{j\in\mathbf{N}(i)}A_{ij}[\psi_i(t_\iota)-\psi_j(t_\iota)]
\end{cases}
\tag{7.28}
$$

在此基础上，利用离散分布式 SRND-*k*WTA 协同方案公式（7.28）实现多机器人协同下的动态任务分配。系统涉及的所有参数与图 7.6～图 7.8 中的设置相同，采样间隔为 g=0.001s。为了反映实际场景的通信频率和控制效率，在此初步对收敛所需的迭代次数和信息交换频率进行讨论。在随机生成机器人初始位置为［2.6221；6.0284；7.1122；2.2175；1.1742；1.9668；3.1878；4.2417；5.0786；0.8552；2.6248；8.0101；0.2922；9.2885；7.3033；4.8861；5.7853；2.3728；4.5885；9.6309］

m，目标物的初始位置为［5.4681;5.2114］m 的条件下，离散分布式 SRND-kWTA 协同方案公式（7.28）经过 1255 次迭代完成收敛。具体的收敛条件定义如下：离散 SRND-kWTA 模型作为公式（7.28）的一部分需要确保$\|\boldsymbol{x}(t_\iota)-\boldsymbol{x}^*(t_\iota)\|_2<10^{-3}$；离散时间一致性估计器作为公式（7.28）的另一部分需要确保$\|\psi(t_\iota)-\psi^*(t_\iota)\|_2<10^{-4}$。模型收敛体现在数值结果上为$\boldsymbol{x}^*(t_\iota)$是仅包含 0 和 1 的理论值，$\psi^*(t_\iota)$为期望的一致性结果。需要注意的是，在多机器人分布式协同中，首先要确保多个机器人达成共识，然后才能开展系统中的 k-WTA 操作，因此一致性估计器的收敛速率应快于 SRND-kWTA 模型的收敛速率。

设定任务执行总时长为 T=10s 且采样间隔为 g=0.001s，则此时总迭代次数为10000。通过仿真结果可以推得离散分布式 SRND-kWTA 模型收敛于$\|\boldsymbol{x}(t_\iota)-\boldsymbol{x}^*(t_\iota)\|_2<10^{-3}$需要经过 127 次迭代，一致性估计器收敛于$\|\psi(t_\iota)-\psi^*(t_\iota)\|_2<10^{-4}$需要经过 1128 次迭代。总而言之，协同方案公式（7.28）经过 1255 次迭代可达到 10^{-3} 这一量级的收敛精度，这一结果表明了所构建的方案在实际应用中对信号处理的灵敏度和敏捷性，并从离散时间域角度为公式（7.27）的仿真结果加以佐证。此外，一方面，方案的收敛速率与设计参数γ和λ，目标物的速度 U_r，以及反馈增益 l 有关。因此，合理增大设计参数和反馈增益的值可以进一步提高公式（7.28）的反应/收敛速率，优化任务执行效率。另一方面，离散分布式 SRND-kWTA 协同方案公式（7.28）的平均每次更新计算时间（average computing time per updating，ACTPU）经统计为 3.1186×10^{-5}s，小于采样间隔 g=10^{-3}s，从而保证了计算的实时性。就这一点而言，多机器人系统之间的通信应该每隔 gs 进行一次，且每次信息交互应当在一个 ACTPU 内完成。

7.5 小　　结

本章构建了一个用于执行 k-WTA 操作的鲁棒 SRND-kWTA 模型，并对其全局收敛性和鲁棒性进行了理论分析。数值仿真同样证明了所提 SRND-kWTA 模型与现有 k-WTA 模型相比的有效性和优势特征。此外，基于本章所研究的 SRND-kWTA 模型及所应用的 k-WTA 竞争原理，考虑通信受限场景下多机器人竞争型协同在动态任务分配中的应用。具体面向多机器人竞争协同提出了一种基于一致性估计器的分布式协同方案，并开展了相应的仿真实验，其结果验证了该方案的有效性。

第 8 章　时变/切换拓扑下基于 *k*-WTA 算法的多机器人竞争协同

本章基于第 7 章的研究内容作出进一步拓展，致力于研究一类带机械臂的多机器人系统的分布式竞争协同。首先，为采用 *k*-WTA 策略实现多机器人基于竞争的协同，提出了一种基于递归神经动力学的 *k*-WTA（recurrent neural dynamics based *k*-WTA，RND-*k*WTA）模型。该模型相比现有算法具有增强的鲁棒性和收敛性。此外，为适应多机器人系统内多样化的局部通信方式，考虑了时变及切换两类拓扑结构，进而设计了两种动态一致性估计器，并与 RND-*k*WTA 模型相结合形成了两种分布式协同方案。理论分析验证了该模型在处理多机器人竞争协同问题时的全局收敛性、应用场景的通用性及现有方法的不足之处。进一步地，所构建的仿真实验也说明了 RND-*k*WTA 模型及集成一致性估计器的分布式协同方案的有效性和优越性。

8.1　问题构建与模型设计

本节首先描述了单机器人的运动学，并对多机器人系统协同中的竞争行为进行了建模和研究。

8.1.1　机器人运动学规划

考虑一个关节角度为 $\boldsymbol{\theta}(t)=[\theta_1(t);\theta_2(t);\cdots;\theta_p(t)]\in\mathbf{R}^p$ 的 p 自由度冗余机器人，其末端执行器的笛卡儿坐标为 $\boldsymbol{r}(t)\in\mathbf{R}^{\hat{m}}$ 且定义期望轨迹为 $\boldsymbol{r}_{\mathrm{d}}(t)\in\mathbf{R}^{\hat{m}}$，则其前向运动学方程如公式（2.29）所示，即

$$J[\boldsymbol{\theta}(t)]\dot{\boldsymbol{\theta}}(t)=\dot{\boldsymbol{r}}(t) \tag{8.1}$$

该式由关节角度空间与笛卡儿空间的映射关系 $\varGamma[\boldsymbol{\theta}(t)]=\boldsymbol{r}(t)$ 推导得出，其中 $\varGamma(\cdot)$ 代表非线性映射函数，且对于结构已知的机器人，其具体参数和设置是确定的；$J[\boldsymbol{\theta}(t)]=\partial\varGamma[\boldsymbol{\theta}(t)]/\partial\boldsymbol{\theta}(t)\in\mathbf{R}^{\hat{m}\times p}$ 且为雅可比矩阵（欠定矩阵为 $p>\hat{m}$），在后文中简写为 J；$\dot{\boldsymbol{\theta}}(t)$ 表示关节角速度向量；$\dot{\boldsymbol{r}}(t)$ 为末端执行器的速度。需要注意的是，系数矩阵 J 在 $t\in[0,T]$ 的任意时刻都必须是非奇异的，以确保 $\dot{\boldsymbol{\theta}}(t)$ 始终是有解的，其中，T 为完成期望轨迹追踪的时间。矩阵 J 的欠定性意味着机器人具有适应更

多功能性约束的能力。若要使用由 n 个机器人组成的多机器人系统进行协同作业，且结合实际应用场景，对各冗余机器人考虑避障能力及关节角速度的安全取值域，则各机器人应满足

$$\begin{aligned} & J_i\dot{\theta}_i(t) = \dot{r}_i(t), i \in \{1,\cdots,n\} \\ & B^- \leqslant \dot{\theta}_i(t) \leqslant B^+ \end{aligned} \tag{8.2}$$

具体而言，带有下标 i 的变量代表与第 i 个机器人对应的相关参数；$B^{\pm}$ 为第 i 个机器人关节角速度的上下界。

8.1.2　多机器人竞争策略

选取满足运动特性公式（8.2）的多个机器人构成一个用于动态任务竞争协同的多机器人系统，整个实现过程如图 8.1 所示。为了实现多机器人间的竞争并成功驱动被选中的赢家机器人，将竞争机制建模为一个输出为 0 和 1 的 k-WTA 操作。该 k-WTA 操作的原理具体为，对于最适合用于执行任务的机器人，其驱动指令信号以 1 的形式发送；其余机器人的驱动指令信号以 0 的形式发送。其中，驱动指令信号的决策指标定义为

$$u_i(t) = -\left\| \Gamma_i[\theta_i(t)] - \boldsymbol{r}_{\mathrm{o}}(t) \right\|_2^2 \Big/ 2$$

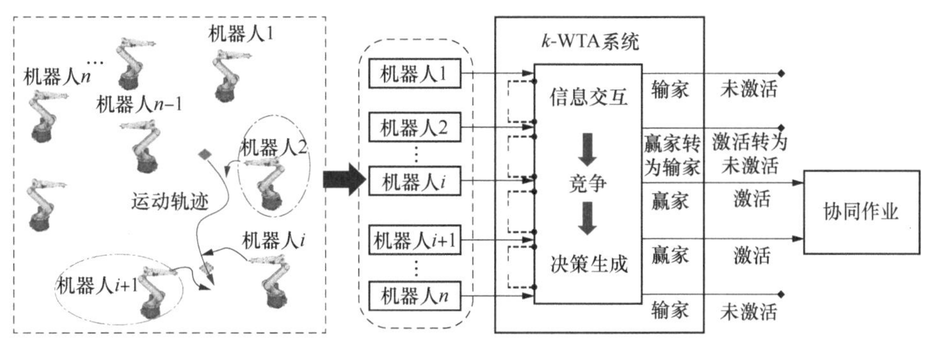

图 8.1　多机器人竞争协同原理

注：首先，每个机器人在 k-WTA 系统中通过与邻居机器人进行信息交互来完成决策，确定期望数量的赢家机器人。其次，应用本章所构建的分布式协同方案驱动赢家机器人执行任务。

其反映了各机器人与目标物之间的距离，其中，$\|\cdot\|_2$ 为欧几里得范数且 $\boldsymbol{r}_{\mathrm{o}}(t)$ 为目标物的实时位置信息。由 $\Psi[\cdot]$形成的 k-WTA 操作输入输出关系为

$$x_i(t) = \Psi\left[Q(u_i)\right] = \begin{cases} 1, Q(u_i) \in Q(u_k) \\ 0, Q(u_i) \notin Q(u_k) \end{cases} \tag{8.3}$$

其中，k 代表以任务为导向的期望分派机器人的数目；$Q(u_k)$ 代表 $Q(\boldsymbol{u})$ 的前 k 个最大元素。

映射函数 $Q(\cdot)$ 表征障碍物对机器人运动行为的影响，具体如下：若 $OC<d_1$，则 $Q(e)=-\mathrm{Inf}$；若 $OC\geqslant d_1$，则 $Q(e)=e$。其中，变量 $OC(t)$ 表示 t 时刻各机器人与障碍物之间的距离；障碍物的位置记为 $O(x_O, y_O)$；$C(x_C, y_C)$ 为机器人各连杆上距离障碍物最近的点；d_1 为临界安全阈值，平稳的运行过程需要确保 $OC\geqslant d_1$；障碍物可以是阻碍机器人运动的任意类型干扰，且假定其可提前监测获悉。

在驱动指令信号的激励下，各机器人的速度表示为

$$\dot{\theta}_i(t)=x_i\Theta\frac{\partial u_i}{\partial\theta_i}=x_i\Theta J_i^{\mathrm{T}}\{r_{\mathrm{o}}(t)-\Gamma_i[\theta_i(t)]\} \tag{8.4}$$

其中，$\Theta\in\mathbf{R}^+$ 表示连接机器人与目标之间距离与机器人速度变化的反馈增益；上标 T 表示转置运算。

由上式可知，只有当机器人接收的驱动指令信号 x_i=1 时，才具有速度；而接收的驱动指令信号 x_i=0 的机器人保持静止，即 $\dot{\theta}_i=0$。综合公式（8.4）及公式（8.1）中的速度约束，进一步有

$$\dot{\theta}_i(t)=\Omega\left(x_i\Theta J_i^{\mathrm{T}}\{\boldsymbol{r}_{\mathrm{o}}(t)-\Gamma_i[\theta_i(t)]\}\right) \tag{8.5}$$

其中，$\Omega(e)$ 描述当 $e<B^-$ 时，$\Omega(e)=B^-$；当 $e\in[B^-,B^+]$ 时，$\Omega(e)=e$；当 $e>B^+$ 时，$\Omega(e)=B^+$。

综上所述，本章待研究和解决的问题归纳如下。

问题（分布式竞争协同）：为实现多机器人系统的通信和交互，构建一个时变或切换拓扑，当任务来临时，利用驱动方案公式（8.5）推动 n 个机器人之间的竞争，如此具有突出优势的前 k 个机器人被激活用于追踪，而未被选中的机器人保持原始状态（静止等待下一任务的出现）。

8.1.3 分布式算法设计

大规模网络和多智能体系统的发展对开发用于解决集中式体系结构在协同中带来的通信负担和挑战的理论和方法提出了要求。首先，根据 7.1.1 小节可知 k-WTA 操作公式（8.3）可等价建模为 QP 问题公式（7.2）。其中，等式约束 $\boldsymbol{q}^{\mathrm{T}}\boldsymbol{x}(t)=k$，即 $\sum_{i=1}^{n}x_i(t)=k$ 这一过程涉及对全局信息的使用。因此，需要引入一种通信机制，即每个机器人仅依赖其邻居机器人进行局部信息交互，进而推动全系统内部的信息流通与共享，完成对 $\psi(t)=[\boldsymbol{I}^{\mathrm{T}}\boldsymbol{x}(t)/n]\boldsymbol{I}\in\mathbf{R}^n$ 均值的估计。该问题在分布式控制理论中称为一致性问题，可以利用一类比例积分动态一致估计器求解[286]：

$$\begin{aligned}\dot{\psi}_i(t)=&-\sum_{i\neq j}A_{ji}[\psi_j(t)-\psi_i(t)]+\sum_{i\neq j}A_{ij}[\mathfrak{R}_j(t)-\mathfrak{R}_i(t)]\\&-\ell[\psi_i(t)-x_i(t)]\end{aligned}$$

$$\dot{\mathscr{R}}_i(t) = -\sum_{i \neq j} A_{ji}[\psi_j(t) - \psi_i(t)]$$

其中，$\psi_i(t)$ 为第 i 个机器人对全局信息的估计值；A_{ji} 为该多机器人系统通信拓扑图的邻接矩阵的第 (j,i) 个元素，且有 $A_{ji} = A_{ij}$。

若机器人 j 和 i 不在彼此的通信邻域内，则 $A_{ji} = A_{ij} = 0$；$\ell \in \mathbf{R}^+$；$\mathscr{R}_i(t)$ 为辅助变量。进一步地，对系统中各机器人分配估计器，并将 n 个估计器整合为向量形式，可得

$$\dot{\psi}(t) = -\boldsymbol{L}\psi(t) - \boldsymbol{L}^{\mathrm{T}}\int_0^t \boldsymbol{L}\psi(g)\mathrm{d}g - \ell[\psi(t) - \boldsymbol{x}(t)] \tag{8.6}$$

其中，$\boldsymbol{L}$ 为该多机器人系统通信拓扑图的拉普拉斯矩阵。

每个参与者的不断运动会引起相对位置的变化，进而引起邻域机器人的交替，因此 $\boldsymbol{L}$ 在应用中可能是迅速变化的。然而，在合理的通信成本范围内通常不需要时刻进行拓扑更新，只有在成本溢出或出现通信中断或阻塞时才需要进行拓扑切换。为进一步降低通信能耗，为多机器人系统考虑切换拓扑，同时确保系统的可扩展性、稳定性和高效性。基于公式（8.6）可引申出一种基于切换拓扑的一致性估计器[299]：

$$\begin{aligned}\dot{\psi}(t) = &-\boldsymbol{L}\psi(t) - \boldsymbol{L}^{\mathrm{T}}\int_0^t \boldsymbol{L}\psi(g)\mathrm{d}g - \ell[\psi(t) - \boldsymbol{x}(t)] \\ &+ \sum_{\imath=1}^{\grave{A}}[T_{\mathrm{s}}(\imath)]\psi[T_{\mathrm{s}}(\imath)]\end{aligned} \tag{8.7}$$

其中，$T_{\mathrm{s}}(\imath)$ 表示第 $\imath$ 次通信拓扑切换的时间；$\grave{A}$ 为切换次数的索引集，且 $T_{\mathrm{s}}(\grave{A})$ 代表最近一次切换发生的时间；$\Delta\boldsymbol{L}[T_{\mathrm{s}}(\imath)]$ 表示在 $T_{\mathrm{s}}^{+}(\imath)$ 时刻和 $T_{\mathrm{s}}^{-}(\imath)$ 时刻拉普拉斯矩阵的差值。补充项 $\sum_{\imath=1}^{\grave{A}}\Delta\boldsymbol{L}[T_{\mathrm{s}}(\imath)]\psi[T_{\mathrm{s}}(\imath)]$ 用于补偿通信拓扑的瞬时变化所带来的影响。

此外，对于切换平衡图，有以下定理。

定理 8.1　假设有无限、一致有界、不重叠的时间区间序列，且其上的拓扑是联合连通的。对平衡图中的切换无向拓扑结构应用一致性估计器公式（8.7），$\psi(t)$ 的稳态输出最终全局收敛于 $[\boldsymbol{I}^{\mathrm{T}}\boldsymbol{x}(t)/n]\boldsymbol{I}$，其中 $\boldsymbol{x}(t)$ 为动态输入信息。

证明　使用狄拉克函数重新表述补充项 $\sum_{\imath=1}^{\grave{A}}\Delta\boldsymbol{L}[T_{\mathrm{s}}(\imath)]\psi[T_{\mathrm{s}}(\imath)]$，即

$$\dot{\boldsymbol{L}} = \Delta\boldsymbol{L}(t)\sum_{\imath=1}^{\infty}\delta[t - T_{\mathrm{s}}(\imath)]$$

则有

$$\sum_{\imath=1}^{\grave{A}}\Delta\boldsymbol{L}[T_{\mathrm{s}}(\imath)]\psi[T_{\mathrm{s}}(\imath)] = \int_0^t \dot{\boldsymbol{L}}\psi(g)\mathrm{d}g = \boldsymbol{L}\psi(t) - \boldsymbol{L}(0)\psi(0) - \int_0^t \boldsymbol{L}\dot{\psi}(g)\mathrm{d}g$$

其中，$\boldsymbol{L}(0)$和$\psi(0)$分别为拉普拉斯矩阵和估计状态的初始值。借助上式，公式（8.7）等价为

$$\begin{aligned}\dot{\psi}(t)&=-\boldsymbol{L}\psi(t)-\boldsymbol{L}^{\mathrm{T}}\int_0^t\boldsymbol{L}\psi(g)\mathrm{d}g-\ell[\psi(t)-\boldsymbol{x}(t)]+\boldsymbol{L}\psi(t)\\&\quad-\boldsymbol{L}(0)\psi(0)-\int_0^t\boldsymbol{L}\dot{\psi}(g)\mathrm{d}g\\&=-\boldsymbol{L}^{\mathrm{T}}\int_0^t\boldsymbol{L}\psi(g)\mathrm{d}g-\ell[\psi(t)-\boldsymbol{x}(t)]-\boldsymbol{L}(0)\psi(0)-\int_0^t\boldsymbol{L}\dot{\psi}(g)\mathrm{d}g\end{aligned}$$

为探讨$\psi(t)$的收敛性，先定义一个辅助状态变量$\dot{\phi}(t)=\dot{\psi}(t)+(\ell\boldsymbol{I}+\boldsymbol{L})\psi(t)$，再对上式进行简化可得

$$\dot{\phi}(t)=-\boldsymbol{L}^{\mathrm{T}}\int_0^t\boldsymbol{L}\psi(g)\mathrm{d}g+\ell\boldsymbol{x}(t)-\boldsymbol{L}(0)\psi(0)$$

上式的时间导数信息为$\ddot{\phi}(t)=-\boldsymbol{L}^{\mathrm{T}}\boldsymbol{L}\psi(t)+\ell\dot{\boldsymbol{x}}(t)$，也可表示为$\boldsymbol{L}^{\mathrm{T}}\dot{\phi}(t)+\boldsymbol{L}^{\mathrm{T}}[\dot{\psi}(t)(t)+\ell\boldsymbol{I}]+\ell\dot{\boldsymbol{x}}(t)$。该式为关于自变量$\dot{\phi}(t)$的一阶线性微分方程，继而可以推导出$\dot{\phi}(t)$是指数收敛的。根据拉普拉斯矩阵的特性，即满足$\boldsymbol{I}^{\mathrm{T}}\boldsymbol{L}=0$，对上式等号两边同时乘以$\boldsymbol{I}^{\mathrm{T}}$可得

$$\boldsymbol{I}^{\mathrm{T}}\dot{\phi}(t)=\ell\boldsymbol{I}^{\mathrm{T}}\boldsymbol{x}(t)$$

因此，在通信拓扑是由无限一致有界且无重叠时间区间序列联合连通的前提下，由于一致性估计器的输出趋近于同一值，可以得出$\lim\limits_{t\to\infty}\dot{\phi}(t)=[\ell\boldsymbol{I}^{\mathrm{T}}\boldsymbol{x}(t)/n]\boldsymbol{I}$。换言之，根据状态方程$\dot{\phi}(t)=\dot{\psi}(t)+(\ell\boldsymbol{I}+\boldsymbol{L})\psi(t)$及其变形$\dot{\psi}(t)(t)=\dot{\phi}(t)-(\ell\boldsymbol{I}+\boldsymbol{L})\psi(t)$，其中后者可以看作关于有界输入$\dot{\phi}(t)$的信息流动方程，可以合理地推出$\psi(t)$为有界输出且其稳态值为$[\boldsymbol{I}^{\mathrm{T}}\boldsymbol{x}(t)/n]\boldsymbol{I}$。证明完毕。

在结束本节之前，对一致性估计器公式（8.6）和公式（8.7）的物理意义进行介绍，并说明其在多机器人协同中的应用原理。

备注 8.1　显然，一致性估计器是为解决公式（7.2）中使用全局信息的问题，即变量$\boldsymbol{I}^{\mathrm{T}}\boldsymbol{x}(t)$而开发的。估计器的输出可以近似地代替该变量的值，从而实现完全的分布式结构。如公式（8.4）所示，输出x_i为机器人接收的驱动指令信号。因此，利用一致性估计器计算$\sum\limits_{i=1}^{n}x_i(t)/n$的值是用于估计通信受限系统中各机器人被选择执行任务的概率。进一步地，考虑一致性估计器在多机器人协同中的应用原理。估计器公式（8.6）和公式（8.7）是借助拉普拉斯矩阵 $\boldsymbol{L}$ 构建完成的，而该矩阵是根据各机器人仅依赖于其通信拓扑上的邻居进行局部信息交互这一机制来确定的，因此可以精确地反映多机器人系统的内部通信连接情况。综上所述，一致性估计器是推动分布式特征与多机器人协同结合的纽带。

8.2　分布式竞争协同方案构建

根据 2.4 节和 7.1 节所述，k-WTA 操作公式（8.3）可建模为 QP 问题公式（7.2），并进而等价于非线性方程（7.4）：$Gz(t)-s(t)=0$。基于 SRND-kWTA 模型公式（7.7）的构建流程，定义一个向量值误差函数$\boldsymbol{\varepsilon}(t)$为

$$\boldsymbol{\varepsilon}(t)=Gz(t)-s(t)\in\mathbf{R}^{3n+1} \tag{8.8}$$

为了使$\boldsymbol{\varepsilon}(t)$随着$z(t)$的不断更新收敛于 0，选取误差演化动力学为

$$\dot{\boldsymbol{\varepsilon}}(t)=-\gamma\boldsymbol{\varepsilon}(t)-\lambda\left[\boldsymbol{\varepsilon}(t)+\gamma\int_0^t\boldsymbol{\varepsilon}(g)\mathrm{d}g\right] \tag{8.9}$$

其中，$\gamma\in\mathbf{R}^+$ 和 $\lambda\in\mathbf{R}^+$ 为决定收敛速率的增益因子。

结合公式(8.8)和公式(8.9)可得本章用于 k-WTA 竞争筛选操作的 RND-kWTA 模型：

$$G\dot{z}(t)=\dot{s}(t)-(\gamma+\lambda)[Gz(t)-s(t)]-\lambda\gamma\int_0^t[Gz(g)-s(g)]\mathrm{d}g \tag{8.10}$$

进一步地，若将其应用于带机械臂型多机器人系统分布式竞争协同，整个方案表述为

$$\begin{cases}G\dot{z}(t)=\dot{s}(t)-(\gamma+\lambda)[Gz(t)-s(t)]-\lambda\gamma\int_0^t[Gz(g)-s(g)]\mathrm{d}g\\ \boldsymbol{x}=z[1:n]\\ \dot{\theta}_i(t)=\Omega\left(x_i\Theta J_i^{\mathrm{T}}\{r_{\mathrm{o}}(t)-\Gamma_i[\theta_i(t)]\}\right)\end{cases} \tag{8.11}$$

其中，根据时变拓扑或切换拓扑的需求选用一致性估计器公式（8.8）或公式（8.9）。

8.3　收敛性分析

为了验证 RND-kWTA 模型公式（8.10）用于多机器人竞争操作的有效性，首先给出如下收敛性分析。

定理 8.2　RND-kWTA 模型公式（8.10）用于多机器人系统驱动指令信号公式（8.3）的确定，进而实现对机器人的驱动时，所产生的误差$\boldsymbol{\varepsilon}(t)$全局收敛于 0。

证明　针对 RND-kWTA 模型公式（8.10）的误差演化动力学，设计辅助方程$\boldsymbol{\delta}(t)=\boldsymbol{\varepsilon}(t)+\gamma\int_0^t\boldsymbol{\varepsilon}(g)\,\mathrm{d}g$，则公式（8.9）可改写为

$$\dot{\boldsymbol{\delta}}(t)=-\lambda\boldsymbol{\delta}(t)$$

对上式构造一个正定的李雅普诺夫函数$\boldsymbol{P}_3(t)=\boldsymbol{\delta}(t)\boldsymbol{\delta}^{\mathrm{T}}(t)/2$，并计算该函数的时间

导数信息可得 $\dot{\boldsymbol{P}}_3(t)=\boldsymbol{\delta}^{\mathrm{T}}(t)\dot{\boldsymbol{\delta}}(t)=-\lambda\boldsymbol{\delta}^{\mathrm{T}}(t)\boldsymbol{\delta}(t)$。根据李雅普诺夫稳定性理论，$\dot{\boldsymbol{P}}_3(t)$ 的欠定性表明了 $\boldsymbol{\delta}(t)$ 随时间推移全局收敛于 0，即 $\boldsymbol{\delta}(t)=\boldsymbol{\varepsilon}(t)+\gamma\int_0^t\boldsymbol{\varepsilon}(g)\mathrm{d}g=0$。进一步地，有

$$\dot{\boldsymbol{\varepsilon}}(t)=-\gamma\boldsymbol{\varepsilon}(t)$$

对上式收敛性分析与对 $\boldsymbol{\delta}(t)$ 的分析过程类似，可得出结论：随着时间推移，上式可全局收敛且稳定至平衡点 $\boldsymbol{\varepsilon}(t)=0$，即 $\lim\limits_{t\to\infty}\boldsymbol{\varepsilon}(t)=0$。证明完毕。

为丰富研究内容，引入文献[143]中构建的竞争模式下多机器人规划方法作为对比，其形式为

$$\begin{cases}C\dot{\boldsymbol{d}}(t)=-\boldsymbol{Y}\boldsymbol{d}\lim\limits_{t\to\infty}(t)-(2\nu\boldsymbol{Y}+\boldsymbol{q}\boldsymbol{q}^{\mathrm{T}}/n)\Xi[\boldsymbol{d}(t)]+f(t)\\ \boldsymbol{x}(t)=[-\boldsymbol{Y}\boldsymbol{d}(t)+f(t)+k(2\nu-1)\boldsymbol{q}/n]/2\nu\end{cases}\tag{8.12}$$

其中，$C\in\mathbf{R}^+$；$\boldsymbol{d}(t)\in\mathbf{R}^n$ 为状态向量；$\boldsymbol{Y}=\boldsymbol{I}-\boldsymbol{q}\boldsymbol{q}^{\mathrm{T}}/n\in\mathbf{R}^{n\times n}$；$\Xi(\cdot)$ 为与 $\Omega(\cdot)$ 定义相同的有界投影函数，且具体有 $B^+=1$ 及 $B^-=0$；$f(t)=\boldsymbol{Y}\boldsymbol{u}(t)+k/n\in\mathbf{R}^n$。这一为 k-WTA 问题（7.2）设计的带有不连续激励函数的算法在下文中被简称为 DAF-kWTA（algorithm with discontinuous activation functions for k-WTA）算法。从本质上讲，这些现有方法在处理动态问题时存在缺陷，即累积的滞后误差使其不适用于精密任务。

定理 8.3 DAF-kWTA 算法（8.12）用于多机器人系统驱动指令信号（8.3）的确定，进而实现对机器人的驱动时，在任意初始值条件下，所计算得到的驱动指令信号 $\boldsymbol{x}(t)$ 以一定的滞后误差收敛于理论解。

证明 为了研究 $\boldsymbol{d}(t)$ 的收敛性，定义一个李雅普诺夫函数为 $\boldsymbol{P}_4(t)=\left\|E[\boldsymbol{d}(t)-\boldsymbol{d}^*(t)]\right\|_2^2/2\geqslant 0$，其中 $\boldsymbol{d}^*(t)$ 为时变的平衡点；E 为一个对称正定矩阵，且有 $E^2=C\boldsymbol{Y}$。计算李雅普诺夫函数的时间导数，得到

$$\begin{aligned}\dot{\boldsymbol{P}}_4(t)&=[\boldsymbol{d}(t)-\boldsymbol{d}^*(t)]^{\mathrm{T}}E^2[\dot{\boldsymbol{d}}(t)-\dot{\boldsymbol{d}}^*(t)]\\&=[\boldsymbol{d}(t)-\boldsymbol{d}^*(t)]^{\mathrm{T}}E^2\dot{\boldsymbol{d}}(t)-[\boldsymbol{d}(t)-\boldsymbol{d}^*(t)]^{\mathrm{T}}E^2\dot{\boldsymbol{d}}^*(t)\\&=[\boldsymbol{d}(t)-\boldsymbol{d}^*(t)]^{\mathrm{T}}C\boldsymbol{Y}\dot{\boldsymbol{d}}(t)-[\boldsymbol{d}(t)-\boldsymbol{d}^*(t)]^{\mathrm{T}}C\boldsymbol{Y}\dot{\boldsymbol{d}}^*(t)\end{aligned}$$

将如式（8.12）所示的 $\dot{\boldsymbol{d}}(t)$ 代入上式，进行简化运算可得到

$$\begin{aligned}\dot{\boldsymbol{P}}_4(t)&=[\boldsymbol{d}(t)-\boldsymbol{d}^*(t)]^{\mathrm{T}}C\boldsymbol{Y}\frac{1}{C}\{-(2\nu\boldsymbol{Y}+\boldsymbol{q}\boldsymbol{q}^{\mathrm{T}}/n)\Xi[\boldsymbol{d}(t)]-\boldsymbol{Y}\boldsymbol{d}(t)+f(t)\}\\&\quad-[\boldsymbol{d}(t)-\boldsymbol{d}^*(t)]^{\mathrm{T}}C\boldsymbol{Y}\dot{\boldsymbol{d}}^*(t)\\&=[\boldsymbol{d}(t)-\boldsymbol{d}^*(t)]^{\mathrm{T}}\boldsymbol{Y}W-[\boldsymbol{d}(t)-\boldsymbol{d}^*(t)]^{\mathrm{T}}C\boldsymbol{Y}\dot{\boldsymbol{d}}^*(t)\end{aligned}$$

其中，$W=-\boldsymbol{Y}\boldsymbol{d}(t)-(2\nu\boldsymbol{Y}+\boldsymbol{q}\boldsymbol{q}^{\mathrm{T}}/n)\Xi[\boldsymbol{d}(t)]+f(t)$。定义 $\kappa\geqslant\left\|\dot{\boldsymbol{d}}^*(t)\right\|_2$ 可得

$$\dot{\boldsymbol{P}}_4(t)\leqslant[\boldsymbol{d}(t)-\boldsymbol{d}^*(t)]^{\mathrm{T}}\boldsymbol{Y}W+\kappa C\left\|[\boldsymbol{d}(t)-\boldsymbol{d}^*(t)]^{\mathrm{T}}\boldsymbol{Y}\right\|_2$$

根据文献[15]中所证实的结论：

$$[\boldsymbol{d}(t)-\boldsymbol{d}^*(t)]^{\mathrm{T}}\boldsymbol{W}-\boldsymbol{W}^{\mathrm{T}}\boldsymbol{q}\boldsymbol{q}^{\mathrm{T}}[\boldsymbol{d}(t)-\boldsymbol{d}^*(t)]/n$$
$$\leqslant-\|\boldsymbol{W}\|_2-[\boldsymbol{d}(t)-\boldsymbol{d}^*(t)]^{\mathrm{T}}\boldsymbol{q}\boldsymbol{q}^{\mathrm{T}}[\boldsymbol{d}(t)-\boldsymbol{d}^*(t)]/n\leqslant 0$$

上式可进一步整理为

$$\begin{aligned}\dot{\boldsymbol{P}}_4(t)\leqslant&-\left\|-\boldsymbol{Y}\boldsymbol{d}(t)-(2\nu\boldsymbol{Y}+\boldsymbol{q}\boldsymbol{q}^{\mathrm{T}}/n)\Xi[\boldsymbol{d}(t)]+f(t)\right\|_2^2\\&-[\boldsymbol{d}(t)-\boldsymbol{d}^*(t)]^{\mathrm{T}}\boldsymbol{q}\boldsymbol{q}^{\mathrm{T}}[\boldsymbol{d}(t)-\boldsymbol{d}^*(t)]/n\\&+\kappa C\left\|[\boldsymbol{d}(t)-\boldsymbol{d}^*(t)]^{\mathrm{T}}\boldsymbol{Y}\right\|_2\end{aligned}$$

其中，在 $\boldsymbol{d}(t)\neq\boldsymbol{d}^*(t)$ 时，恒有 $\left\|-\boldsymbol{Y}\boldsymbol{d}(t)-(2\nu\boldsymbol{Y}+\boldsymbol{q}\boldsymbol{q}^{\mathrm{T}}/n)\equiv[\boldsymbol{d}(t)]+f(t)\right\|_2>0$；在 $\boldsymbol{d}(t)=\boldsymbol{d}^*(t)$ 时，该项等于 0。该结论意味着一定存在一个正常数 $\zeta>0$ 使得 $\left\|-\boldsymbol{Y}\boldsymbol{d}(t)-(2\nu\boldsymbol{Y}+\boldsymbol{q}\boldsymbol{q}^{\mathrm{T}}/n)\Xi[\boldsymbol{d}(t)]+f(t)\right\|_2^2\geqslant\zeta\left\|\boldsymbol{d}(t)-\boldsymbol{d}^*(t)\right\|_2^2$ 恒成立。因此，对上式进一步放缩得到

$$\begin{aligned}\dot{\boldsymbol{P}}_4(t)\leqslant&-\zeta\left\|\boldsymbol{d}(t)-\boldsymbol{d}^*(t)\right\|_2^2+\kappa C\left\|[\boldsymbol{d}(t)-\boldsymbol{d}^*(t)]^{\mathrm{T}}\boldsymbol{Y}\right\|_2\\&-[\boldsymbol{d}(t)-\boldsymbol{d}^*(t)]^{\mathrm{T}}\boldsymbol{q}\boldsymbol{q}^{\mathrm{T}}[\boldsymbol{d}(t)-\boldsymbol{d}^*(t)]/n\\\leqslant&-\zeta\|\boldsymbol{\varepsilon}(t)\|_2^2+\|\boldsymbol{\varepsilon}(t)\|_2^2+2\kappa C\|\boldsymbol{\varepsilon}(t)\|_2\\=&\|\boldsymbol{\varepsilon}(t)\|_2[(1-\zeta)\|\boldsymbol{\varepsilon}(t)\|_2+2\kappa C]\end{aligned}\tag{8.13}$$

因此，对 $\boldsymbol{x}(t)$ 收敛性的讨论等价于对 $(1-\zeta)\|\boldsymbol{\varepsilon}(t)\|_2+2\kappa C$ 取值情况的分析，具体分为以下两种情况。

① 当 $0<\zeta\leqslant 1$ 时：无论 $\|\boldsymbol{\varepsilon}(t)\|_2$ 多大，恒有 $(1-\zeta)\|\boldsymbol{\varepsilon}(t)\|_2+2\kappa C>0$，即 $\dot{\boldsymbol{P}}_4(t)>0$ 恒成立。因此，误差 $\boldsymbol{\varepsilon}(t)$ 为发散的。

② 当 $\zeta>1$ 时：可能会出现两种子情况，即 $(1-\zeta)\|\boldsymbol{\varepsilon}(t)\|_2+2\kappa C>0$，$(1-\zeta)\|\boldsymbol{\varepsilon}(t)\|_2+2\kappa C\leqslant 0$。

a. 当 $0\leqslant\|\boldsymbol{\varepsilon}(t)\|_2<2\kappa C/(\zeta-1)$ 时，有 $(1-\zeta)\|\boldsymbol{\varepsilon}(t)\|_2+2\kappa C>0$：此时，李雅普诺夫函数的导数满足 $\dot{\boldsymbol{P}}(t)>0$，则误差 $\boldsymbol{\varepsilon}(t)$ 发散至 $\|\boldsymbol{\varepsilon}(t)\|_2=2\kappa C/(\zeta-1)$。

b. 当 $\|\boldsymbol{\varepsilon}(t)\|_2\geqslant 2\kappa C/(\zeta-1)$ 时，有 $(1-\zeta)\|\boldsymbol{\varepsilon}(t)\|_2+2\kappa C\leqslant 0$：此时，李雅普诺夫函数的导数满足 $\dot{\boldsymbol{P}}_4(t)\leqslant 0$，则误差 $\boldsymbol{\varepsilon}(t)$ 为收敛的，且收敛于边界 $\|\boldsymbol{\varepsilon}(t)\|_2=2\kappa C/(\zeta-1)$。

综上，当 $0<\zeta\leqslant 1$ 时，误差 $\boldsymbol{\varepsilon}(t)$ 始终是发散的；当 $\zeta>1$ 时，误差 $\boldsymbol{\varepsilon}(t)$ 收敛于或发散于边界 $2\kappa C/(\zeta-1)$。因此，相比于所提的 RND-kWTA 模型公式（8.10），DAF-kWTA 算法公式（8.12）在面向动态问题求解时精确度较低。证明完毕。

8.4 仿真研究

本节主要研究障碍物存在时的复杂任务环境中，基于时变拓扑和切换拓扑两种通信机制的多机器人系统协同工作情况。

8.4.1 现有方案对比

多机器人协同方案对比如表 8.1 所示。

表 8.1 多机器人协同方案对比

文献	障碍物	零误差收敛	协同	机器人数目	控制方式	拓扑	与控制中心全连通$^{\kappa}$
公式（8.11）	√	√	竞争	$n\geqslant3$	分布式	时变/切换	×
[68]、[84]、[85]	×	×^{o}	竞争	$n\geqslant3$	分布式	邻居	×
[71]	√	×^{o}	合作	$n\geqslant3$	分布式	邻居	×
[75]	×	×^{o}	合作	$n\geqslant3$	分布式	固定/切换	×
[70]、[300]	×	√	合作	$n\geqslant3$	分布式	邻居	×
[39]	×	×^{o}	同步	$n=2$	集中式	ȼ	√
[213]	×	×^{o}	合作	$n\geqslant3$	分布式	星形	√
[214]	×	×^{o}	合作	$n\geqslant3$	分布式	树状	×
[19]	×	×^{o}	ȼ	$n=1$	ȼ	ȼ	ȼ

注：ȼ 表示文章中所提的方案未考虑该项。

o 方案用于动态问题求解时收敛于非零值，存在滞后误差。

κ 是否每个机器人都需要与控制中心相连。

首先，为了证明由一致性估计器公式（8.6）或公式（8.7）驱动的分布式 RND-kWTA 协同方案公式（8.11）的独特性和优越性，我们回顾了该领域已有的相关工作，并选取部分代表性方法进行性能对比。根据表 8.1 所示的结果可知，针对基于分布式控制的多机器人系统竞争及其在协同任务规划中的应用所开展的研究仍有待扩充。当然，在多机器人竞争协同领域另有一种主流的研究思路，即采用强化学习或深度学习相关算法，该类方法的精确性和稳定性也是不可小觑的，尤其表现在复杂环境下的大规模机器人群体应用。然而，这类算法的实现极大程度上依赖大数据及对实际场景信息的学习过程。前者会带来较高的计算和时间成本，而后者的不确定性和较强的动力学特性使得该类本质上基于试错策略的算法在应用层面会给多机器人系统造成昂贵的损失。相比之下，本章从分布式控制的角度出发，结合控制理论和神经动力学相关技术实现多个机器人在不同通信拓扑下的分布式竞争协同，尽可能避免了上述问题以提高方案的实际应用能力。对比性结果也说明了本章的研究是有价值的且值得深入完善的。

8.4.2　时变拓扑下的协同

本小节采用基于一致性估计器公式（8.6）的分布式 RND-*k*WTA 协同方案公式（8.11）构建多机器人竞争协同的仿真实验以证明其精确的控制性能。根据系统中的通信协议可知，每个机器人仅允许与其通信邻域内的机器人进行通信。假设 n=12 个冗余机器人均具有如下配置：反馈增益Θ=10，结构参数为 $\hat{m}=2$ 及 p=4。机器人的初始状态设置如下：基座位置分别为(0,0)m，(2.5,–4)m，(4,–0.1)m，(5.5,–6)m，(8,0.5) m，(10,8)m，(0,10)m，(2,10.5)m，(4,11)m，(6,11)m，(12,8)m，(10,8) m；前六个机器人的关节角度均为[π/2；π/4；0；π/6]rad，其余机器人的关节角度均为–[π/2；π/4；0；π/6]rad；关节角速度约束为 $B^{\pm}=\pm 0.6$rad/s；目标物的运动轨迹设定为从(0,4)m 的位置出发，且 X 和 Y 两个方向上的速度为(0.5，–0.5sin$t$)m/s。然后，利用 RND-*k*WTA 协同方案公式（8.11）完成协同任务，并记录机器人末端执行器的实时位置信息。整个动态追踪任务的执行时间为 T=20s，设置 k=1 使得在整个任务完成过程中只需要一个赢家。此外，设置障碍物位于(–1.5,5)m 处；临界安全阈值为 d_1=0.12m；γ=150，λ=0.5 且 ℓ=200。从定理 8.2 可以看出，模型公式（8.10）及其对应的方案公式（8.11）具有指数和全局收敛性，这意味着当要求在有限时间内处理时变输入时，所产生的结果可能会存在一定的误差。然而，其收敛性与鲁棒性也说明了采用本章所提的模型及方案可确保在较短的收敛时间内获得并保持期望精度下的稳态输出，这一点可以通过图 8.2 和图 8.3 中的仿真结果观察到。

图 8.2（a）给出了一个局部通信拓扑结构，其中对全局信息的估计依赖于各机器人和其邻域机器人的局部信息，以及系统的拓扑连接结构。基于此，从图 8.2（b）和图 8.2（c）中可以观察到第一个赢家机器人的四个关节在其运行时间[0,4]s 内始终保持平稳运行，且该阶段对应的时变关节角速度始终约束在上下界 $B^{\pm}=\pm 0.6$rad/s 内。此外，图 8.2（d）展示了机器人末端执行器在前 4s 内完成轨迹追踪任务的过程，且可以看到该位置处的障碍物对系统的运行没有造成影响。显然，关节角速度趋近于零并最终保持静止，标志着第一个赢家的任务执行阶段结束了，而接下来将产生另一个新赢家以继续完成路径追踪。第二阶段和第三阶段的追踪路径如图 8.2（e）和图 8.2（f）所示，由于仿真结果与第一阶段的仿真结果类似，故省略详细说明。

根据图 8.3（a）可以看出 *k*-WTA 网络的输出（驱动指令信号）会迅速收敛于理论解（0 表示静止的；1 表示被驱动的），且目标物的运动推动了赢家机器人的更替，此时输出会发生快速切换。图 8.3（b）记录了整个追踪过程，其中 12 个机器人中的 3 个作为赢家被驱动用于任务执行。具体地，目标物从（0,4）m 的初始位置出发，所有机器人通过其与目标物之间的距离来确定自己的决策指标，继而经过 *k*-WTA 选出第一个赢家完成任务派遣。当第一个赢家朝目标物追踪时，目标物的运动过程使其逐渐靠近其中一个输家的末端执行器，此时第一个赢家在实时竞争中失败，随后第二名赢家诞生。随着系统内各参与者的运动，多机器人系统重复前文所述的 *k*-WTA

选择过程，使得第三名赢家的末端执行器参与接力并成功完成追踪任务。

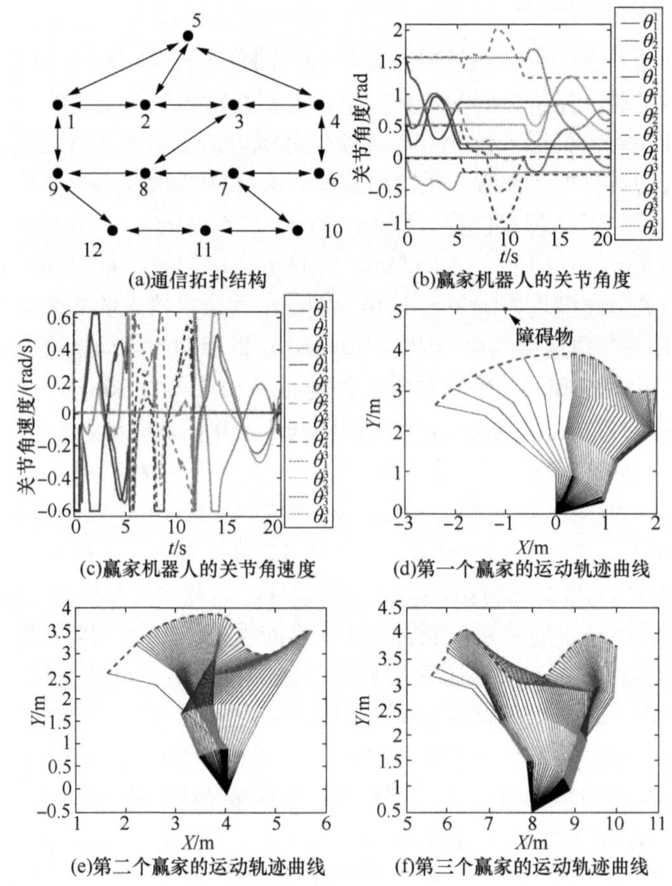

(a)通信拓扑结构　(b)赢家机器人的关节角度

(c)赢家机器人的关节角速度　(d)第一个赢家的运动轨迹曲线

(e)第二个赢家的运动轨迹曲线　(f)第三个赢家的运动轨迹曲线

图 8.2　基于一致性估计器公式（8.6）的分布式 RND-kWTA 协同方案公式（8.11）驱动多机器人竞争协同的仿真结果（一）

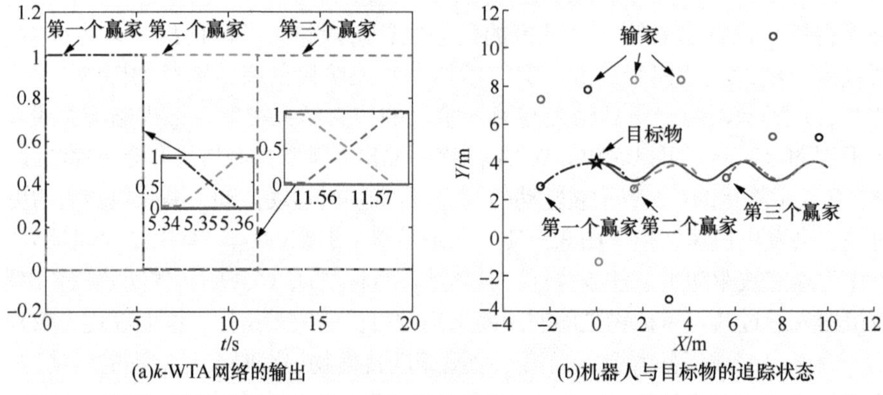

(a)k-WTA网络的输出　(b)机器人与目标物的追踪状态

图 8.3　基于一致性估计器公式（8.6）的分布式 RND-kWTA 协同方案公式（8.11）驱动多机器人竞争协同的仿真结果（二）

8.4.3　切换拓扑下的协同

作为上述研究的进一步拓展与深入，本节研究由四种不同连接方式的拓扑结构循环构成的切换拓扑环境，其中每种拓扑的通信保持时间约为 5s。在此情况下，将基于一致性估计器公式（8.7）的分布式 RND-*k*WTA 协同方案公式（8.11）用于多机器人竞争协同，仿真结果如图 8.4 和图 8.5 所示。该部分的参数设置与上一节所研究的时变拓扑相同，分析也与之相似，故省略详细说明。通过将障碍物设置在 (−0.5,3) m 处，第一个赢家机器人的连杆会逐渐靠近障碍物，一段时间后它们之间的距离会越过临界安全阈值 d_1。由此，第一个赢家机器人决策指标 u_i 上所施加的映射函数 $Q(\cdot)$生效，具体为 $Q(u_i)$=−Inf，此时该机器人输出指令信号调整为 x_i=0 并自动退出竞争。通过观察仿真结果可以看出，第二个赢家机器人很快被选中并成功取代第一个赢家，在追踪开始后的 0.3s 开始任务执行。为展示更多的仿真结果，在 $X\in[-2,10]$ m 且 $Y\in[1,10]$ m 的范围内随机设置 3 个障碍物，并在此环境下模拟同样的任务。相应的结果如图 8.6 所示，关于图中结果的分析如前类似，故省略。

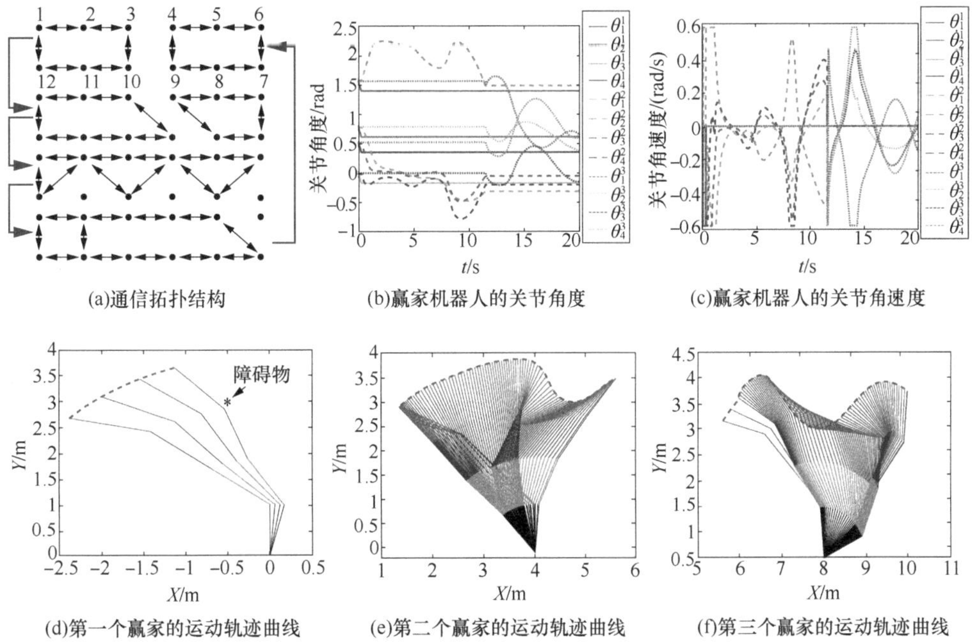

(a)通信拓扑结构　(b)赢家机器人的关节角度　(c)赢家机器人的关节角速度

(d)第一个赢家的运动轨迹曲线　(e)第二个赢家的运动轨迹曲线　(f)第三个赢家的运动轨迹曲线

图 8.4　基于一致性估计器公式（8.7）的分布式 RND-*k*WTA 协同方案公式（8.11）驱动多机器人竞争协同的仿真结果（一）

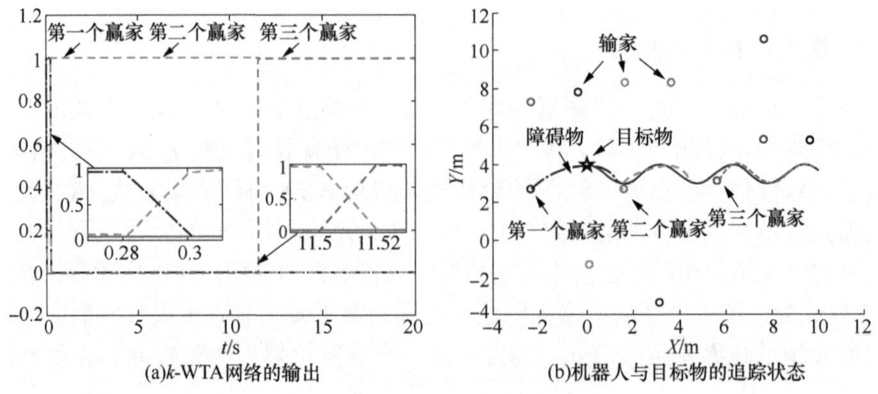

(a)k-WTA网络的输出　　(b)机器人与目标物的追踪状态

图 8.5　基于一致性估计器公式（8.7）的分布式 RND-kWTA 协同方案公式（8.11）驱动多机器人竞争协同的仿真结果（二）

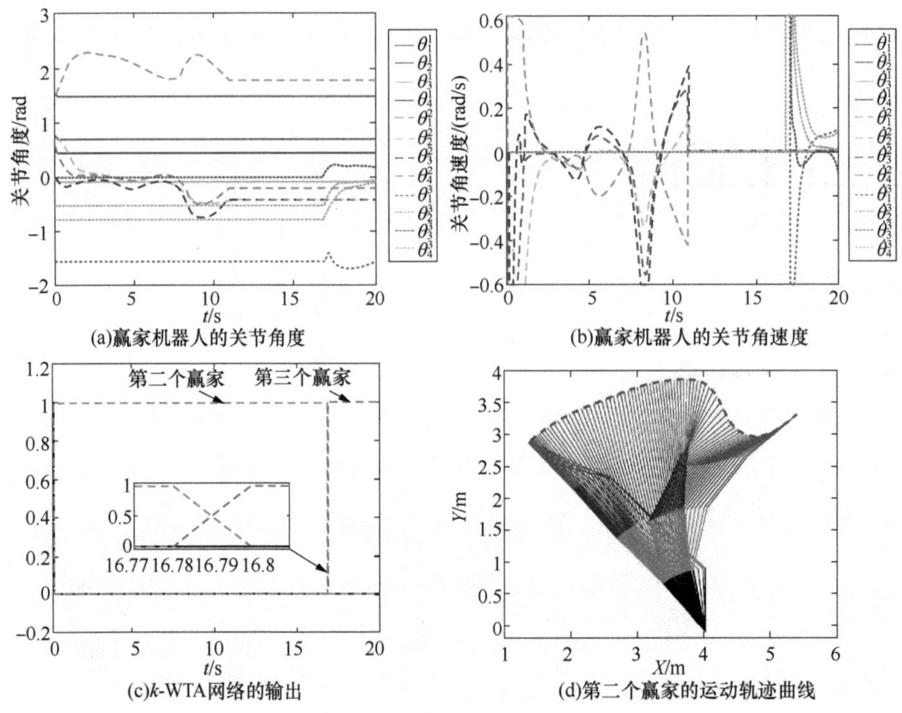

(a)赢家机器人的关节角度　　(b)赢家机器人的关节角速度

(c)k-WTA网络的输出　　(d)第二个赢家的运动轨迹曲线

图 8.6　基于一致性估计器公式（8.7）的分布式 RND- kWTA 协同方案公式（8.11）驱动多机器人竞争协同的仿真结果（有障碍物时）

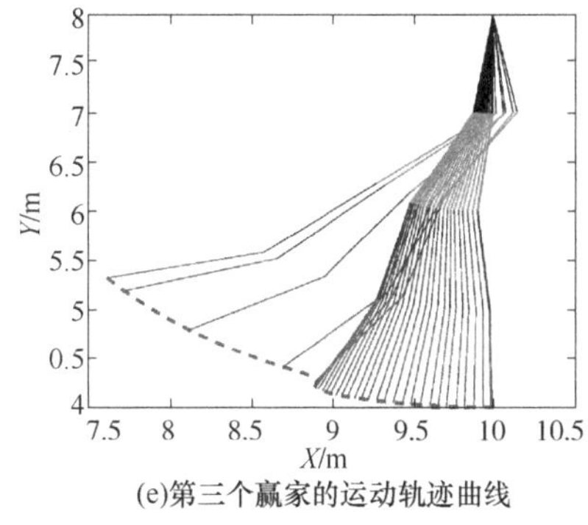

(e)第三个赢家的运动轨迹曲线

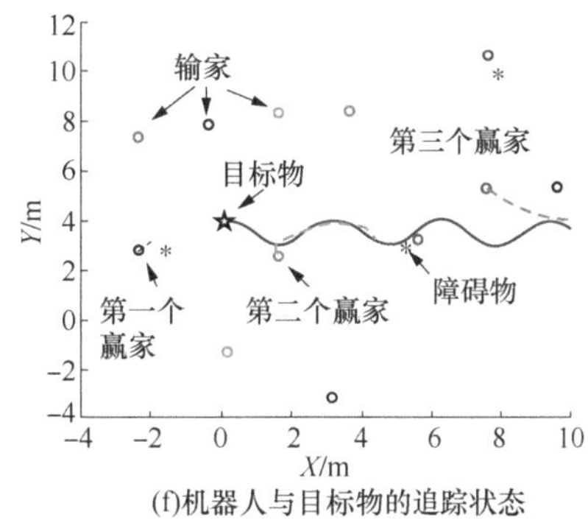

(f)机器人与目标物的追踪状态

图 8.6（续）

8.4.4　CoppeliaSim 平台的仿真实验

为了直观地展示分布式 RND-kWTA 协同方案公式（8.11）及其一致性估计器的有效性，我们在 CoppeliaSim 平台上建模并实现了简单的多机器人协同任务。在仿真实验中，选取 UR5 机器人作为研究对象，其中 $\hat{m}=3$ 且 $\ell=6$，其余关于机器人的结构信息与设置参见文献[301]；多机器人系统的内部通信结构与 8.4.2 小节所述一致；系统的规模（即机器人的个数）$n=8$；机器人的初始基座位置分别为 $(-0.5,0,2.5)$ m，$(-4,4,-0.1)$ m，$(5.5,-6,8)$ m，$(0.5,10,8)$ m，$(0,10,2)$ m，$(4,2.3,11)$ m，$(6,11,12)$ m，$(8,10,8)$ m；对于初始关节角度，一个机器人被设置为 $[0;-\pi/2;0;-\pi/2;\pi/4;0]$ rad，一个机器人被设置为 $[0;\pi/4;0;2\pi/3;-\pi/4;0]$ rad，两个机器人被设置为 $[0;-\pi/4;0;2\pi/3;-\pi/4;0]$ rad，四个机器人被设置为 $[0;-\pi/2;\pi/4;-2\pi/3;\pi/4;0]$ rad；目标物的运动轨迹设定为从 $(-5,3,4)$ m 的位置出发，且在 X、Y、Z 三个方向上的速度为 $[0.5,-1.5\sin(1.5t),0]$ m/s。所涉及的其他参数与 8.4.2 小节中取值相同，所得到的实验结果如图 8.7 所示。由于设定的赢家数量为 1，则始终只派遣一个机器人执行追踪任务，结果显示只有第三个赢家机器人成功追上目标并完成任务。这种基于竞争行为的协同可以有效选择最优个体，使整个系统在保证任务完成的同时最大限度地降低资源浪费，提升其在多目标任务场景下的应用效率。

以上所有仿真结果均证实了分布式 RND-kWTA 协同方案公式（8.11）的高效性和平稳性，无论是在时变拓扑还是切换拓扑等有限通信环境下，该方案都可控制多机器人实现竞争协同。同时，该任务的圆满完成表明我们所设计的通信协议能够很好地估计全局信息，即具有较好的收敛性。

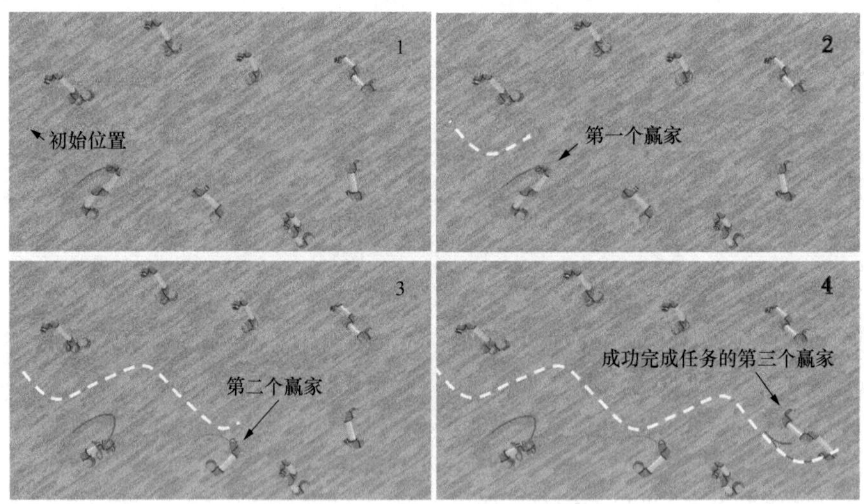

图 8.7 基于一致性估计器公式（8.6）的分布式 RND- kWTA 协同方案公式（8.11）驱动 UR5 机器人系统竞争协同的仿真实验快照

8.5 小 结

本章着眼于多机器人系统中可挖掘的竞争关系，通过 k-WTA 策略建模了多机器人的竞争行为并实现了其在复杂环境下的竞争协同。为求解由 k-WTA 形成的问题，首先提出了一种具有强鲁棒性和收敛性的 RND-kWTA 模型，并考虑基于不同通信拓扑结构的分布式协同，进而形成了两个新型的分布式 RND-kWTA 协同方案。此外，通过理论证明和性能对比结果证实了面向动态问题求解时，现有的神经动力学算法在全局收敛精度方面不及所提的 RND-kWTA 模型。最后，将 RND-kWTA 模型成功应用于多机器人系统，所得的分布式 RND-kWTA 协同方案在时变拓扑和切换拓扑下的仿真及在 CoppeliaSim 平台的实验中均展示了求解的实时性、有效性和精确性。本章面向多机器人竞争协同设计的递归神经动力学算法为处理优化相关的问题开辟了新的理论和实践方向，且将其应用于不同行为模式下的机器人系统以形成各类基于 k-WTA 的分布式协同方案，为多机器人系统提供更广阔的应用前景。

第 9 章 分布式时滞 k-WTA 算法及多机器人竞争协同应用

本章针对多机器人系统的竞争协同任务分配问题，首次将分布式 k-WTA 竞争性网络与时间滞后相结合，建立一个分布式时滞 k-WTA 网络并对其进行分析和应用。

9.1 问题构建与模型设计

在本节中，根据 k-WTA 算法的原理，将其逐步转换为 QP 问题并引入了一个 FB 函数，在拉格朗日函数及 KKT 条件的帮助下整理得到了一个 k-WTA 网络。此外，在 9.1.2 小节中借助时滞一致性估计器，我们还构建了一个具有时滞的分布式竞争 k-WTA 网络。

9.1.1 k-WTA 算法简化与网络设计

将 2.4.1 小节中 k-WTA 算法所对应的 QP 问题公式（2.42）转化为具有等式和不等式约束的时变二次规划（time-varying quadratic programming，TVQP）问题的标准形式，即

$$\text{minimize} \quad \frac{1}{2}\boldsymbol{x}^{\mathrm{T}}(t)\boldsymbol{D}(t)\boldsymbol{x}(t)+\boldsymbol{m}^{\mathrm{T}}(t)\boldsymbol{x}(t) \tag{9.1a}$$

$$\text{subject to} \quad \boldsymbol{q}^{\mathrm{T}}\boldsymbol{x}(t)=b(t) \tag{9.1b}$$

$$\boldsymbol{Q}(t)\boldsymbol{x}^{\mathrm{T}}(t)\leqslant \boldsymbol{h}(t) \tag{9.1c}$$

其中，$\boldsymbol{D}(t)=2\nu\boldsymbol{I}_{n\times n}\in\mathbf{R}^{n\times n}$ 且 $\boldsymbol{I}_{n\times n}$ 为单位矩阵；$\boldsymbol{m}(t)=-\boldsymbol{u}(t)\in\mathbf{R}^{n}$；$b(t)=k$；$\boldsymbol{Q}(t)=[\boldsymbol{I}_{n\times n};-\boldsymbol{I}_{n\times n}]\in\mathbf{R}^{p\times n}$ 且 $\boldsymbol{q}=\mathbf{1}_n$ 是一个系数向量；$\boldsymbol{h}(t)=[\mathbf{1}_n;\mathbf{0}_n]\in\mathbf{R}^{p}$ 也是一个系数向量。

为了求出上述 TVQP 问题公式（9.1）的全局最优解 $\boldsymbol{x}^{*}(t)$，引入拉格朗日乘子方程并展开如下。

$$\begin{aligned}\boldsymbol{L}[\boldsymbol{x}(t),\mu(t),\boldsymbol{v}(t)]=&\frac{1}{2}\boldsymbol{x}^{\mathrm{T}}(t)\boldsymbol{D}(t)\boldsymbol{x}(t)+\boldsymbol{m}^{\mathrm{T}}(t)\boldsymbol{x}(t)\\&+\mu(t)[\boldsymbol{q}(t)\boldsymbol{x}(t)-b(t)]\\&+\boldsymbol{v}(t)[\boldsymbol{Q}(t)\boldsymbol{x}(t)-\boldsymbol{h}(t)]\end{aligned} \tag{9.2}$$

其中，$\mu(t)\in\mathbf{R}$；$\boldsymbol{v}(t)\in\mathbf{R}^p$ 是约束条件公式（9.1b）和公式（9.1c）相应的拉格朗日乘子。

k-WTA 算法公式（2.41）的最优解 $\boldsymbol{x}^*(t)$可以通过寻找拉格朗日方程［公式（9.2)］的最优解$[\boldsymbol{x}^*(t),\mu^*(t),\boldsymbol{v}^*(t)]^{\mathrm{T}}$ 获得[302]。为了求得公式（9.2）的最优解，引入 KKT 条件如下。

$$\begin{cases}\boldsymbol{D}(t)\boldsymbol{x}^*(t)+\boldsymbol{m}(t)+\boldsymbol{q}^{\mathrm{T}}(t)\mu^*(t)+\boldsymbol{Q}^{\mathrm{T}}(t)\boldsymbol{v}^*(t)=0\\ \boldsymbol{q}(t)\boldsymbol{x}^*(t)-b(t)=0\\ \boldsymbol{v}^*(t)\geqslant 0,\ \ \boldsymbol{h}(t)-\boldsymbol{Q}(t)\boldsymbol{x}(t)\geqslant 0\\ \boldsymbol{v}^{*\mathrm{T}}(t)[\boldsymbol{h}(t)-\boldsymbol{Q}(t)\boldsymbol{x}(t)]=0\end{cases}\tag{9.3}$$

为了加速模型建立的过程，在这里介绍一个向量值非线性 FB 函数[221]。

$$\varPsi_{\mathrm{FB}}(\hat{\boldsymbol{x}},\hat{\boldsymbol{y}})=\hat{\boldsymbol{x}}+\hat{\boldsymbol{y}}-\sqrt{\hat{\boldsymbol{x}}\circ\hat{\boldsymbol{x}}+\hat{\boldsymbol{y}}\circ\hat{\boldsymbol{y}}}\tag{9.4}$$

其中，符号$\circ$代表着哈达玛乘积，且上述函数满足$\varPsi_{\mathrm{FB}}(\hat{\boldsymbol{x}},\hat{\boldsymbol{y}})=0$ 等价于 $\hat{\boldsymbol{x}}\circ\hat{\boldsymbol{y}}=0$（$\hat{\boldsymbol{x}},\hat{\boldsymbol{y}}\geqslant 0$）。

利用 FB 函数的特点，可以进一步简化并整理上述 KKT 条件，即

$$\begin{cases}\boldsymbol{D}(t)\boldsymbol{x}^*(t)+\boldsymbol{m}(t)+\boldsymbol{q}^{\mathrm{T}}(t)\mu^*(t)+\boldsymbol{Q}^{\mathrm{T}}(t)\boldsymbol{v}^*(t)=0\\ \boldsymbol{q}(t)\boldsymbol{x}^*(t)-b(t)=0\\ \varPsi_{\mathrm{FB}}[\boldsymbol{h}(t)-\boldsymbol{Q}(t)\boldsymbol{x}(t),\ \boldsymbol{v}^*(t)]=0\end{cases}\tag{9.5}$$

为了更简洁地给出本书所构建的 k-WTA 网络，将公式（9.5）转化为一个非线性时变方程，即当下式有解时，可以求解 k-WTA 算法公式（2.41)：

$$\boldsymbol{R}(t)\boldsymbol{y}(t)-\boldsymbol{\chi}(t)=0\in\mathbf{R}^{n+p+1}\tag{9.6}$$

其中，$\boldsymbol{R}(t)=\begin{bmatrix}\boldsymbol{D}(t)&\boldsymbol{q}^{\mathrm{T}}(t)&\boldsymbol{Q}^{\mathrm{T}}(t)\\ \boldsymbol{q}(t)&\boldsymbol{0}&\boldsymbol{0}\\ -\boldsymbol{Q}(t)&\boldsymbol{0}&\boldsymbol{I}\end{bmatrix}$；$\boldsymbol{\chi}(t)=\begin{bmatrix}-\boldsymbol{m}(t)\\ b(t)\\ -\boldsymbol{h}(t)+\tilde{n}(t)\end{bmatrix}$；$\boldsymbol{y}(t)=\begin{bmatrix}\boldsymbol{x}(t)\\ \mu(t)\\ \boldsymbol{v}(t)\end{bmatrix}$；且 $\tilde{n}(t)=\sqrt{\boldsymbol{e}(t)\circ\boldsymbol{e}(t)+\boldsymbol{v}(t)\circ\boldsymbol{v}(t)}$，$\boldsymbol{e}(t)=\boldsymbol{h}(t)-\boldsymbol{Q}(t)\boldsymbol{x}(t)$。

根据 k-WTA 算法公式（2.41）到 TVQP 问题公式（9.1）的转化过程可以得知上式中的 $\boldsymbol{R}(t)$是一个时不变矩阵，因此公式（9.6）的动态特性由 k-WTA 算法公式（2.41）的动态输入 $\boldsymbol{u}(t)$来保证。此外，为了分析所提出的 k-WTA 网络的鲁棒性与抗噪性，构造向量误差函数$\boldsymbol{\varepsilon}(t)\in\mathbf{R}^{n+p+1}$如下。

$$\boldsymbol{\varepsilon}(t)=\boldsymbol{R}(t)\boldsymbol{y}(t)-\boldsymbol{\chi}(t)\tag{9.7}$$

$\boldsymbol{\varepsilon}(t)$相应的设计公式为

$$\dot{\boldsymbol{\varepsilon}}(t)=-\beta P[\boldsymbol{\varepsilon}(t)]\tag{9.8}$$

其中，$\beta>0$ 是一个与网络收敛性能相关的参数；激活函数 $P(\cdot)$是一个有界函数，

并且 P^+和 P^-分别代表它的上界和下界。

$$P(I)=\begin{cases}P^-, & I<P^- \\ I, & P^-<I<P^+ \\ P^-, & P^+<I\end{cases} \tag{9.9}$$

至此，通过将 k-WTA 算法公式（2.41）简化整理而得到的 k-WTA 网络可以通过组合公式（9.7）和公式（9.8）得到

$$\boldsymbol{R}(t)\dot{\boldsymbol{y}}(t)=-\dot{\boldsymbol{R}}(t)\boldsymbol{y}(t)+\dot{\boldsymbol{\chi}}(t)-\beta P[\boldsymbol{R}(t)\boldsymbol{y}(t)-\boldsymbol{\chi}(t)] \tag{9.10}$$

9.1.2 分布式时滞 k-WTA 网络

在对多智能体系统的研究中，每个智能体对数据和信息的处理能力是有限的。同时，通信速度的限制和外部环境的影响往往会造成智能体收到的数据和信息滞后，从而影响整个系统的性能。前文中建立的 k-WTA 网络公式（9.10）缺乏相应的分布式策略和延时机制，因此，考虑以下具有时滞的一致估计器[303]：

$$\begin{aligned}&\dot{\psi}_i(t)=\theta\left(-\sum_{j\in\mathbf{N}_i}A_{ij}[\psi_i(t-\tau_{ij})-\psi_j(t-\tau_{ij})]-\left\{[\psi_i(t)-x_i(t)]-\sum_{j\in\mathbf{N}_i}A_{ij}[\mathcal{R}_i(t)-\mathcal{R}_j(t)]\right\}\right)\\&\dot{\mathcal{R}}_i(t)=\sum_{j\in\mathbf{N}_i}A_{ij}[\psi_i(t-\tau_{ij})-\psi_j(t-\tau_{ij})]\end{aligned} \tag{9.11}$$

其中，ψ_i 被定义为 $\sum_{i=1}^{n}x_i(t-\tau)/n$ 的近似值；$\theta>0$ 是一个和收敛速度有关的参数；$\mathbf{N}_i$ 代表着在通信拓扑中第 i 个智能体的邻居智能体集合；τ_{ij} 是智能体 i 和 j 之间的通信信道时滞且 $\tau_{ij}=\tau_{ji}$；$\mathcal{R}_i$ 是智能体 i 的标量状态信息；$\boldsymbol{A}$ 是通信拓扑的邻接矩阵。

至此，本章提出的分布式时滞 k-WTA 网络可以归纳总结为

$$\begin{aligned}&\dot{\boldsymbol{y}}(t)=\boldsymbol{R}^{-1}(t)\{-\dot{\boldsymbol{R}}(t)\boldsymbol{y}(t)+\dot{\boldsymbol{\chi}}(t)-\beta P[\boldsymbol{R}(t)\boldsymbol{y}(t)-\boldsymbol{\chi}(t)]\}\\&\dot{\psi}_i(t)=\theta\left\{-\sum_{j\in\mathbf{N}_i}A_{ij}[\psi_i(t-\tau_{ij})-\psi_j(t-\tau_{ij})]-[\psi_i(t)-x_i(t)]-\sum_{j\in\mathbf{N}_i}A_{ij}[\mathcal{R}_i(t)-\mathcal{R}_j(t)]\right\}\\&\dot{\mathcal{R}}_i(t)=\sum_{j\in\mathbf{N}_i}A_{ij}[\psi_i(t-\tau_{ij})-\psi_j(t-\tau_{ij})]\end{aligned} \tag{9.12}$$

9.2 理论分析与证明

在本节中，证明了以下两个定理来研究所提出的分布式时滞 k-WTA 网络公式

（9.12）所允许的最大时滞、收敛性能和网络在噪声下的鲁棒性。

定理 9.1　令 $\tau^*=\min_{i>1}\tilde{\omega}\phi$ 且 $\tilde{\omega}=2\left[\theta^2(\lambda_i^2-1)+\theta\sqrt{\theta(1-\lambda_i)^2+4\lambda_i^4}\right]^{-\frac{1}{2}}$，$\phi=\arccos\{[\tilde{\omega}^2(\lambda_i-1)]/[\lambda_i(\theta\lambda_i^2+\tilde{\omega}^2)]\}$，其中$\lambda_i$是矩阵 $\boldsymbol{A}$ 拉普拉斯变换后的矩阵按递增顺序排列的第 i 个特征值，且 $i=1,\cdots,n$。当输入时滞τ小于时滞上界τ^*时，分布式时滞 k-WTA 网络公式（9.12）是收敛的，且收敛程度随着时间 t 的改变与 $\boldsymbol{e}^{-\beta t}$ 成正比。

证明　第一步需要计算出网络所允许的最大时滞。为了更清楚地说明时滞对网络性能的影响，本章只考虑所有智能体通信信道都具有相同时滞的情况，即 $\tau_{ij}=\tau>0\ \forall i,j=1,\cdots,n$。考虑将公式（9.11）的 n 个离散子系统合并整理为一个整体：

$$\begin{aligned}&\dot{\boldsymbol{\psi}}(t)=\theta\{-\boldsymbol{L}\boldsymbol{\psi}(t-\tau)-[\boldsymbol{\psi}(t)-\boldsymbol{x}(t)]-\boldsymbol{L}\boldsymbol{\mathfrak{R}}(t)\}\\&\dot{\boldsymbol{\mathfrak{R}}}(t)=\boldsymbol{L}\boldsymbol{\psi}(t-\tau)\end{aligned}\tag{9.13}$$

其中，对称半正定矩阵 $\boldsymbol{L}$ 是通信拓扑矩阵 $\boldsymbol{A}$ 的拉普拉斯变换形式。

$$L_{ij}=\begin{cases}\sum\limits_{k=1,k\neq i}^{n}A_{ik}, & i=j\\ -A_{ij}, & i\neq j\end{cases}$$

使用多元的形式重新表述公式（9.13）如下：

$$\dot{\boldsymbol{\xi}}(t)=\boldsymbol{C}\boldsymbol{\xi}(t)+\boldsymbol{E}\boldsymbol{\xi}(t-\tau)+\boldsymbol{F}\boldsymbol{x}(t)\tag{9.14}$$

其中，$\boldsymbol{\xi}(t)=\begin{bmatrix}\boldsymbol{\psi}(t)\\ \boldsymbol{\mathfrak{R}}z(t)\end{bmatrix}$；$\boldsymbol{C}=\begin{bmatrix}-\theta\boldsymbol{I}_{n\times n} & -\theta\boldsymbol{L}\\ \boldsymbol{0}_{n\times n} & \boldsymbol{0}_{n\times n}\end{bmatrix}$；$\boldsymbol{E}=\begin{bmatrix}-\theta\boldsymbol{I}_{n\times n} & \boldsymbol{0}_{n\times n}\\ \boldsymbol{L} & \boldsymbol{0}_{n\times n}\end{bmatrix}$；$\boldsymbol{F}=\begin{bmatrix}\theta\boldsymbol{I}_{n\times n}\\ \boldsymbol{0}_{n\times n}\end{bmatrix}$。

对公式（9.14）的两边同时进行拉普拉斯变换可以得到

$$s\boldsymbol{\varXi}(s)-\boldsymbol{\varXi}(0)=\boldsymbol{C}\boldsymbol{\varXi}(s)+\boldsymbol{E}\boldsymbol{e}^{-s\tau}\boldsymbol{\varXi}(s)+\boldsymbol{F}\boldsymbol{X}(s)$$

其中，$\boldsymbol{\xi}(t)\overset{\mathrm{L}}{\leftrightarrow}\boldsymbol{\varXi}(s)$；$\boldsymbol{x}(t)\overset{\mathrm{L}}{\leftrightarrow}\boldsymbol{X}(s)$。将上式重新整理可以得到

$$\boldsymbol{\varXi}(s)=(s\boldsymbol{I}-\boldsymbol{C}-\boldsymbol{E}\boldsymbol{e}^{-s\tau})^{-1}[\boldsymbol{\varXi}(0)+\boldsymbol{F}\boldsymbol{X}(s)]\tag{9.15}$$

下面来分析以下方程的根。

$$\det(s\boldsymbol{I}-\boldsymbol{C}-\boldsymbol{E}\boldsymbol{e}^{-s\tau})=0$$

上式等价于

$$\det[s(s+\theta)\boldsymbol{I}+\theta\boldsymbol{e}^{-s\tau}(s\boldsymbol{I}+\boldsymbol{L})\boldsymbol{L}]=0$$

根据文献[304]中的证明，上式可以被重写为

$$s(s+\theta)\prod_{i=2}^{n}[s(s+\theta)\boldsymbol{I}+\theta\boldsymbol{e}^{-s\tau}(s+\lambda_i)\lambda_i]=0\tag{9.16}$$

其中，λ_i 是矩阵 $\boldsymbol{L}$ 按照递增顺序排序的第 i 个特征值（$0=\lambda_1<\lambda_2\leqslant\cdots\leqslant\lambda_n$）。显然，公式（9.16）存在两个根 $s=0$ 和 $s=-\theta<0$。接下来使用 Hopf 分叉定理[305]，在下文中的证明过程中只关注 $i=2,\cdots,n$ 的情况，也就是

$$s(s+\theta)+\theta\boldsymbol{e}^{-s\tau}(s+\lambda_i)\lambda_i=0 \tag{9.17}$$

使 $s=\mathrm{j}\omega$ 作为上式的纯虚根，且 $\omega>0$，进一步展开公式（9.17）可以得到

$$\begin{aligned}\mathrm{j}\omega(\mathrm{j}\omega+\theta)+\theta\boldsymbol{e}^{-\mathrm{j}\omega\tau}(\mathrm{j}\omega+\lambda_i)\lambda_i&=0\\-\omega^2+\mathrm{j}\omega\theta+\theta\mathrm{j}\omega\boldsymbol{e}^{-\mathrm{j}\omega\tau}\lambda_i+\theta\boldsymbol{e}^{-\mathrm{j}\omega\tau}\lambda_i^2&=0\\-\omega^2+\mathrm{j}\omega\theta+\theta\lambda_i+\boldsymbol{e}^{-\mathrm{j}\omega\tau}(\mathrm{j}\omega+\lambda_i)&=0\end{aligned}$$

整理后得

$$\omega^2-\mathrm{j}\omega\theta=\theta\lambda_i\boldsymbol{e}^{-\mathrm{j}\omega\tau}(\mathrm{j}\omega+\lambda_i) \tag{9.18}$$

代入欧拉定理 $\boldsymbol{e}^{-\mathrm{j}\omega\tau}=\cos(\omega\tau)-\mathrm{j}\sin(\omega\tau)$ 展开得到

$$\begin{aligned}\omega^2-\mathrm{j}\omega\theta&=\theta\lambda_i\cos(\omega\tau)-\mathrm{j}\sin(\omega\tau)\omega+\theta\lambda_i^2\cos(\omega\tau)-\mathrm{j}\sin(\omega\tau)\\&=[\omega\theta\lambda_i\sin(\omega\tau)+\theta\lambda_i^2\cos(\omega\tau)]+[\omega\theta\lambda_i\cos(\omega\tau)-\theta\lambda_i^2\sin(\omega\tau)]\mathrm{j}\end{aligned} \tag{9.19}$$

计算公式（9.19）的实部和虚部，分别为

$$\begin{aligned}-\omega^2+\theta\lambda_i^2\cos(\omega\tau)+\theta\omega\lambda_i\sin(\omega\tau)&=0\\\omega\theta+\omega\theta\lambda_i\cos(\omega\tau)-\theta\lambda_i^2\sin(\omega\tau)&=0\end{aligned} \tag{9.20}$$

整理并重新组织公式（9.20），可以得到

$$\omega\tau=\arccos\left[\frac{\omega^2(\lambda_i-1)}{\lambda_i(\theta\lambda_i^2+\omega^2)}\right]+2k\pi \tag{9.21}$$

同时，计算公式（9.19）两边的模，可得

$$\omega^4+(\theta^2-\theta^2\lambda_i^2)\omega^2-\theta^2\lambda_i^4=0 \tag{9.22}$$

显然，公式（9.22）存在两个实根，即

$$\begin{aligned}\omega_1&=\sqrt{\frac{\theta^2(\lambda_i^2-1)+\theta\sqrt{\theta(1-\lambda_i)^2+4\lambda_i^4}}{2}}\\\omega_2&=-\sqrt{\frac{\theta^2(\lambda_i^2-1)+\theta\sqrt{\theta(1-\lambda_i)^2+4\lambda_i^4}}{2}}\end{aligned} \tag{9.23}$$

由于在前文中假设了 $\omega>0$，因此将公式（9.21）和公式（9.23）结合后可以得到系统能否保持稳定的临界时滞 $\tilde{\tau}$，即

$$\tilde{\tau}=\tilde{\omega}(\phi+2k\pi) \tag{9.24}$$

其中，$k=0,1,2,\cdots$ 且 $\tilde{\omega}=\sqrt{\dfrac{2}{\theta^2(\lambda_i^2-1)+\theta\sqrt{\theta(1-\lambda_i)^2+4\lambda_i^4}}}$，$\phi=\arccos\left(\dfrac{\omega^2(\lambda_i-1)}{\lambda_i(\theta\lambda_i^2+\omega^2)}\right)$。至此，$\tau^*$ 也就是最小的 $\tilde{\tau}$ 可以归纳总结为

$$\tau^*=\min_{i>1}\tilde{\tau}=\min_{i>1}\tilde{\omega}\phi \tag{9.25}$$

第二步需要证明本章提出的分布式时滞 k-WTA 网络公式（9.12）在 $\tau<\tau^*$ 时的收敛性。由于使用了时滞一致性估计器公式(9.11)，导致 k-WTA 网络公式(9.10)的输出 $\boldsymbol{y}(t)=[\boldsymbol{w}(t),\mu(t),\boldsymbol{v}(t)]^{\mathrm{T}}$ 也相应地发生了变化。因此，定义 $\tilde{\boldsymbol{y}}(t)$ 表示应用估计器后的分布式时滞 k-WTA 网络的输出，与此同时，具有线性激活函数的网络公式（9.12）可以重写为

$$\boldsymbol{R}(t)\dot{\boldsymbol{y}}(t)=-\dot{\boldsymbol{R}}(t)\tilde{\boldsymbol{y}}(t)+\dot{\boldsymbol{\chi}}(t)-\beta[\boldsymbol{R}(t)\tilde{\boldsymbol{y}}(t)-\boldsymbol{\chi}(t)] \tag{9.26}$$

另外，定义使用时滞一致估计器公式（9.11）后所产生的误差如下：

$$\boldsymbol{\partial}(t)=\tilde{\boldsymbol{y}}(t)-\boldsymbol{y}(t) \tag{9.27}$$

使用 $\boldsymbol{\partial}(t)+\boldsymbol{y}(t)$ 替换 $\tilde{\boldsymbol{y}}(t)$，可将公式（9.26）转化为如下连续时间相关的系统：

$$\boldsymbol{R}(t)\dot{\boldsymbol{y}}(t)+\dot{\boldsymbol{R}}(t)\boldsymbol{y}(t)+\beta\boldsymbol{R}(t)\boldsymbol{y}(t)-\dot{\boldsymbol{\chi}}(t)-\beta\boldsymbol{\chi}(t)=-\dot{\boldsymbol{R}}(t)\boldsymbol{\partial}(t)-\beta\boldsymbol{R}(t)\boldsymbol{\partial}(t) \tag{9.28}$$

因为在实际求解本书提出的分布式时滞 k-WTA 网络公式（9.12）的过程中，实时解 $\boldsymbol{y}(t)$ 与最优解 $\boldsymbol{y}^*(t)$ 之间存在误差，即

$$\boldsymbol{e}(t)=\boldsymbol{y}(t)-\boldsymbol{y}^*(t) \tag{9.29}$$

其中，$\boldsymbol{R}(t)\boldsymbol{y}^*(t)-\boldsymbol{\chi}(t)=0$，时间导数可写为 $\dot{\boldsymbol{R}}(t)\boldsymbol{y}^*(t)+\boldsymbol{R}(t)\dot{\boldsymbol{y}}^*(t)-\dot{\boldsymbol{\chi}}(t)=0$。

将公式（9.28）和公式（9.29）组合可以得到

$$\boldsymbol{R}(t)\dot{\boldsymbol{e}}(t)+\dot{\boldsymbol{R}}(t)\boldsymbol{e}(t)+\beta\boldsymbol{R}(t)\boldsymbol{e}(t)=-\dot{\boldsymbol{R}}(t)\boldsymbol{\partial}(t)-\beta\boldsymbol{R}(t)\boldsymbol{\partial}(t)$$

以上公式可以被转化为

$$\frac{\mathrm{d}\boldsymbol{P}}{\mathrm{d}t}+\beta\boldsymbol{P}=\boldsymbol{Q} \tag{9.30}$$

其中，$\boldsymbol{P}=\boldsymbol{R}(t)\boldsymbol{e}(t)$；$\boldsymbol{Q}=-\dot{\boldsymbol{R}}(t)\boldsymbol{\partial}(t)-\beta\boldsymbol{R}(t)\boldsymbol{\partial}(t)$。

显然，上述常微分方程存在一个通解 $\boldsymbol{P}=\boldsymbol{C}e^{-\beta t}+\boldsymbol{e}^{-\beta t}\int\boldsymbol{Q}e^{\beta t}\mathrm{d}t$，其中 $\boldsymbol{C}\in\mathbf{R}$。至此，将对所提出的 k-WTA 网络公式（9.12）的收敛性分析转化为对常微分方程（9.30）的分析。由 $\boldsymbol{P}$ 的通解可知，常微分方程是指数级收敛的，且收敛速度与 β 有关。在实际操作中，由于硬件条件的限制，参数 β 不能选取过大。证明完毕。

定理 9.2 假设本章提出的分布式时滞 k-WTA 网络时滞 $\tau<\tau^*$ 且 $\beta\geqslant\max\{\rho_i(t)/P_i^+,|\rho_i(t)/P_i^-|\}_{i\in\{1,\cdots,n\}}$，其中 $\rho_i(t)$，P_i^+，P_i^- 分别被定义为 $\boldsymbol{\rho}(t)$，P^+，P^-的

第 i 个元素。一个常数噪声 $\boldsymbol{\rho}(t)$ 被输入至所提出的分布式时滞 k-WTA 网络公式（9.12）中，网络的残余误差 $\varepsilon_i(t)$ 可以全局收敛到 $P_i^{-1}[\rho_i(t)/\beta]$。

证明　在受常数噪声 $\boldsymbol{\rho}(t)$ 干扰的情况下，网络的残差设计公式（9.8）可以被写作

$$\dot{\varepsilon}(t) = -\beta P[\boldsymbol{\varepsilon}(t)] + \boldsymbol{\rho}(t)$$

若将网络的每个子系统单独考虑，则网络的第 i 个子系统的残差公式可以被写为

$$\dot{\varepsilon}_i(t) = -\beta P_i[\varepsilon_i(t)] + \rho_i(t)$$

对上式构造辅助函数李雅普诺夫候选函数如下：

$$d_i(t) = \varepsilon_i^2(t)/2 \tag{9.31}$$

在公式（9.31）两侧同时求关于时间 t 的导数：

$$\dot{d}_i(t) = \dot{\varepsilon}_i(t)\varepsilon_i(t)$$

上式结合公式（9.31）可以得到

$$\dot{d}_i(t) = \varepsilon_i(t)[-\beta P_i[\varepsilon_i(t)] + \rho_i(t)] \tag{9.32}$$

为了继续观察 $\varepsilon_i(t)$ 随时间变化的规律，对 $\dot{d}_i(t)$ 的讨论存在三种情况：$\varepsilon_i(t)<0$；$\varepsilon_i(t)>0$；$\varepsilon_i(t)=0$。

① 当 $\varepsilon_i(t)<0$ 时，由于激活函数是线性的，所以有 $P_i[\varepsilon_i(t)]<0$，为了进一步确保 $\dot{d}_i(t)$ 是欠定的，分析过程又可以细分为 $-\beta P_i[\varepsilon_i(t)]+\rho_i(t)>0$、$-\beta P_i[\varepsilon_i(t)]+\rho_i(t)=0$、$-\beta P_i[\varepsilon_i(t)]+\rho_i(t)<0$ 三种子情况。

a. 对于 $-\beta P_i[\varepsilon_i(t)]+\rho_i(t)>0$ 的子情况，可以很容易地确定 $\dot{d}_i(t)<0$，这也就意味着 $\varepsilon_i(t)$ 是全局收敛的，同时 $P_i[\varepsilon_i(t)]$ 会随着时间逐渐增大，直到 $-\beta P_i[\varepsilon_i(t)]+\rho_i(t)=0$。因此 $\varepsilon_i(t)$ 最终收敛至 $P_i^{-1}[\rho_i(t)/\beta]$，并沿图 9.1 所示的曲线①逐渐趋于稳定。

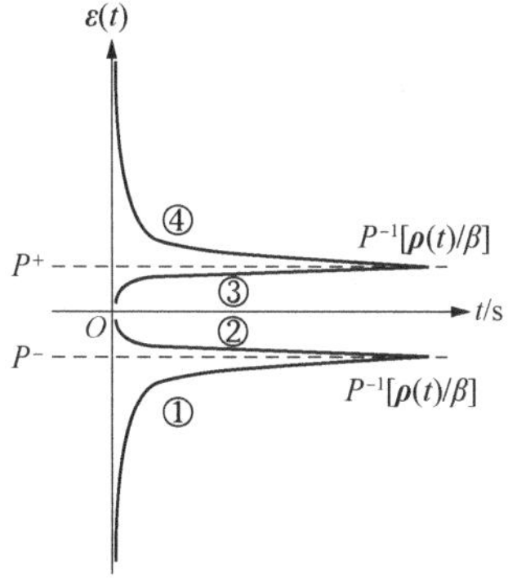

图 9.1　噪声情况下的网络残差 $\varepsilon_i(t)$ 的收敛过程

b. 对于 $-\beta P_i[\varepsilon_i(t)]+\rho_i(t)=0$ 的子情况，所以很容易确定 $\dot{d}_i(t)=0$ ，这意味着 $\varepsilon_i(t)=P_i^{-1}[\rho_i(t)/\beta]$ ，同时子系统公式（9.31）总是处于稳定状态，并停留在图 9.1 所示的固定虚线 P^- 上。

c. 对于 $-\beta P_i[\varepsilon_i(t)]+\rho_i(t)<0$ 的子情况，可以很容易地确定 $\dot{d}_i(t)>0$ ，这意味着子系统公式（9.31）正处于发散状态，且 $\varepsilon_i(t)$ 的绝对值会随着时间的变化而逐渐增大。然而，由于激活函数存在下界 P_i^- ，因此存在以下两种孙情况的讨论。

i. $\beta P_i^- \leqslant \rho_i(t)$ ：一定会存在一个时刻使得 $-\beta P_i[\varepsilon_i(t)]+\rho_i(t)=0$ ，并讨论回到第二种子情况，且系统会沿图 9.1 所示的曲线②逐渐趋于稳定。

ii. $\beta P_i^- > \rho_i(t)$ ：β 的值需要被调整，使子系统公式（9.31）脱离发散状态。

② 当 $\varepsilon_i(t)>0$ 时，由于激活函数是线性的，所以有 $P_i[\varepsilon_i(t)]>0$ ，为了进一步确保 $\dot{\varepsilon}_i(t)$ 是欠定的，分析过程又可以细分为 $-\beta P_i[\varepsilon_i(t)]+\rho_i(t)<0$ 、$-\beta P_i[\varepsilon_i(t)]+\rho_i(t)=0$ 、$-\beta P_i[\varepsilon_i(t)]+\rho_i(t)>0$ 三种子情况。

a. 对于 $-\beta P_i[\varepsilon_i(t)]+\rho_i(t)<0$ 的子情况，可以很容易地确定 $\dot{d}_i(t)<0$ ，这意味着 $\varepsilon_i(t)$ 是全局收敛的，同时 $P_i[\varepsilon_i(t)]$ 会随着时间逐渐减小，直到 $-\beta P_i[\varepsilon_i(t)]+\rho_i(t)=0$ 。因此 $\varepsilon_i(t)$ 最终收敛至 $P_i^{-1}[\rho_i(t)/\beta]$，并沿图 9.1 所示的曲线④逐渐趋于稳定。

b. 对于 $-\beta P_i[\varepsilon_i(t)]+\rho_i(t)=0$ 的子情况，可以很容易地确定 $\dot{d}_i(t)=0$ ，这意味着 $\varepsilon_i(t)=P_i^{-1}[\rho_i(t)/\beta]$ ，同时子系统公式（9.31）总是处于稳定状态，并停留在图 9.1 所示的固定虚线 P^+ 上。

c. 对于 $-\beta P_i[\varepsilon_i(t)]+\rho_i(t)>0$ 的子情况，可以很容易地确定 $\dot{d}_i(t)>0$ ，这意味着子系统公式（9.31）正处于发散状态，与第一种情况中的讨论类似，由于激活函数存在上界 P_i^+ ，因此存在以下两种孙情况的讨论。

i. $\beta P_i^- \leqslant \rho_i(t)$ ：一定会存在一个时刻使得 $-\beta P_i[\varepsilon_i(t)]+\rho_i(t)=0$ ，并讨论回到第二种子情况，并且系统会沿图 9.1 所示的曲线③逐渐趋于稳定。

ii. $\beta P_i^- > \rho_i(t)$ ：β 的值需要被调整，使子系统公式（9.31）脱离发散状态。

③ 当 $\varepsilon_i(t)=0$ 时，也就是 $P_i[\varepsilon_i(t)]=0$ ，且 $\dot{\varepsilon}_i(t)=\rho_i(t)$ ，由于 $\varepsilon_i(t)$ 是单调递增或递减函数，因此这时的子系统公式（9.12）处于不稳定的过渡状态，讨论返回到对 $\varepsilon_i(t)<0$ 和 $\varepsilon_i(t)>0$ 两种情况的分析。

综合上述分析，当 $\beta \geqslant \max\{\rho_i(t)/P_i^+, |\rho_i(t)/P_i^-|\}_{i\in\{1,\cdots,n\}}$ 时，可以得出 $\varepsilon_i(t)$ 全局收敛于 $P_i^{-1}[\rho_i(t)/\beta]$ 的结论。换言之，在恒定噪声扰动下，本章提出的分布式时滞 k-WTA 网络公式（9.12）的残差 $\boldsymbol{\varepsilon}(t)$ 全局收敛于 $P^{-1}[\boldsymbol{\rho}(t)/\beta]$。为了更清楚地解释说明，我们用图 9.1 给出了残差的变化趋势。证明完毕。

9.3　仿真及应用

在本节中，9.3.1 小节进行了数值实验，通过使用固定拓扑的多智能体系统验证时滞一致性估计器公式（9.11）的有效性，以及定理 9.1 中所证明的时滞上界的真实性和有效性。此外，9.3.2 小节中将分布式时滞 k-WTA 网络公式（9.12）应用到一个可以任意转向的双轮多机器人系统中进行基于竞争性协同的动态任务分配，并利用 MATLAB 平台上的 dde23 求解器进行了无噪声和有噪声情况下的仿真。本书使用 CoppeliaSim 平台上的 E-Puck 机器人来执行追踪任务，以从多个角度证明本书提出的网络公式（9.12）的有效性和鲁棒性。

9.3.1　时滞一致性估计器的数值仿真

为了证明一致性估计器公式（9.11）在时滞影响下的有效性，将该估计器应用于一个有 n=10 个智能体的多智能体系统，并使用图 9.2 作为其固定的通信拓扑图。

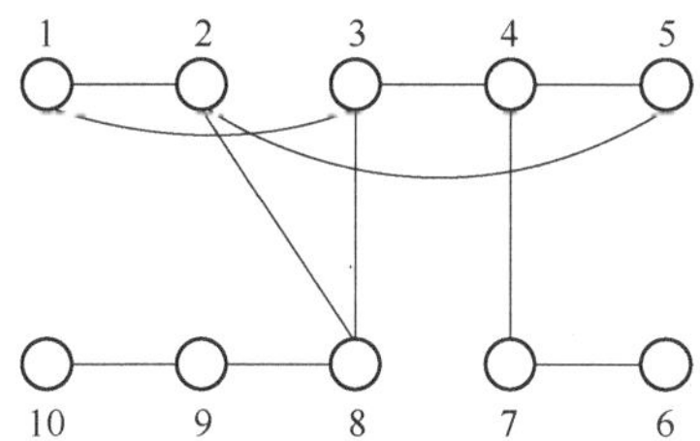

图 9.2　n=10 个智能体的通信拓扑图

在接下来的数值仿真实验中，时滞一致性估计器公式（9.11）的输入被定义为一个恒定的线性输入，满足 $\sum_{i=1}^{n} x_i = 30$ 且 $\boldsymbol{x} = [0,10,0,0,0,0,10,0]^{\mathrm{T}}$；估计器初始状态 $\boldsymbol{\psi}(0)$是定义在[0，5]范围内的一组随机数且满足 $\sum_{i=1}^{n} \psi_i(0) = 0$；标量初始状态信息 $\mathcal{R}(0)$=0；与收敛性相关的设计参数选取β=6；执行时间 T=50s；采样间隔为 0.001s；残差设计公式为 $\|e(t)\|_2 = \left\| \boldsymbol{\psi} - \frac{1}{n}\sum_{i=1}^{n} \boldsymbol{x}_i \right\|_2$。在图 9.3～图 9.6 中展示了输入时滞$\tau$分别等于 0.25$\tau_{\max}$、0.5$\tau_{\max}$、0.75$\tau_{\max}$、$\tau_{\max}$四种情况下一致性估计器的输出$\psi$-时间 t 及残差$\|e(t)\|_2$-时间 t。

从图 9.3（a）～图 9.5（a）中可以总结得到，当估计器中被添加的时滞τ小于所允许的最大时滞τ^*时，τ越小，输出ψ的波动越小，但是收敛到$\sum_{i=1}^{n} x_i(t-\tau)/n$的速度和时间几乎相同。当$\tau \leqslant 0.5\tau^*$时，时滞对估计器性能影响不大。当$\tau \geqslant \tau^*$时，如图 9.6（a）所示，估计器处于持续发散状态，无法正常执行估计工作。由图 9.3（b）～图 9.5（b）中所示的估计器的残差随时间的变化可以得知，虽然存在时滞，但是估计器的输出 $\boldsymbol{x}$ 仍然可以有效地估计 $\boldsymbol{x}(t-\tau)$的平均值；而图 9.6（b）展示了当时滞τ大于等于网络所允许的时滞上界τ^*后，残差呈发散状态，估计器无法正常发挥作用。

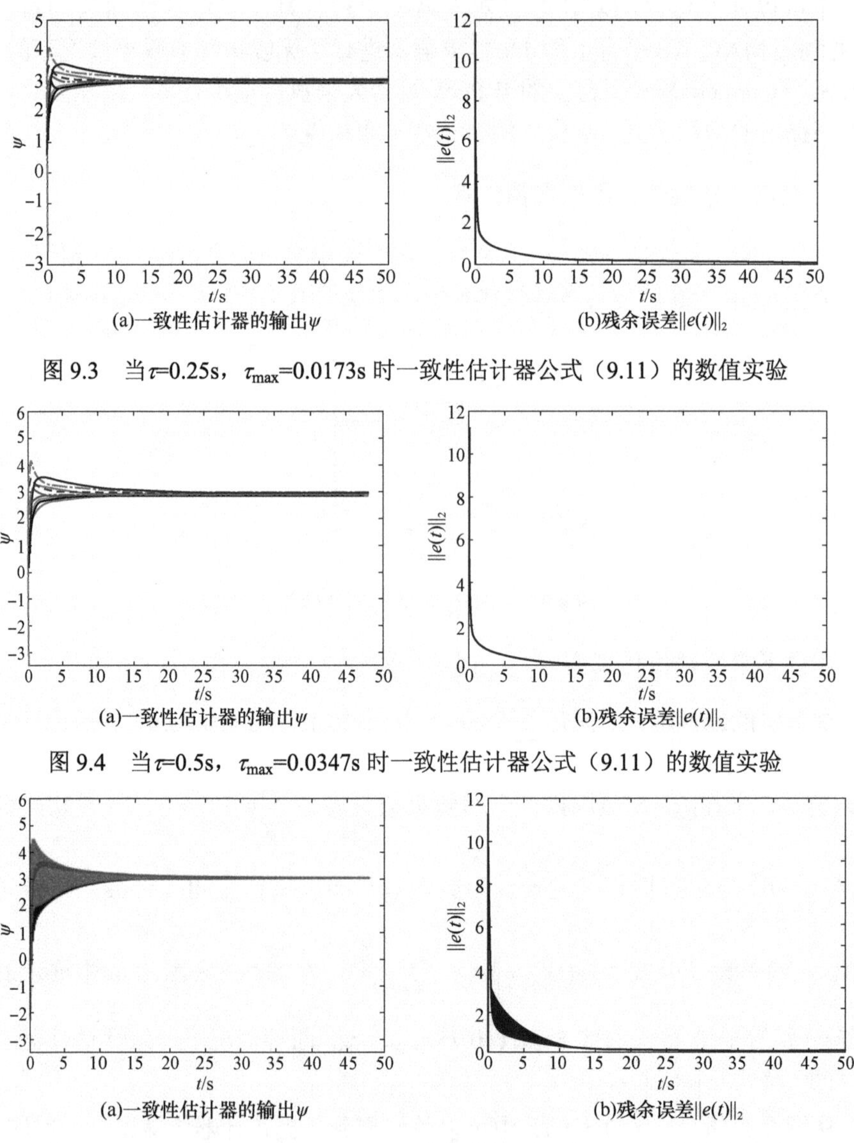

(a)一致性估计器的输出ψ　　(b)残余误差$\|e(t)\|_2$

图 9.3　当τ=0.25s，$\tau_{\max}$=0.0173s 时一致性估计器公式（9.11）的数值实验

(a)一致性估计器的输出ψ　　(b)残余误差$\|e(t)\|_2$

图 9.4　当τ=0.5s，$\tau_{\max}$=0.0347s 时一致性估计器公式（9.11）的数值实验

(a)一致性估计器的输出ψ　　(b)残余误差$\|e(t)\|_2$

图 9.5　当τ=0.75s，$\tau_{\max}$=0.0520s 时一致性估计器公式（9.11）的数值实验

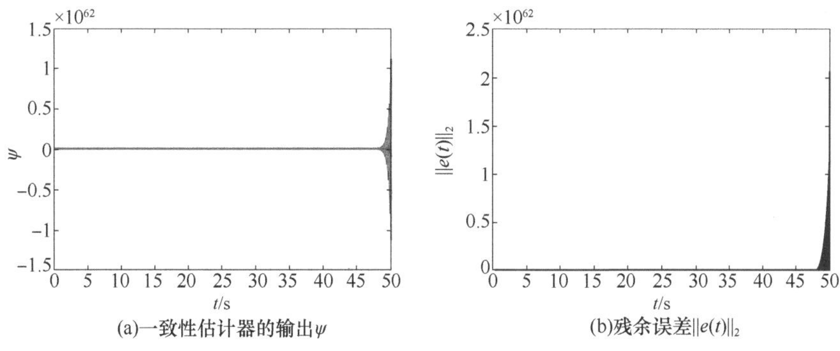

图 9.6　当$\tau=\tau_{\max}=0.0693$s 时一致性估计器公式（9.11）的数值实验

9.3.2　多机器人系统的应用

在本小节中，将本章提出的分布式时滞 k-WTA 网络公式（9.12）应用于一个多机器人系统来执行动态目标追踪任务，并分别给出每个机器人的控制律、详细参数设置，以及在两个不同平台上的仿真结果。

1. 多机器人系统的控制律

在本章的仿真实验中，所有的机器人都被设置为差分驱动机器人。为了简单起见，将机器人的所有部分视为一个整体，即在计算时将机器人模拟为一个质点，这大大简化了计算复杂程度。接下来，考虑设计一个欧几里得范数方程来表示 k-WTA 算法公式（2.41）的输入：

$$x_i=-\|\phi_i-\phi_t\|_2^2/2 \tag{9.33}$$

本节证明了以下定理来研究所提出的分布式时滞 k-WTA 网络公式（9.12）所允许的最大时滞、收敛性能和网络在噪声下的鲁棒性。

$$\dot{\phi}_i=x_i f_i\frac{\partial u_i}{\partial \phi_i} \tag{9.34}$$

其中，$\boldsymbol{f}>0$ 是一组与机器人性能相关的设计参数，f_i是第 i 个机器人的性能参数；x_i为前文提到的 k-WTA 算法公式（2.41）的输出（第 i 个机器人是赢家时输出为 1，反之为 0）。

追踪任务完成的判定条件是赢家机器人与目标之间的距离小于 d_f，即$\|x_i(\phi_i-\phi_t)\|_2<d_f$。本章中各个机器人之间的通信规则设置如下：如果机器人 i 和 j 之间距离小于距离上界 D，则它们可以互相发送信息；否则它们无法通信。基于此，本章的通信规则可以被归纳总结如下。

$$A_{ij}=\begin{cases}1, & \text{distance}(i,j)<D\\0, & \text{distance}(i,j)\geqslant D\end{cases}$$

其中，1 表示连通；0 表示不连通。

因此，将本小节中给出的公式和分布式时滞 k-WTA 网络公式（9.12）相结合并应用于多机器人系统，可以推导出每个机器人的控制律：

$$\begin{aligned}
&\dot{\boldsymbol{y}}(t)=\boldsymbol{R}^{-1}(t)\{\dot{\boldsymbol{\chi}}(t)-\beta[\boldsymbol{R}(t)\boldsymbol{y}(t)-\boldsymbol{\chi}(t)]\}\\
&x_i=y_i(1\times n)\\
&\dot{\phi}_i=x_i f_i\frac{\delta u_i}{\delta\phi_i}\\
&\dot{\psi}_i(t)=-\theta\left\{\sum_{j\in\mathbf{N}_i}A_{ij}[\psi_i(t-\tau_{ij})-\psi_j(t-\tau_{ij})]-\theta[\psi_i(t)-x_i(t)]\right.\\
&\qquad\left.-\theta\sum_{j\in\mathbf{N}_i}A_{ij}[\mathfrak{R}_i(t)-\mathfrak{R}_j(t)]\right\}\\
&\dot{\mathfrak{R}}_i(t)=\sum_{j\in\mathbf{N}_i}A_{ij}[\psi_i(t-\tau_{ij})-\psi_j(t-\tau_{ij})]
\end{aligned}\tag{9.35}$$

至此，多机器人系统执行动态目标追踪任务的规则已全部给出，追踪任务算法可以被描述为算法 9.1。

算法 9.1　多机器人追踪任务算法

流程：

① 设置 n 个机器人的初始位置 ϕ_i 和给定目标的初始位置 ϕ_t（随机生成）；

② 根据公式（9.6）初始化参数 $\boldsymbol{R}(t)$、$\boldsymbol{y}(0)$ 和 $\boldsymbol{\chi}(t)$；

③ 重复；

④ 计算此时机器人和目标的位置 ϕ_i 和 ϕ_t；

⑤ 根据公式（9.35）更新 k-WTA 算法公式（2.41）的输出 x_i、k-WTA 网络公式（9.12）的输出 $\boldsymbol{y}$ 和每个机器人的实时速度 ϕ_i；

⑥ 根据机器人的速度 $\dot{\phi}_i$ 控制机器人移动；

⑦ 直到任务完成 $\|x_i(\phi_i-\phi_t)\|_2<d_f$。

2．仿真结果

在 MATLAB 2019a 平台上对上述操作进行仿真。系统涉及的参数定义如下：机器人数量 n=10；赢家个数 k=3；参数 ν=0.1；参数 θ=6；$\boldsymbol{h}$ 在模拟实验中被设置为一组 n 维的随机数；执行时间 T=10s；通信临界距离 D=1.7m；追踪临界距离 d_f=0.001m。为了展示更多可能的仿真结果和确保仿真的真实性及可靠性，将追踪目标设置为可以任意移动且初始方向随机，且其速度 $v_t=-4\exp(-t)\phi_t/\|\phi_t\|$。仿真的移动机器人与目标在 X 和 Y 方向上的可移动范围均为[0，10]m。此外，被模拟的多个移动机器人的速度均符合公式（9.34）。在上述设置的基础上，通过考虑所

有机器人与给定目标之间的位置、距离信息及机器人性能，多个移动机器人系统可以在有时滞的情况下通过与相邻机器人之间的局部通信，选择性地激活部分机器人执行追踪任务。

为了观察多机器人竞争协同的动态任务分配，本章进行了以下仿真。时间滞后设置为 0.05s，且 10 个机器人参与追逐目标时，分布式时滞多机器人 *k*-WTA 网络公式（9.35）的输出如图 9.7（a）、（b）所示。其中，10 个机器人进行比赛，只有三个获胜机器人（赢家）可以继续移动追逐目标，其余机器人（输家）保持静止。图 9.7（a）展示了所建模机器人和目标的初始位置及追踪轨迹。由此可见，*k*-WTA 网络通过评估给定目标的距离和每个机器人的固有特性，选择了三个最优机器人。如图 9.7（b）所示，每个机器人在 X 和 Y 方向上的分解速度反映了机器人在追踪过程中内部状态的变化。一般来说，未被驱动机器人在追踪过程中的速度总是为零。同时，随着机器人逐渐接近目标，获胜的三个机器人的速度也会降低，以确保在成功追踪目标时速度降为零。值得注意的是，通信时滞的存在使得每个获胜机器人在追踪过程中获得的运动目标的位置信息滞后于实时，因此在追踪过程中可能会出现追逐方向改变的现象，即图中速度曲线通过 X 轴的实验现象，参考图 9.7（b）。*k*-WTA 算法公式（2.41）的输出结果如图 9.7（c）所示。本章提出的网络可以在短时间内判断出三个总体性能更优机器人并输出 1（赢家），其余机器人输出 0（输家），网络通常可以在 1s 内判断和选择出赢家。10 个机器人与运动目标的直线距离如图 9.7（d）所示，可以看出，三个获胜机器人与目标的距离呈减小趋势，但由于时滞的存在，曲线出现了一些波动。以上实验结果进一步验证了本章提出的分布式时滞 *k*-WTA 网络公式（9.12）和公式（9.35）的有效性。

由于目标被设定为移动目标，在追踪过程中，赢家可能会因距离或机器人性能等因素而更新。也就是说，每一个在初始状态下的赢家机器人都可能成为一个输家，并且有一个或多个输家可能转变成最新的赢家。对于仅发生一次替换的情况，图 9.8 展示了只有一个机器人成为新的赢家并替代原有赢家加入追踪的过程。

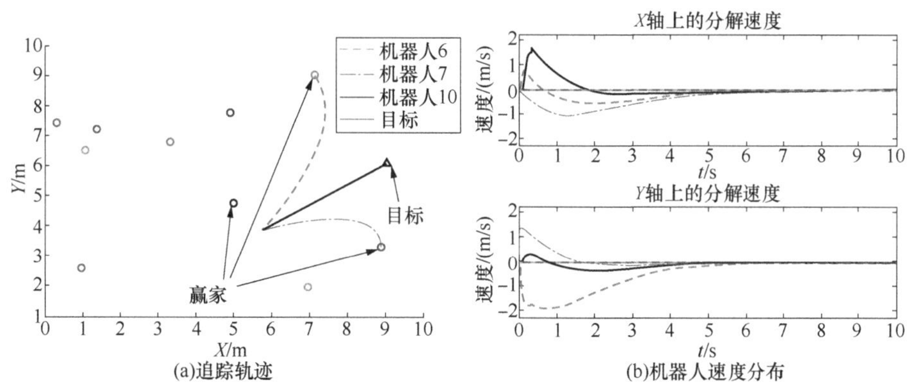

(a)追踪轨迹　(b)机器人速度分布

图 9.7　赢家数量 k=3 且时滞 τ=0.05s 时的实验结果

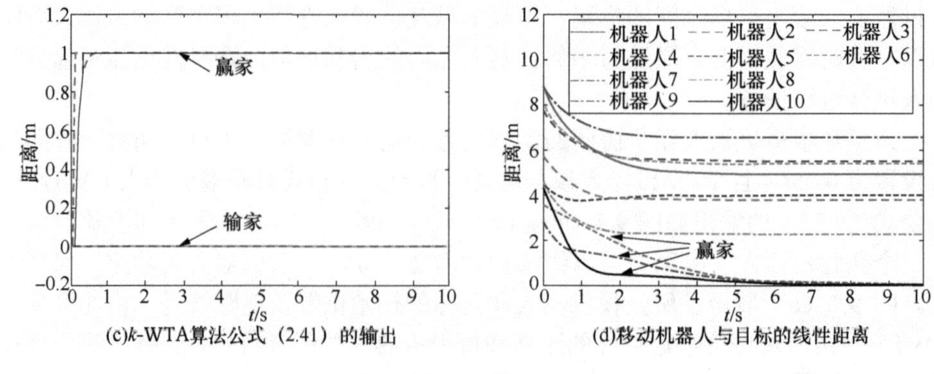

(c)k-WTA算法公式（2.41）的输出　(d)移动机器人与目标的线性距离

图 9.7（续）

图中 9.8（a）的轨迹为发生替换前的轨迹，此时赢家为机器人 2、机器人 4、机器人 8。图 9.8（b）展示了机器人 9 取代机器人 8 成为最新赢家并保持直至任务完成的运动轨迹。图 9.8（c）中的曲线是 *k*-WTA 算法公式（2.41）的输出，可以看出机器人 9 在约 0.48s 时完成了从状态 0 到 1 的转换，作为最新的赢家加入追踪目标的过程中。

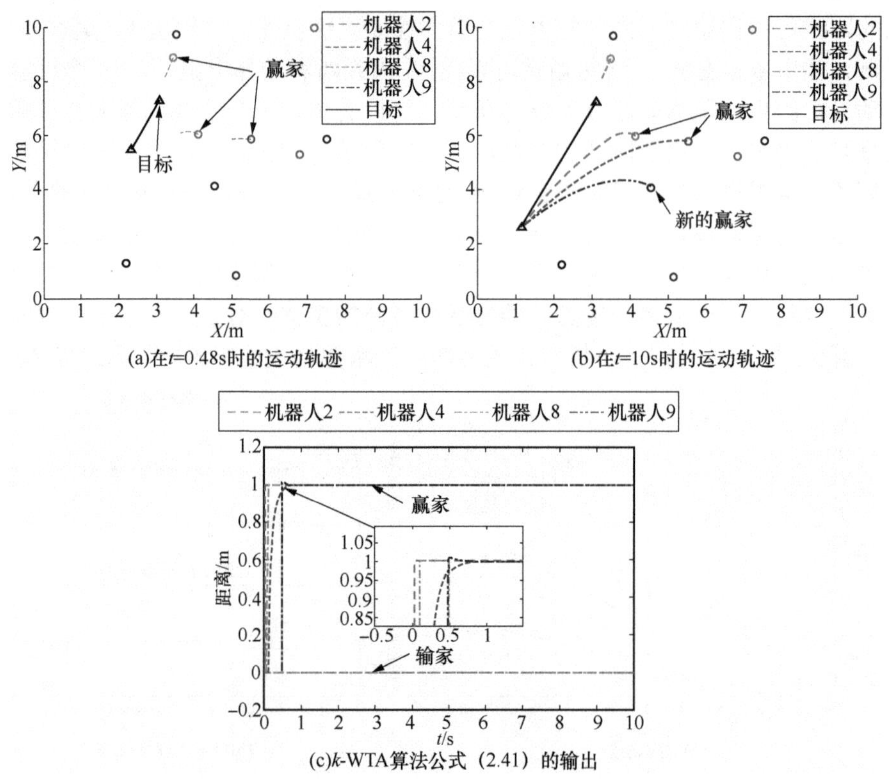

(a)在t=0.48s时的运动轨迹　(b)在t=10s时的运动轨迹

(c)k-WTA算法公式（2.41）的输出

图 9.8　仅发生一次替换时的仿真结果

对于发生多次替换的情况，图 9.9 展示了两个不同的机器人分别加入并替换最初的赢家。图 9.9（a）的运动轨迹中显示最初的赢家是机器人 1、机器人 4 及机器人 6。第一次替换后的追踪轨迹如图 9.9（b）所示，其中机器人 8 替换机器人 4 成为了最新赢家，此时赢家机器人是机器人 1、机器人 6 及机器人 8。第二次替换后的多机器人系统追踪轨迹如图 9.9（c）所示，机器人 2 替换了机器人 1 并保持到追踪任务完成，即最终赢家机器人为机器人 2、机器人 6 及机器人 8。图 9.9（d）中的曲线是 k-WTA 算法公式（2.41）的输出，可以看出，机器人 8 在约 0.31s 时成为最新的赢家；机器人 2 在约 0.61s 时成为最新的赢家。上述结果表明分布式时滞的 k-WTA 网络公式（9.12）可以实时、快速、准确地做出判断，这反映了网络的有效性和准确性。

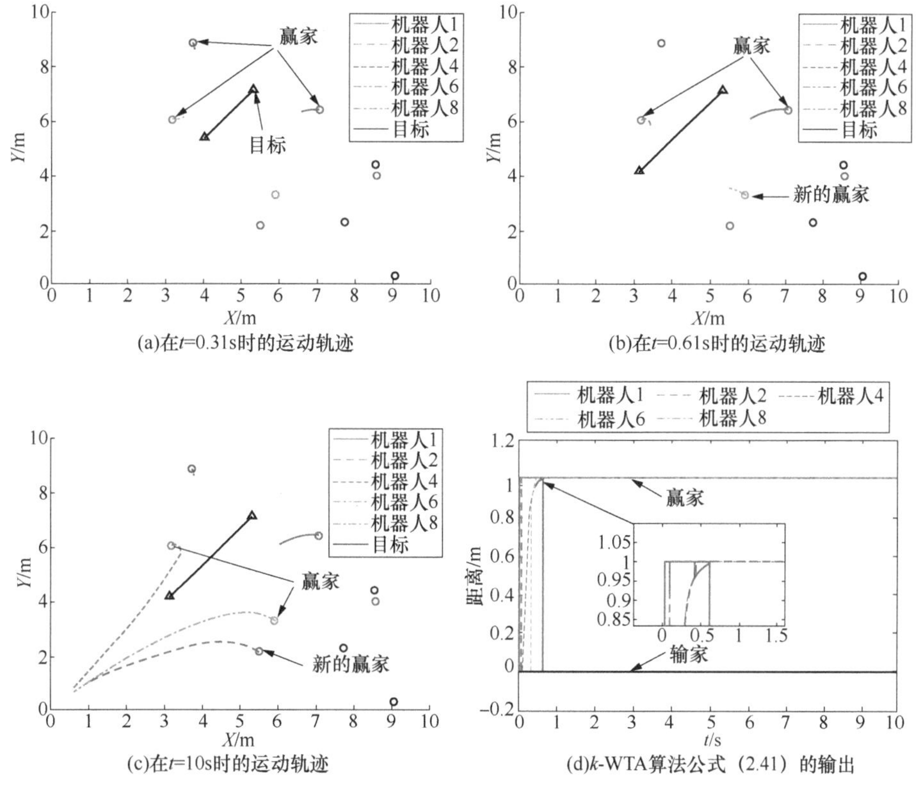

图 9.9　发生两次替换时的仿真结果

为了更好地验证分布式时滞 k-WTA 网络公式（9.12）的鲁棒性和定理 9.2 的正确性，本章进行了噪声情况下的仿真。如图 9.10 所示，加入了随机生成的噪声 $\varepsilon(t)$ 且 $0<\varepsilon_i(t)<0.1$（k-WTA 算法输出区间为[0,1]，噪声过大会影响网络推断）。从图 9.10 所示的仿真结果可以看出，由于噪声的输入，在追逐的早期阶段有超过 k 个机器人移动，这时赢家不断发生更新，网络输出波动较大。

因为网络具有优异的鲁棒性和稳定性，在 t=1s 左右赢家开始稳定不变，直到追踪任务完成。

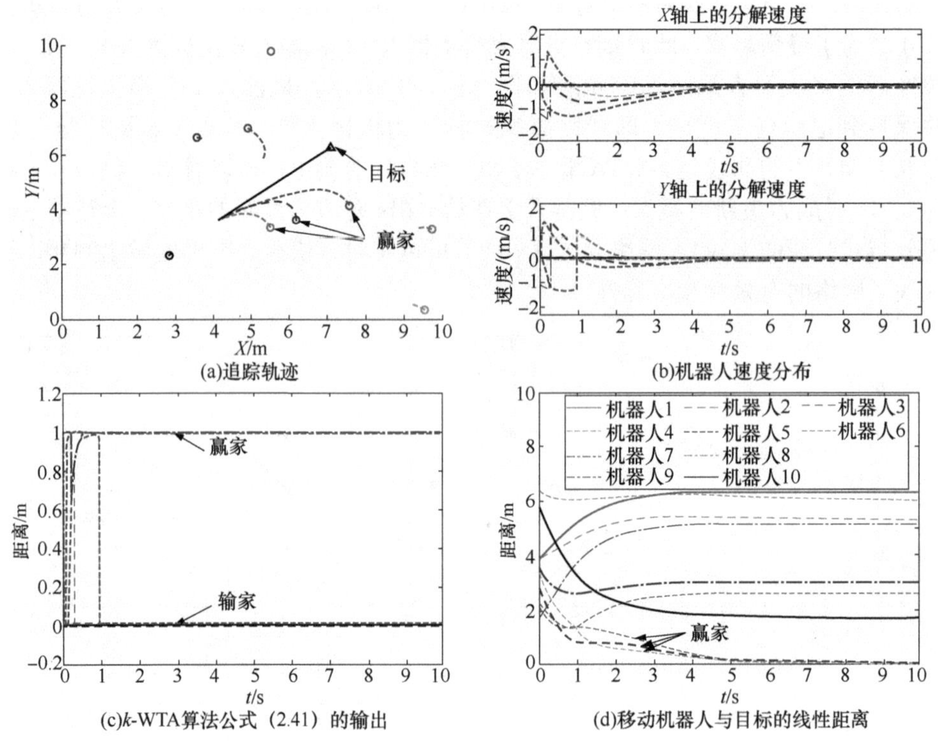

图 9.10　赢家数量 k=3，时滞 τ=0.05s 且任意随机噪声被注入时的仿真结果

3. E-puck 机器人的应用

为了展示更多的仿真结果，本章还在 CoppeliaSim 平台（一个集成开发环境的虚拟机器人实验平台）上使用多个 E-puck 机器人对移动机器人和目标进行了仿真。E-puck 机器人是瑞士联合科技院研发的一种双轮机器人，其中集成了多个传感器和摄像头，是一种常用于教学和仿真的小型机器人。其结构和组成器件的详细介绍如图 9.11 所示。

在仿真过程中，目标同样被设置为 E-puck 机器人以方便控制和管理。此外，设置目标数目为 1；参加追踪的机器人数目 n=5；赢家的数量 k=2；机器人的水平移动范围限制在 1m×1m 的正方形范围内；其余参数设置与 9.3.2 小节相同。在获取运行图片时，为了展示仿真的 3D 空间特性，分别从俯视角度和侧面截取图片。在这两个角度下成功完成目标追踪任务的 E-puck 机器人运动轨迹分别如图 9.12 和图 9.13 所示，其中与目标机器人或赢家机器人相连的实线表示该机器人的运动轨迹。

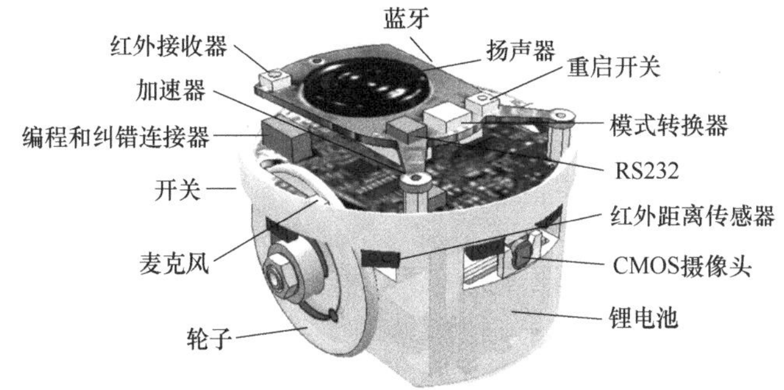

图 9.11　E-puck 机器人硬件总览

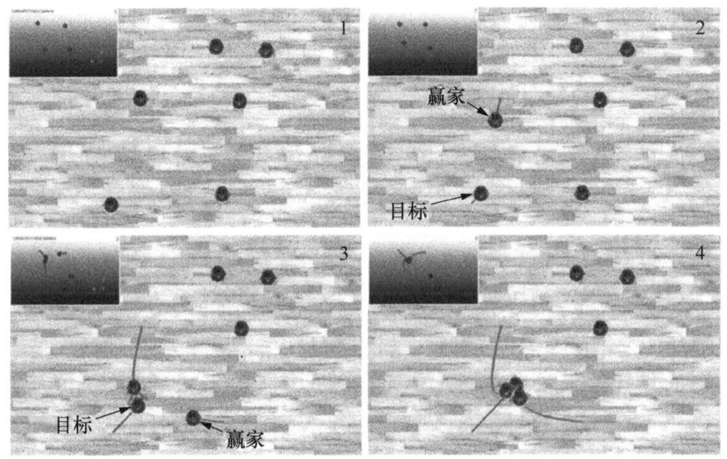

图 9.12　俯视角度的 E-puck 机器人追踪轨迹

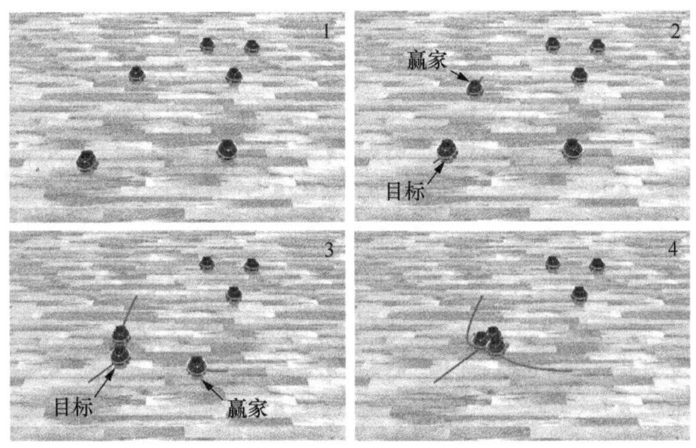

图 9.13　侧面角度的 E-puck 机器人追踪轨迹

9.4 小　　结

由于尚未有研究人员考虑过多机器人系统中不可避免的时滞问题，基于此，本章根据 *k*-WTA 竞争性算法原理提出了一种使用分布式策略的时滞 *k*-WTA 网络公式（9.12），并将其应用到了有限通信条件下多机器人系统的竞争协同中。本章在不同平台上对所提出的网络进行了仿真实验，相应的实验结果都证明了该网络的有效性和鲁棒性。

参考文献

[1] 秦瑞琳，周昌乐，晁飞. 机器意识研究综述［J］. 自动化学报，2021，47（1）：18-34.

[2] Yang C，Chen C，He W，et al. Robot learning system based on adaptive neural control anddynamic movement primitives［J］. IEEE Transactions on Neural Networks and Learning Systems，2019，30（3）：777-787.

[3] Yu W，Perrusquia A. Human-robot interaction control using reinforcement learning［M］. New York Wiley-IEEE Press，2022.

[4] 徐翔斌，马中强. 基于移动机器人的拣货系统研究进展［J］. 自动化学报，2022，48（1）：1-20.

[5] Majd K，Jahromi M R，Homaifar A. A stable analytical solution method for car-like robottrajectory tracking and optimization［J］. IEEE/CAA Journal of Automatica Sinica，2020，7（1）：9-16.

[6] 冀大雄，方文巍，朱华，等. 基于相对测量的水下机器人主动定位方法研究［J］. 电子学报，2021，49（7）：1249-1256.

[7] Aggravi M，Elsherif A A S，Giordano P R，et al. Haptic-enabled decentralized control of aheterogeneous human-robot team for search and rescue in partially-known environments［J］. IEEE Robotics and Automation Letters，2021，6（3）：4843-4850.

[8] Wang Y，Li Z，Su C Y. Multisensor-based navigation andcontrol of a mobile service robot［J］. IEEE Transactions on Systems，Man，and Cybernetics：Systems，2021，51（4）：2624-2634.

[9] Gonçalves V M，Fraisse P，Crosnier A，et al. Parsimonious kinematic control of highly redundant robots［J］. IEEE Robotics and Automation Letters，2016，1（1）：65-72.

[10] Chen D，Li S，Li W，et al. A multi-level simultaneous minimization scheme applied to jerkbounded redundant robot manipulators［J］. IEEE Transactions on Automation Science and Engineering，2020，17（1）：463-474.

[11] Li S，Jin L，Mirza M A. Kinematic control of redundant robot arms using neural networks［M］. New York Wiley-IEEE Press，2019.

[12] 阮晓钢. 六自由度机械臂轨迹规划与仿真研究［J］. 控制工程，2010，17（3）：1-5.

[13] Cook G，Zhang F. Mobile robots：Navigation，control and sensing，surface robots and AUVs［M］. New York Wiley-IEEE Press，2020.

[14] Zhang H，Jin H，Liu Z，et al. Real-time kinematic control for redundant manipulators in a time-varying environment：multiple-dynamic obstacle avoidance and fast tracking of a moving object［J］. IEEE Transactions on Industrial Informatics，2020，16（1）：28-41.

[15] Zhang Y，Wang J，Xia Y. A dual neural network for redundancy resolution of kinematically redundant manipulators subject to joint limits and joint velocity limits［J］. IEEE Transactions on Neural Networks，2003，14（3）：658-667.

[16] Li Z，Li C，Li S，et al. A fault-tolerant method for motion planning of industrial redundant manipulator [J]. IEEE Transactions on Industrial Informatics，2020，16（12）：7469-7478.

[17] 孟明辉，周传德，陈礼彬，等. 工业机器人的研发及应用综述简 [J]. 上海交通大学学报，2016（S1）：98-101.

[18] 张智军，张雨浓. 重复运动速度层和加速度层方案的等效性 [J]. 自动化学报，2013，39（1）：88-91.

[19] Xie Z，Jin L，Luo X，et al. A data-driven cyclic-motion generation scheme for kinematic control of redundant manipulators [J]. IEEE Transactions on Control Systems Technology，2021，29（1）：53-63.

[20] Zhang Z，Chen S，Zhu X，et al. Two hybrid end-effector posture-maintaining and obstacle-limits avoidance schemes for redundant robot manipulators [J]. IEEE Transactions on Industrial Informatics，2020，16（2）：754-763.

[21] Hong A，Lunscher N，Hu T，et al. A multimodal emotional human-robot interaction architecture for social robots engaged in bidirectional communication [J]. IEEE Transactions on Cybernetics，2021，51（12）：5954-5968.

[22] Li Z，Ge S S，Liu S. Contact-force distribution optimization and control for quadruped robots using both gradient and adaptive neural networks [J]. IEEE Transactions on Neural Networks and Learning Systems，2014，25（8）：1460-1473.

[23] Roveda L，Pallucca G，Pedrocchi N，et al. Iterative learning procedure with reinforcement for high-accuracy force tracking in robotized tasks [J]. IEEE Transactions on Industrial Informatics，2018，14（4）：1753-1763.

[24] Xu Z，Li S，Zhou X，et al. Dynamic neural networks for motion-force control of redundant manipulators：An optimization perspective [J]. IEEE Transactions on Industrial Electronics，2021，68（2）：1525-1536.

[25] Xie Z，Jin L，Luo X，et al. RNN for repetitive motion generation of redundant robot manipulators：An orthogonal projection-based scheme [J]. IEEE Transactions on Neural Networks and Learning Systems，2022，33（2）：615-628.

[26] 徐文福，王学谦，薛强，等. 保持基座稳定的双臂空间机器人轨迹规划研究 [J]. 自动化学报，2013，39（1）：69-80.

[27] Boyd S，Vandenberghe L. Convex optimization [M]. Cambridge：Cambridge University Press，2004.

[28] Xie Z，Jin L，Du X，et al. On generalized RMP scheme for redundant robot manipulators aided with dynamic neural networks and nonconvex bound constraints [J]. IEEE Transactions on Industrial Informatics，2019，15（9）：5172-5181.

[29] Jin L，Li J，Sun Z，et al. Neural dynamics for computing perturbed nonlinear equations applied to ACP-based lower limb motion intention recognition [J]. IEEE Transactions on Systems，Man，and Cybernetics：Systems，2021，52（12）：5105-5113.

[30] Jin L，Li S，La H M，et al. Manipulability optimization of redundant manipulators using dynamic neural networks [J]. IEEE Transactions on Industrial Electronics，2017，64（6）：4710-4720.

[31] Zhang H，Wu W，Liu F，et al. Boundedness and convergence of online gradient method with penalty for feedforward neural networks [J]. IEEE Transactions on Neural Networks，2009，20（6）：1050-1054.

[32] 张驰，郭媛，黎明. 人工神经网络模型发展及应用综述［J］. 计算机工程与应用，2021，57（11）：57-69.

[33] Yan J，Jin L，Yuan Z，et al. RNN for receding horizon control of redundant robot manipulators［J］. IEEE Transactions on Industrial Electronics，2022，69（2）：1608-1619.

[34] Han Y，Huang G，Song S，et al. Dynamic neural networks：A survey［J］. IEEE Transactions on Pattern Analysis and Machine Intelligence，2021，44（11）：7436-7456.

[35] Jin L，Yan J，Du X，et al. RNN for solving time-variant generalized Sylvester equation with applications to robots and acoustic source localization［J］. IEEE Transactions on Industrial Informatics，2020，16（10）：6359-6369.

[36] Li S，Shao Z，Guan Y. A dynamic neural network approach for efficient control of manipulators［J］. IEEE Transactions on Systems，Man，and Cybernetics：Systems，2019，49（5）：932-941.

[37] Kim J H. Multi-axis force-torque sensors for measuring zero-moment point in humanoid robots：A review［J］. IEEE Sensors Journal，2020，20（3）：1126-1141.

[38] Li Z，Liao B，Xu F，et al. A new repetitive motion planning scheme with noise suppression capability for redundant robot manipulators［J］. IEEE Transactions on Systems，Man，and Cybernetics：Systems，2020，50（12）：5244-5254.

[39] Jin L，Zhang Y. G2-Type SRMPC scheme for synchronous manipulation of two redundant robot arms［J］. IEEE Transactions on Cybernetics，2017，45（2）：153-164.

[40] 任秉银，魏坤，吴卓琦. 机械臂视觉伺服路径规划研究进展［J］. 哈尔滨工业大学学报，2018，50（1）：1-10.

[41] 王安琪，魏延辉，韩寒. 基于构形平面的冗余机械臂轨迹规划方法［J］. 北京航空航天大学学报，2018，44（9）：208-214.

[42] Yang C，Jiang Y，Wei H，et al. Adaptive parameter estimation and control design for robot manipulators with finite-time convergence［J］. IEEE Transactions on Industrial Electronics，2018，65（99）：8112-8123.

[43] Jin L，Li S，Xiao L，et al. Cooperative motion generation in a distributed network of redundant robot manipulators with noises［J］. IEEE Transactions on Systems，Man，and Cybernetics：Systems，2017：1-10.

[44] Li S，He J，Li Y，et al. Distributed recurrent neural networks for cooperative control of manipulators：A game-theoretic perspective［J］. IEEE Transactions on Neural Networks and Learning Systems，2017，28（2）：415-426.

[45] 徐文福，梁斌，刘宇，等. 一种新的 PUMA 类型机器人奇异回避算法［J］. 自动化学报，2008，34（6）：670-675.

[46] Yoshikawa. Manipulability of robotic mechanisms［J］. The International Journal of Robotics Research，1985，4（2）：3-9.

[47] Chen F，Selvaggio M，Caldwell D G. Dexterous grasping by manipulability selection for mobile manipulator with visual guidance［J］. IEEE Transactions on Industrial Informatics，2019，15（2）：1202-1210.

[48] 汪秀，郭西进，张彤晓. 基于粒子群算法的冗余机械手可操作性寻优 [J]. 计算机应用研究，2011，28（2）：448-450.

[49] Chen D，Zhang Y. Robust zeroing neural-dynamics and its time-varying disturbances suppression model applied to mobile robot manipulators [J]. IEEE Transactions on Neural Networks and Learning Systems，2018，29（9）：4385-4397.

[50] 张雨浓，黎卫兵，郭东生，等. 基于前向和中间差分的离散 ZNN 的定常矩阵求逆方法 [J]. 中国科学技术大学学报，2013，43（4）：259-264.

[51] Liu M，Fan J，Zheng Y，et al. A simultaneous learning and control scheme for redundant manipulators with physical constraints on decision variable and its derivative [J]. IEEE Transactions on Industrial Electronics，2022.

[52] Xiao L，Zhang Y. Solving time-varying inverse kinematics problem of wheeled mobile manipulators using Zhang neural network with exponential convergence [J]. Nonlinear Dynamics，2014，76（2）：1543-1559.

[53] Zhang Y，Yi C. Zhang neural networks and neural-dynamic method [M]. New York：Nova Science Publishers，2011.

[54] Jin L，Zhang Y. Discrete-time Zhang neural network for online time-varying nonlinear optimization with application to manipulator motion generation [J]. IEEE Transactions on Neural Networks & Learning Systems，2017，26（7）：1525-1531.

[55] Jin L，Wei L，Li S. Gradient-based differential neural-solution to time-dependent nonlinear optimization [J]. IEEE Transactions on Automatic Control，2022.

[56] Jin L，Li S，Luo X，et al. Neural dynamics for cooperative control of redundant robot manipulators [J]. IEEE Transactionson Industrial Informatics，2018，14（9）：3812-3821.

[57] Liu C，Tang F，Hu Y，et al. Distributed task migration optimization in MEC by extending multi-agent deep reinforcement learning approach [J]. IEEE Transactions on Parallel and Distributed Systems，2021，32（7）：1603-1614.

[58] 郑维，张志明，刘和鑫，等. 基于线性变换的领导—跟随多智能体系统动态反馈均方一致性控制 [J]. 自动化学报，2021，47：1-12.

[59] Lashkari N，Biglarbegian M，Yang S X. Development of a novel robust control method for formation of heterogeneous multiple mobile robots with autonomous docking capability [J]. IEEE Transactions on Automation Science and Engineering，2020，17（4）：1759-1776.

[60] Col L D，Queinnec I，Tarbouriech S，et al. Regional H_∞ synchronization of identical linear multiagent systems under input saturation [J]. IEEE Transactions on Control of Network Systems，2019，6（2）：789-799.

[61] Maini P，Tokekar P，Sujit P B. Visibility-based persistent monitoring of piecewise linear features on a terrain using multiple aerial and ground robots [J]. IEEE Transactions on Automation Science and Engineering，2021，18（4）：1692-1704.

[62] Matignon L，Jeanpierre L，Mouaddib A I. Coordinated multi-robot exploration under communication

constraints using decentralized Markov decision processes [C] //Proceedings of the Twenty-Sixth AAAI Conference on Artificial Intelligence（AAAI-12）. 2012.

[63] 刘成林，张雨. 具有通信时延的多自主体系统时变参考输入的平均一致性跟踪 [J]. 信息与控制，2021，50（5）：616-622，630.

[64] Lee K M B，Kong F H，Cannizzaro R，et al. An upper confidence bound for simultaneous exploration and exploitation in heterogeneous multi-robot systems [C] //2021 IEEE International Conference on Robotics and Automation（ICRA），Xian，2021：8685-8691.

[65] Wang Y，Yue Y，Shan M，et al. Formation reconstruction and trajectory replanning for multi-UAV patrol [J]. IEEE/ASME Transactions on Mechatronics，2021，26（2）：719-729.

[66] 张毅，方国伟，杨秀霞，等. 基于事件触发的多机编队目标跟踪控制 [J]. 北京航空航天大学学报，2021，47（11）：2215-2225.

[67] Shriyam S，Gupta S K. Incorporation of contingency tasks in task allocation for multirobot teams [J]. IEEE Transactions on Automation Science and Engineering，2020，17（2）：809-822.

[68] Zhao X，Zong Q，Tian B，et al. Finite-time dynamic allocation and control in multiagent coordination for target tracking [J]. IEEE Transactions on Cybernetics，2022，52（3）：1872-1880.

[69] Hu J，Bhowmick P，Lanzon A. Distributed adaptive time-varying group formation tracking for multiagent systems with multiple leaders on directed graphs [J]. IEEE Transactions on Control of Network Systems，2020，7（1）：140-150.

[70] Zhang J，Jin L，Cheng L. RNN for perturbed manipulability optimization of manipulators based on a distributed scheme：A game-theoretic perspective [J]. IEEE Transactions on Neural Networks and Learning Systems，2020，31（12）：5116-5126.

[71] Cappello D，Garcin S，Mao Z，et al. A hybrid controller for multi-agent collision avoidance via a differential game formulation [J]. IEEE Transactions on Control Systems Technology，2021，29（4）：1750-1757.

[72] Jin L，Qi Y，Luo X，et al. Distributed competition of multi-robot coordination under variable and switching topologies [J]. IEEE Transactions on Automation Science and Engineering，2021.

[73] 严志强，葛磊，张跃跃，等. 基于部分三阶邻居信息的一致性算法 [J]. 自动化学报，2021，47（9）：2285-2291.

[74] Fischer H，Vulliez M，Laguillaumie P，et al. RTRobMultiAxisControl：A framework for real-time multiaxis and multirobot control [J]. IEEE Transactions on Automation Science and Engineering，2019，16（3）：1205-1217.

[75] Wang Q，Psillakis H E，Sun C. Cooperative control of multiple high-order agents with non-identical unknown control directions under fixed and time-varying topologies [J]. IEEE Transactions on Systems，Man，and Cybernetics：Systems，2021，51（4）：2582-2591.

[76] Li S，Jin L，Li S. Modeling and analysis of competitive behavior in social systems [J]. IEEE Transactions on Computational Social Systems，2022.

[77] Cherry K M，Qian L. Scaling up molecular pattern recognition with DNA-based winner-take-all neural

networks [J]. Nature，2018，559（7714）：370-376.

[78] Marinov C，Calvert B. Performance analysis for a *K*-winners-take-all analog neural network：Basic theory [J]. IEEE Transactions on Neural Networks，2003，14（4）：766-780.

[79] Wang J. Analysis and design of a *k* -winners-take-all model with a single state variable and the Heaviside step activation function [J]. IEEE Transactions on Neural Networks，2010，21（9）：1496-1506.

[80] Feng R，Leung C S，Sum J. Robustness analysis on dual neural network-based *k*-WTA with input noise [J]. IEEE Transactions on Neural Networks and Learning Systems，2018，29（4）：1082-1094.

[81] Tien P L. A new discrete-time multi-constrained *K*-winner-take-all recurrent network and its application to prioritized scheduling [J]. IEEE Transactions on Neural Networks and Learning Systems，2017，28（11）：2674-2685.

[82] Li S，Zhou M，Luo X，et al. Distributed winner-take-all in dynamic networks [J]. IEEE Transactions on Automatic Control，2017，62（2）：577-589.

[83] Zhang Y，Li S，Xu B，et al. Analysis and design of a distributed *k*-winners-take-all model [J]. Automatica，2020，115：108868.

[84] Jin L，Li S. Distributed task allocation of multiple robots：A control perspective [J]. IEEE Transactions on Systems，Man，and Cybernetics：Systems，2018，48（5）：693-701.

[85] Jin L，Li S，La H M，et al. Dynamic task allocation in multi-robot coordination for moving target tracking：A distributed approach [J]. Automatica，2019，100：75-81.

[86] Qi Y，Jin L，Luo X，et al. Robust *k*-WTA network generation，analysis，and applications to multiagent coordination [J]. IEEE Transactions on Cybernetics，2022，52（8）：8515.

[87] Tymoshchuk P V，Wunsch D C. Design of a *K* -winners-take-all model with a binary spike train [J]. IEEE Transactions on Cybernetics，2019，49（8）：3131-3140.

[88] 金龙. Z 类递归神经网络及积分增强模型与机械臂运动控制应用研究 [D]. 广州：中山大学，2016.

[89] Huang L，Zhou M，Hao K，et al. A survey of multi-robot regular and adversarial patrolling [J]. IEEE/CAA Journal of Automatica Sinica，2019，6（4）：894-903.

[90] Huang W，Tang H，Xu P. OEC-RNN：Object-oriented delineation of rooftops with edges and corners using the recurrent neural network from the aerial images [J]. IEEE Transactions on Geoscience and Remote Sensing，2022，60：1-12.

[91] Zhang F，Jin L，Luo X. Error-summation enhanced newton algorithm for model predictive control of redundant manipulators [J]. IEEE Transactions on Industrial Electronics，2023，70（3）：2800-2811.

[92] Jin L，Zhang Y，Li S，et al. Noise-tolerant ZNN models for solving time-varying zero-finding problems：A control-theoretic approach [J]. IEEE Transactions on Automatic Control，2017，62（2）：992-997.

[93] Bhaya A，Kaszkurewicz E. A control-theoretic approach to the design of zero finding numerical methods [J]. IEEE Transactions on Automatic Control，2007，52（6）：1014-1026.

[94] Yang C，Peng G，Li Y，et al. Neural networks enhanced adaptive admittance control of optimized robot–environment interaction [J]. IEEE Transactions on Cybernetics，2019，49（7）：2568-2579.

[95] Jin X. Fault-tolerant iterative learning control for mobile robots non-repetitive trajectory tracking with output constraints [J]. Automatica，2018，94：63-71.

[96] Liu M，Chen L，Du，et al. Activated gradients for deep neural networks [J]. IEEE Transactions on Neural Networks and Learning Systems，2021.

[97] 张雨浓，陈增海，陈轲. 梯度神经网络实时求解线性方程组之收敛性分析 [J]. 自动化学报，2009，35（8）：1136-1139.

[98] Xia Y，Leung H，Wang J. A projection neural network and its application to constrained optimization problems [J]. IEEE Transactions on Circuits and Systems I：Fundamental Theory and Applications，2002，49（4）：447-458.

[99] Kennedy M，Chua L. Neural networks for nonlinear programming [J]. IEEE Transactions on Circuits and Systems，1988，35（5）：554-562.

[100] Feng R，Leung C S，Constantinides A G，et al. Lagrange programming neural network for nondifferentiable optimization problems in sparse approximation [J]. IEEE Transactions on Neural Networks and Learning Systems，2017，28（10）：2395-2407.

[101] Cheng L，Hou Z G，Homma N，et al. Solving convex optimization problems using recurrent neural networks in finite time [C] //Proceedings of International Joint Conference on Neural Networks（IJCNN-09）. 2009：538-543.

[102] He W，Chen Y，Yin Z. Adaptive neural network control of an uncertain robot with full-state constraints [J]. IEEE Transactions on Cybernetics，2016，46（3）：620-629.

[103] Sun C，Ye M，Hu G. Distributed time-varying quadratic optimization for multiple agents under undirected graphs [J]. IEEE Transactions on Automatic Control，2017，62（7）：3687-3694.

[104] Zhang Z，Zheng L. A complex varying-parameter convergent-differential neural-network for solving online time-varying complex Sylvester equation [J]. IEEE Transactions on Cybernetics，2019，49（10）：3627-3639.

[105] Liao-McPherson D，Huang M，Kolmanovsky I. A regularized and smoothed Fischer–Burmeister method for quadratic programming with applications to model predictive con-trol[J]. IEEE Transactions on Automatic Control，2019，64（7）：2937-2944.

[106] Qi Y，Jin L，Li H，et al. Discrete computational neural dynamics models for solving time-dependent Sylvester equation with applications to robotics and MIMO systems [J]. IEEE Transactions on Industrial Informatics，2020，16（10）：6231-6241.

[107] Jin L，Liufu Y，Lu H，et al. Saturation-allowed neural dynamics applied to perturbed time-dependent system of linear equations and robots [J]. IEEE Transactions on Industrial Electronics，2021，68（10）：9844-9854.

[108] Liufu Y，Jin L，Xu J，et al. Reformative noise-immune neural network for equality-constrained optimization applied to image target detection [J]. IEEE Transactions on Emerging Topics in Computing，2021.

［109］Zhang P，Xue H，Gao S，et al. Distributed adaptive consensus tracking control for multi-agent system with communication constraints［J］. IEEE Transactions on Parallel and Distributed Systems，2021，32（6）：1293-1306.

［110］Wang Y，Ishii H，Bonnet F，et al. Resilient real-valued consensus in spite of mobile malicious agents on directed graphs［J］. IEEE Transactions on Parallel and Distributed Systems，2022，33（3）：586-603.

［111］Wai H T，Yang Z，Wang Z，et al. Multi-agent reinforcement learning via double averaging primal-dual optimization［C］//Proceedings of the Thirty-Second International Conference on Neural Information Processing Systems（NeurIPS-18）. 2018：9672-9683.

［112］杜威，丁世飞. 多智能体强化学习综述［J］. 计算机科学，2019，46（8）：1-8.

［113］Ma A，Ouimet M，Cortés J. Exploiting bias for cooperative planning in multi-agent tree search［J］. IEEE Robotics and Automation Letters，2020，5（2）：1819-1826.

［114］Wang T，Dong H，Lesser V，et al. Roma：Multi-agent reinforcement learning with emergent roles［J］. arXiv preprint arXiv：2003.08039，2020.

［115］代珊珊，刘全. 基于动作约束深度强化学习的安全自动驾驶方法［J］. 计算机科学，2021，48（9）：235-243.

［116］Fathian K，Safaoui S，Summers T H，et al. Robust distributed planar formation control for higher order holonomic and nonholonomic agents［J］. IEEE Transactions on Robotics，2021，37（1）：185-205.

［117］He C，Huang J. Leader-following consensus for a class of multiple robot manipulators over switching networks by distributed position feedback control［J］. IEEE Transactions on Automatic Control，2020，65（2）：890-896.

［118］Ren Y，Sosnowski S，Hirche S. Fully distributed cooperation for networked uncertain mobile manipulators［J］. IEEE Transactions on Robotics，2020，36（4）：984-1003.

［119］陈世明，姜根兰，张正. 通信受限的多智能体系统二分实用一致性［J］. 自动化学报，2022，48（5）：1318-1326.

［120］Chen W，Ding D，Dong H，et al. Finite-horizon H_∞ bipartite consensus control of cooperation-competition multiagent systems with round-robin protocols［J］. IEEE Transactions on Cybernetics，2021，51（7）：3699-3709.

［121］Feldman J A，Ballard D H. Connectionist models and their properties［J］. Cognitive Science，1982，6（3）：205-254.

［122］Kaski S，Kohonen T. Winner-take-all networks for physiological models of competitive learning［J］. Neural Networks，1994，7（6，7）：973-984.

［123］Hertz J，Krogh A，Palmer R G. Introduction to the theory of neural computation［M］. Boca Raton：CRC Press，2018.

［124］Yang S，Liu Q，Wang J. A collaborative neurodynamic approach to multiple-objective distributed optimization［J］. IEEE Transactions on Neural Networks and Learning Systems，2018，29（4）：981-992.

［125］Yu Z，Guo S，Deng F，et al. Emergent inference of hidden Markov models in spiking neural networks through winner-take-all [J]. IEEE Transactions on Cybernetics, 2020, 50 (3): 1347-1354.

[126] Lippmann R. An introduction to computing with neural nets [J]. IEEE ASSP Magazine, 1987, 4 (2): 4-22.

[127] Lemmon M, Kumar B. Competitive learning with generalized winner-take-all activation [J]. IEEE Transactions on Neural Networks, 1992, 3 (2): 167-175.

[128] Urahama K, Nagao T. k-winners-take-all circuit with $O(N)$ complexity [J]. IEEE Transactions on Neural Networks, 1995, 6 (3): 776-778.

[129] Yang J F, Chen C M, Wang W C, et al. A general mean-based iterative winner-take-all neural network [J]. IEEE Transactions on Neural Networks, 1995, 6 (1): 14-24.

[130] Yen J C, Guo J I, Chen H C. A new k -winners-take-all neural network and its array architecture [J]. IEEE Transactions on Neural Networks, 1998, 9 (5): 901-912.

[131] Wang J. Analysis and design of a recurrent neural network for linear programming [J]. IEEE Transactions on Circuits and Systems I: Fundamental Theory and Applications, 1993, 40 (9): 613-618.

[132] Lazzaro J, Ryckebusch S, Mahowald M, et al. Winner-take-all networks of $O(N)$ complexity [C] // Proceedings of the First International Conference on Neural Information Processing Systems (NeurIPS-88). 1988: 703-711.

[133] Wawryn K, Strzeszewski B. Current mode circuits for programmable WTA neural network [J]. Analog Integrated Circuits and Signal Processing, 2001, 27 (1): 49-69.

[134] Majani E, Erlanson R, Abu-Mostafa Y. On the k-winners-take-all network [C] //Proceedings of the First International Conference on Neural Information Processing Systems (NeurIPS-88) . 1988: 634-642.

[135] Jayadeva, Rahman S. A neural network with $O(n)$ neurons for ranking N numbers in $O(1/N)$ time [J]. IEEE Transactions on Circuits and Systems I: Regular Papers, 2004, 51 (10): 2044-2051.

[136] Wolfe W, Mathis D, Anderson C, et al. K -winner networks [J]. IEEE Transactions on Neural Networks, 1991, 2 (2): 310-315.

[137] Calvert B, Marinov C. Another K -winners-take-all analog neural network[J]. IEEE Transactions on Neural Networks, 2000, 11 (4): 829-838.

[138] Tymoshchuk P V. A discrete-time dynamic K -winners-take-all neural circuit [J]. Neurocomputing, 2009, 72 (13-15): 3191-3202.

[139] Danciu D, Răsvan V. Gradient like behavior and high gain design of k-WTA neural networks [C] // Proceedings of International Work-Conference on Artificial Neural Networks (IWANN-09) . 2009: 24-32.

[140] Gu S, Wang J. A k-winners-take-all neural network based on linear programming formulation [C] // Proceedings of International Joint Conference on Neural Networks (IJCNN-07) . 2007: 37-40.

[141] Liu S, Wang J. A simplified dual neural network for quadratic programming with its k-WTA application [J]. IEEE Transactions on Neural Networks, 2006, 17 (6): 1500-1510.

[142] Hu X, Wang J. An improved dual neural network for solving a class of quadratic programming problems and its k-winners-take-all application [J]. IEEE Transactions on Neural Networks, 2008, 19 (12): 2022-2031.

[143] Liu Q，Wang J. Two k -winners-take-all networks with discontinuous activation functions [J]. Neural Networks，2008，21（2，3）：406-413.

[144] Liu Q，Dang C，Cao J. A novel recurrent neural network with one neuron and finite-time convergence for k -winners-take-all operation [J]. IEEE Transactions on Neural Networks，2010，21（7）：1140-1148.

[145] Ferreira L，Kaszkurewicz E，Bhaya A. Synthesis of a k -winners-take-all neural network using linear programming with bounded variables [C] //Proceedings of International Joint Conference on Neural Networks（IJCNN-03）. 2003：2360-2365.

[146] Zhang Y，Li S，Geng G. Initialization-based k -winners-take-all neural network model using modified gradient descent [J]. IEEE Transactions on Neural Networks and Learning Systems，2021.

[147] Mu C，Zhao Q，Sun C. Optimal model-free output synchronization of heterogeneous multiagent systems under switching topologies[J]. IEEE Transactions on Industrial Electronics，2020，67（12）：10951-10964.

[148] 田磊，王蒙一，赵启伦，等. 拓扑切换的集群系统分布式分组时变编队跟踪控制 [J]. 中国科学：信息科学，2020，3：408-423.

[149] Tasooji T K，Marquez H J. Cooperative localization in mobile robots using event-triggered mechanism：Theory and experiments [J]. IEEE Transactions on Automation Science and Engineering，2021.

[150] Xia Y，Wang J. Neural network for solving linear programming problems with bounded variables [J]. IEEE Transactions on Neural Networks，1995，6（2）：515-519.

[151] Tank D，Hopfield J. Simple 'neural' optimization networks：An A/D converter，signal decision circuit，and a linear programming circuit，IEEE Transactions on Circuits and Systems，1986，33（5）：533-541.

[152] Maa C Y，Schanblatt M A. A two-phase optimization neural network [J]. IEEE Transactions on Neural Networks，1992，3（6）：1003-1009.

[153] Xia Y. A new neural network for solving linear programming problems and its application [J]. IEEE Transactions on Neural Networks，1996，7（2）：525-529.

[154] Xia Y. Neural network for solving extended linear programming problems [J]. IEEE Transactions on Neural Networks，1997，8（3）：803-806.

[155] Wu X，Xia Y，Li J，et al. A high-performance neural network for solving linear and quadratic programming problems [J]. IEEE Transactions on Neural Networks，1996，7（3）：643-651.

[156] Friesz T L，Bernstein D，Mehta N J，et al. Day-to-day dynamic network disequilibria and idealized traveler information systems [J]. Operations Research，1994，42（6）：1120-1136.

[157] Gao X. Exponential stability of globally projected dynamic systems [J]. IEEE Transactions on Neural Networks，2003，14（2）：426-431.

[158] Xia Y，Wang J. A general methodology for designing globally convergent optimization neural networks [J]. IEEE Transactions on Neural Networks，1998，9（6）：1331-1343.

[159] Hu X，Wang J. Design of general projection neural networks for solving monotone linear variational inequalities and linear and quadratic optimization problems [J]. IEEE Transactions on Systems Man & Cybernetics Part B，2007，37（5）：1414-1421.

[160] Xia Y，Feng G，Wang J. A novel recurrent neural network for solving nonlinear optimization problems with inequality constraints [J]. IEEE Transactions on Neural Networks，2008，19 (8)：1340-1353.

[161] Wei L，Jin L，Luo X. Noise-suppressing neural dynamics for time-dependent constrained nonlinear optimization with applications [J]. IEEE Transactions on Systems，Man，and Cybernetics：Systems，2022.

[162] Gao X. A novel neural network for nonlinear convex programming [J]. IEEE Transactions on Neural Networks，2004，15 (3)：613-621.

[163] Hu X，Wang J. Solving pseudomonotone variational inequalities and pseudoconvex optimization problems using the projection neural network[J]. IEEE Transactions on Neural Networks，2006，17(6)：1487-1499.

[164] Liu Q，Guo Z，Wang J. A one-layer recurrent neural network for constrained pseudoconvex optimization and its application for dynamic portfolio optimization [J]. Neural Networks，2012，26：99-109.

[165] Liu Q，Wang J. A recurrent neural network for non-smooth convex programming subject to linear equality and bound constraints [C] // Neural Information Processing. Berlin：Springer，2006：1004-1013.

[166] Liu Q，Wang J. A one-layer recurrent neural network for non-smooth convex optimization subject to linear equality constraints [C] //Advances in Neuro-Information Processing. Berlin：Springer，2009，5507：1003-1010.

[167] Cheng L，Hou Z，Lin Y，et al. Recurrent neural network for non-smooth convex optimization problems with application to the identification of genetic regulatory networks [J]. IEEE Transactions on Neural Networks，2011，22 (5)：714-726.

[168] Zhang Y，Jin L. Robot manipulator redundancy resolution [M]. John Wiley & Sons，2017.

[169] Wang J，Hu Q，Jiang D. A Lagrangian network for kinematic control of redundant robot manipulators [J]. IEEE Transactions on Neural Networks，1999，10 (5)：1123-1132.

[170] Tang W，Wang J. Two recurrent neural networks for local joint torque optimization of kinematically redundant manipulators [J]. IEEE Transactions on Systems，Man，and Cybernetics，2000，30 (1)：120-128.

[171] Chen D，Zhang Y. A hybrid multi-objective scheme applied to redundant robot manipulators [J]. IEEE Transactions on Automation Science and Engineering，2017，14 (3)：1337-1350.

[172] Cai B，Zhang Y. Different-level redundancy-resolution and its equivalent relationship analysis for robot manipulators using gradient-descent and Zhang's neural-dynamic methods [J]. IEEE Transactions on Industrial Electronics，2012，59 (8)：3146-3155.

[173] Zhang Z J，Zhang Y N. Equivalence of different-level schemes for repetitive motion planning of redundant robots [J]. Acta Automatica Sinica，2013，39 (1)：88-91.

[174] Xie Z，Jin L，Luo X，et al. An acceleration-level data-driven repetitive motion planning scheme for kinematic control of robots with unknown structure [J]. IEEE Transactions on Systems，Man，and Cybernetics：Systems，2021.

[175] Zhang Y，Wu H，Guo D，et al. Effective parameter range for equivalence of velocity-level and

acceleration-level redundancy resolution schemes [J]. Physics Letters A，2012，376（21）：1736-1739.

[176] Guo D，Zhang Y. Acceleration-level inequality-based MAN scheme for obstacle avoidance of redundant robot manipulators [J]. IEEE Transactions on Industrial Electronics，2014，61（12）：6903-6914.

[177] Zhang Z，Zhang Y. Acceleration-level cyclic-motion generation of constrained redundant robots tracking different paths [J]. IEEE Transactions on Systems Man & Cybernetics Part B Cybernetics，2012，42（4）：1257-1269.

[178] Zhang Y. Inverse-free computation for infinity-norm torque minimization of robot manipulators [J]. Mechatronics，2006，16（3，4）：177-184.

[179] Zhang Y，Tan Z，Chen K，et al. Repetitive motion of redundant robots planned by three kinds of recurrent neural networks and illustrated with a four-link planar manipulator's straight-line example [J]. Robotics & Autonomous Systems，2009，57（6，7）：645-651.

[180] Zhang Y，Lv X，Li Z，et al. Repetitive motion planning of PA10 robot arm subject to joint physical limits and using LVI-based primal-dual neural network [J]. Mechatronics，2008，18（9）：475-485.

[181] Zhang Y，Lv X，Li Z，et al. Effective neural remedy for drift phenomenon of planar three-link robot arm using quadratic performance index [J]. Electronics Letters，2008，44（6）：436-437.

[182] Zhang Y，Li W，Liao B，et al. Analysis and verification of repetitive motion planning and feedback control for omnidirectional mobile manipulator robotic systems [J]. Journal of Intelligent & Robotic Systems，2014，75（3，4）：393-411.

[183] Zhang Y，Wang Y，Guo D，et al. Simultaneous repetitive motion planning of two redundant robot arms for acceleration-level cooperative manipulation [J]. Physics Letters Section A General Atomic & Solid State Physics，2013，377（34-36）：1979-1983.

[184] Zhang Y，Zou M，Xiao H，et al. Cooperative-manipulation scheme of routh-hurwitz type for simultaneous repetitive motion planning of two-manipulator robotic systems [C] // 2016 Chinese Control and Decision Conference（CCDC）. IEEE，2016：4409-4414.

[185] Zhang Z，Li Z，Zhang Y，et al. Neural-dynamic-method-based dual-arm CMG scheme with time-varying constraints applied to humanoid robots [J]. IEEE Transactions on Neural Networks & Learning Systems，2015，26（12）：3251-3262.

[186] Chen D，Zhang Y. Minimum jerk norm scheme applied to obstacle avoidance of redundant robot arm with jerk bounded and feedback control [J]. Iet Control Theory & Applications，2006，10（15）：1896-1903.

[187] Zhang Y，Li S，Gui J，et al. Velocity-level control with compliance to acceleration-level constraints：A novel scheme for manipulator redundancy resolution [J]. IEEE Transactions on Industrial Informatics，2018，14（3）：921-930.

[188] Zhang Y，Wang J. Obstacle avoidance for kinematically redundant manipulators using a dual neural network. [J]. IEEE Trans Syst Man Cybern B Cybern，2004，34（1）：752-759.

[189] Guo D，Zhang Y. A new inequality-based obstacle-avoidance MVN scheme and its application to redundant robot manipulators [J]. IEEE Transactions on Systems Man & Cybernetics Part C，2012，42（6）：

1326-1340.

[190] Xiao L，Zhang Y. Dynamic design，numerical solution and effective verification of acceleration-level obstacle-avoidance scheme for robot manipulators [J]. International Journal of Systems Science，2016，47 (1-4)：932-945.

[191] Zhang Y，Li J，Zhang Z. A time-varying coefficient-based manipulability-maximizing scheme for motion control of redundant robots subject to varying joint-velocity limits [J]. Optimal Control Applications & Methods，2013，34 (2)：202-215.

[192] Zhang Y，Yan X，Chen D，et al. QP-based refined manipulability- maximizing scheme for coordinated motion planning and control of physically constrained wheeled mobile redundant manipulators [J]. Nonlinear Dynamics，2016，85 (1)：245-261.

[193] Zhang Y，Yan X，Li W，et al. A weighted damping coefficient based manipulability maximizing scheme for coordinated motion planning of wheeled mobile manipulators[C]// Proceeding of the 11th World Congress on Intelligent Control and Automation. IEEE，2015：3067-3072.

[194] Guo D，Zhang Y. Simulation and experimental verification of weighted velocity and acceleration minimization for robotic redundancy resolution [J]. IEEE Transactions on Automation Science & Engineering，2014，11 (4)：1203-1217.

[195] Li S，Zhang Y，Jin L . Kinematic control of redundant manipulators using neural networks [J]. IEEE Transactions on Neural Networks & Learning Systems，2016.

[196] Zhang Y，Guo D，Ma S. Different-level simultaneous minimization of joint-velocity and joint-torque for redundant robot manipulators [J]. Journal of Intelligent and Robotic Systems，2013，72 (3)：301-323.

[197] Zhang Z，Zhang Y. Variable joint-velocity limits of redundant robot manipulators handled by quadratic programming [J]. IEEE/ASME Transactions on Mechatronics，2013，18 (2)：674-686.

[198] Tang W S，Wang J. A recurrent neural network for minimum infinity-norm kinematic control of redundant manipulators with an improved problem formulation and reduced architecture complexity [J]. IEEE Trans Syst Man Cybern B Cybern，2001，31 (1)：98-105.

[199] Wang J，Zhang Y. Recurrent neural networks for real-time computation of inverse kinematics of redundant manipulators [J]. Machine Intelligence：Quo Vadis，2004：299-319.

[200] Liu S，Wang J. A dual neural network for bi-criteria torque optimization of redundant robot manipulators [J]. Neural Information Processing，2004：1142-1147.

[201] Li K，Zhang Y. State adjustment of redundant robot manipulator based on quadratic programming [J]. Robotica，2012，30 (3)：477-489.

[202] Lee J K，Cho H S. Mobile manipulator motion planning for multiple tasks using global optimization approach [J]. Journal of Intelligent & Robotic Systems，1997，18 (2)：169-190.

[203] Bayle B，Fourquet J Y，Renaud M. Manipulability of wheeled mobile manipulators：Application to motion generation [J]. International Journal of Robotics Research，2003，22 (7，8)：565-582.

[204] Geike T，McPhee J. Inverse dynamic analysis of parallel manipulators with full mobility [J]. Mechanism and

Machine Theory，2003，38（6）：549-562.

［205］Sheng L，Li W L，Du Y C，et al. Forward kinematics of the Stewart platform using hybrid immune genetic algorithm［C］// IEEE International Conference on Mechatronics & Automation. IEEE，2006：2330-2335.

［206］Masory O，Wang J. Workspace evaluation of Stewart platforms［J］. Adv. Robotics J，1994，9（4）：443-461.

［207］Mohammed A M，Shuai L. Dynamic neural networks for kinematic redundancy resolution of parallel Stewart platforms［J］. IEEE Transactions on Cybernetics，2017，46（7）：1538-1550.

［208］Xiao L，Zhang Y. A new performance index for the repetitive motion of mobile manipulators［J］. IEEE Transactions on Cybernetics，2014，44（2）：280-292.

［209］Zhang Y，Li W，Zhang Z. Physical-limits-constrained minimum velocity norm coordinating scheme for wheeled mobile redundant manipulators［J］. Robotica，2015，33（6）：1325-1350.

［210］Li S，Kong R，Guo Y. Cooperative distributed source seeking by multiple robots：algorithms and experiments［J］. IEEE/ASME Transactions on Mechatronics，2014，19（6）：1810-1820.

［211］Jin L，Li S，Yu J，et al. Robot manipulator control using neural networks：A survey［J］. Neurocomputing，2018，285：23-34.

［212］Li S，Liu B，Chen B，et al. Neural network based mobile phone localization using Bluetooth connectivity［J］. Neural Computing & Applications，2013，23（3，4）：667-675.

［213］Li S，Chen S，Liu B，et al. Decentralized kinematic control of a class of collaborative redundant manipulators via recurrent neural networks［J］. Neurocomputing，2012，91：1-10.

［214］Li S，Cui H，Li Y，et al. Decentralized control of collaborative redundant manipulators with partial command coverage via locally connected recurrent neural networks［J］. Neural Computing & Applications，2013，23（3，4）：1051-1060.

［215］Khan M U，Li S，Wang Q，et al. Distributed multirobot formation and tracking control in cluttered environments［J］. ACM transactions on autonomous and adaptive systems，2016，11（2）：12.

［216］Li S，Guo Y. Distributed consensus filter on directed switching graphs［J］. International Journal of Robust and Nonlinear Control，2015，25（13）：2019-2040.

［217］Greiner D，Periaux J，Emperador J M，et al. Game theory based evolutionary algorithms：a review with nash applications in structural engineering optimization problems［J］. Archives of Computational Methods in Engineering，2016，24（4）：1-48.

［218］Jin L，Li S，Hu B，et al. Dynamic neural networks aided distributed cooperative control of manipulators capable of different performance indices［J］. Neurocomputing，2018，291：50-58.

［219］Yang C，Jiang Y，Li Z，et al. Neural control of bimanual robots with guaranteed global stability and motion precision［J］. IEEE Transactions on Industrial Informatics，2017，13（3）：1162-1171.

［220］Qi Y，Jin L，Luo X，et al. Recurrent neural dynamics models for perturbed nonstationary quadratic programs：A control-theoretical perspective［J］. IEEE Transactions on Neural Networks and Learning Systems，2022，33（3）：1216-1227.

［221］Nazemi A，Nazemi M. A gradient-based neural network method for solving strictly convex quadratic programming problems [J]. Cognitive Computation，2014，6 (3)：484-495.

[222] Fan J，Jin L，Xie Z，et al. Data-driven motion-force control scheme for redundant manipulators：A kinematic perspective [J]. IEEE Transactions on Industrial Informatics，2021.

[223] Yurt S N，Anli E，Ozkol I. Forward kinematics analysis of the 6-3 SPM by using neural networks [J]. Meccanica，2007，42 (2)：187-196.

[224] Zhang D，Lei J. Kinematic analysis of a novel 3-DOF actuation redundant parallel manipulator using artificial intelligence approach [J]. Robotics and Computer-Integrated Manufacturing，2011，27 (1)：157-163.

[225] Ghasemi A，Eghtesad M，Farid M. Neural network solution for forward kinematics problem of cable robots [J]. Journal of Intelligent & Robotic Systems，2010，60 (2)：201-215.

[226] Giorelli M，Renda F，Ferri G，et al. A feed-forward neural network learning the inverse kinetics of a soft cable-driven manipulator moving in three-dimensional space[C]//2013 IEEE/RSJ International Conference on Intelligent Robots and Systems. IEEE，2013：5033-5039.

[227] Giorelli M，Renda F，Calisti M，et al. Neural network and Jacobian method for solving the inverse statics of a cable-driven soft arm with nonconstant curvature [J]. IEEE Transactions on Robotics，2015，31 (4)：823-834.

[228] Liu Y，Li Y. Sliding mode adaptive neural-network control for nonholonomic mobile modular manipulators [J]. Journal of Intelligent and Robotic Systems，2005，44 (3)：203-224.

[229] Abdollahi F，Talebi H A，Patel R V. A stable neural network-based observer with application to flexible-joint manipulators [J]. IEEE Transactions on Neural Networks，2006，17 (1)：118-129.

[230] Loreto G，Garrido R. Stable neurovisual servoing for robot manipulators [J]. IEEE transactions on neural networks，2006，17 (4)：953.

[231] Wang L，Chai T，Yang C. Neural-network-based contouring control for robotic manipulators in operational space [J]. IEEE Transactions on Control Systems Technology，2011，20 (4)：1073-1080.

[232] Xia D，Wang L，Chai T. Neural-network-friction compensation-based energy swing-up control of pendubot [J]. IEEE Transactions on Industrial Electronics，2013，61 (3)：1411-1423.

[233] Li X，Cheah C C. Adaptive neural network control of robot based on a unified objective bound [J]. IEEE Transactions on Control Systems Technology，2013，22 (3)：1032-1043.

[234] Wang L，Chai T，Zhai L. Neural-network-based terminal sliding-mode control of robotic manipulators including actuator dynamics [J]. IEEE Transactions on Industrial Electronics，2009，56 (9)：3296-3304.

[235] Chen X，Luo X，Jin L，et al. Growing echo state network with an inverse-free weight update strategy [J]. IEEE Transactions on Cybernetics，2022.

[236] Tian L，Wang J，Mao Z. Constrained motion control of flexible robot manipulators based on recurrent neural networks [J]. IEEE Transactions on Systems，Man，and Cybernetics，Part B (Cybernetics)，2004，34 (3)：1541-1552.

[237] Köker R. Design and performance of an intelligent predictive controller for a six-degree-of-freedom robot

using the Elman network [J]. Information Sciences，2006，176（12）：1781-1799.

[238] Guo D，Zhang Y. Li-function activated ZNN with finite-time convergence applied to redundant-manipulator kinematic control via time-varying Jacobian matrix pseudoinversion [J]. Applied Soft Computing，2014，24：158-168.

[239] Wang Y，Cheng L，Hou Z G，et al. Optimal formation of multirobot systems based on a recurrent neural network [J]. IEEE transactions on neural networks and learning systems，2015，27（2）：322-333.

[240] Zhang Z，Zhang Y. Design and experimentation of acceleration-level drift-free scheme aided by two recurrent neural networks [J]. IET Control Theory & Applications，2013，7（1）：25-42.

[241] Guo D，Zhang Y. Zhang neural network，Getz–Marsden dynamic system，and discrete-time algorithms for time-varying matrix inversion with application to robots' kinematic control [J]. Neurocomputing，2012，97：22-32.

[242] Lendaris G G，Mathia K，Saeks R. Linear Hopfield networks and constrained optimization [J]. IEEE Transactions on Systems，Man，and Cybernetics，Part B（Cybernetics），1999，29（1）：114-118.

[243] Ding H，Chan S P. A real-time planning algorithm for obstacle avoidance of redundant robots [J]. Journal of Intelligent and Robotic Systems，1996，16（3）：229-243.

[244] Atencia M，Joya G，Sandoval F. Hopfield neural networks for parametric identification of dynamical systems [J]. Neural Processing Letters，2005，21（2）：143-152.

[245] Zhang Y，Guo D，Li Z. Common nature of learning between back-propagation and hopfield-type neural networks for generalized matrix inversion with simplified models [J]. IEEE transactions on neural networks and learning systems，2013，24（4）：579-592.

[246] Wang X，Hou Z G，Zou A，et al. A behavior controller based on spiking neural networks for mobile robots [J]. Neurocomputing，2008，71（4-6）：655-666.

[247] Bouganis A，Shanahan M. Training a spiking neural network to control a 4-DOF robotic arm based on spike timing-dependent plasticity [C] //The 2010 International Joint Conference on Neural Networks（IJCNN）. IEEE，2010：1-8.

[248] Gamez D，Fidjeland A K，Lazdins E. iSpike：a spiking neural interface for the iCub robot [J]. Bioinspiration & biomimetics，2012，7（2）：025008.

[249] Cao Z，Cheng L，Zhou C，et al. Spiking neural network-based target tracking control for autonomous mobile robots [J]. Neural Computing and Applications，2015，26（8）：1839-1847.

[250] Ijspeert A J. Central pattern generators for locomotion control in animals and robots：a review [J]. Neural networks，2008，21（4）：642-653.

[251] Ijspeert A J，Crespi A. Online trajectory generation in an amphibious snake robot using a lamprey-like central pattern generator model [C] //Proceedings of the 2007 IEEE international conference on robotics and automation（ICRA 2007）. IEEE，2007：262-268.

[252] Conradt J，Varshavskaya P. Distributed central pattern generator control for a serpentine robot [C] // Proceedings of the International Conference on Artificial Neural Networks（ICANN）. 2003：338-341.

[253] Degallier S，Righetti L，Natale L，et al. A modular bio-inspired architecture for movement generation for the infant-like robot iCub [C] //2008 2nd IEEE RAS & EMBS International Conference on Biomedical Robotics and Biomechatronics. IEEE，2008：795-800.

[254] Park C S，Hong Y D，Kim J H. Full-body joint trajectory generation using an evolutionary central pattern generator for stable bipedal walking [C] //2010 IEEE/RSJ International Conference on Intelligent Robots and Systems. IEEE，2010：160-165.

[255] Han S I，Lee J M. Precise positioning of nonsmooth dynamic systems using fuzzy wavelet echo state networks and dynamic surface sliding mode control [J]. IEEE Transactions on Industrial Electronics，2012，60（11）：5124-5136.

[256] Han S I，Lee J M. Fuzzy echo state neural networks and funnel dynamic surface control for prescribed performance of a nonlinear dynamic system [J]. IEEE Transactions on Industrial Electronics，2013，61（2）：1099-1112.

[257] Jin L，Li S，Wang H，et al. Nonconvex projection activated zeroing neurodynamic models for time-varying matrix pseudoinversion with accelerated finite-time convergence [J]. Applied Soft Computing，2018，62：840-850.

[258] Xia Y，Wang J. A dual neural network for kinematic control of redundant robot manipulators [J]. IEEE Transactions on Systems，Man，and Cybernetics，Part B（Cybernetics），2001，31（1）：147-154.

[259] Zhang Y，Wang J，Xu Y. A dual neural network for bi-criteria kinematic control of redundant manipulators [J]. IEEE Transactions on Robotics and Automation，2002，18（6）：923-931.

[260] Zhang Y，Ge S S，Lee T H. A unified quadratic-programming-based dynamical system approach to joint torque optimization of physically constrained redundant manipulators [J]. IEEE Transactions on Systems，Man，and Cybernetics，Part B（Cybernetics），2004，34（5）：2126-2132.

[261] Hou Z G，Cheng L，Tan M. Multicriteria optimization for coordination of redundant robots using a dual neural network [J]. IEEE Transactions on Systems，Man，and Cybernetics，Part B（Cybernetics），2009，40（4）：1075-1087.

[262] Piltan F，Sulaiman N，Soltani S，et al. An adaptive sliding surface slope adjustment in PD sliding mode fuzzy control for robot manipulator [J]. International Journal of Control and Automation，2011，4（3）：65-76.

[263] Sutton R S，Barto A G，Williams R J. Reinforcement learning is direct adaptive optimal control [J]. IEEE control systems magazine，1992，12（2）：19-22.

[264] Tang L，Liu Y J，Tong S. Adaptive neural control using reinforcement learning for a class of robot manipulator [J]. Neural Computing and Applications，2014，25（1）：135-141.

[265] Kober J，Bagnell J A，Peters J. Reinforcement learning in robotics：A survey [J]. The International Journal of Robotics Research，2013，32（11）：1238-1274.

[266] Zhang S，Lei M，Dong Y，et al. Adaptive neural network control of coordinated robotic manipulators with output constraint [J]. IET Control Theory & Applications，2016，10（17）：2271-2278.

［267］He W，Amoateng D O，Yang C，et al. Adaptive neural network control of a robotic manipulator with unknown backlash-like hysteresis［J］. IET Control Theory & Applications，2017，11（4）：567-575.

［268］Sun C，He W，Ge W，et al. Adaptive neural network control of biped robots［J］. IEEE Transactions on Systems，Man，and Cybernetics：Systems，2016，47（2）：315-326.

［269］Yang C，Huang K，Cheng H，et al. Haptic identification by ELM-controlled uncertain manipulator［J］. IEEE Transactions on Systems，Man，and Cybernetics：Systems，2017，47（8）：2398-2409.

［270］Jadbabaie A，Lin J，Morse A S. Coordination of groups of mobile autonomous agents using nearest neighbor rules［J］. IEEE Transactions on Automatic Control，2003，48（6）：988-1001.

［271］Moreau L. Stability of multiagent systems with time-dependent communication links［J］. IEEE Transactions on Automatic Control，2005，50（2）：169-182.

［272］Zhang Z，Zheng L，Yu J，et al. Three recurrent neural networks and three numerical methods for solving a repetitive motion planning scheme of redundant robot manipulators［J］. IEEE/ASME Transactions on Mechatronics，2017，22（3）：1423-1434.

［273］Xiao L，Liao B，Li S，et al. Design and Analysis of FTZNN applied to real-time solution of nonstationary Lyapunov equation and tracking control of wheeled mobile manipulator［J］. IEEE Transactions on Industrial Informatics，2018，14（1）：98-105.

［274］Jin L，Li S，Hu B. RNN Models for dynamic matrix inversion：A control-theoretical perspective［J］. IEEE Transactions on Industrial Informatics，2018，14（1）：189-199.

［275］Mohar B. The Laplacian spectrum of graphs［M］. Graph Theory，Combinatorics，and Applications，1991.

［276］Xiao L，Zhang Y. Acceleration-level repetitive motion planning and its experimental verification on a six-link planar robot manipulator[J]. IEEE Transactions on Control Systems Technology，2013，21（3）：906-914.

［277］Li C，Yu X，Yu W，et al. Distributed event-triggered scheme for economic dispatch in smart grids［J］. IEEE Transactions on Industrial Informatics，2016，12（5）：1775-1785.

［278］Zhang X，Han Q，Zhang B. An overview and deep investigation on sampled-data-based event-triggered control and filtering for networked systems［J］. IEEE Transactions on Industrial Informatics，2017，13（1）：4-16.

［279］Liu G，Xu J，Wang X，Li Z. On quality functions for grasp synthesis，fixture planning，and coordinated manipulation［J］. IEEE Transactions on Automation Science and Engineering，2004，1（2）：146-162.

［280］Wu L，Cui K，Chen S. Redundancy coordination of multiple robotic devices for welding through genetic algorithm［J］. Robotica，2000，18（6）：669-676.

［281］Maeso S，et al. Efficacy of the Da Vinci Surgical system in abdominal surgery compared with that of laparoscopy：Asystematic review and meta-analysis［J］. Annals of Surgery，2010，252（2）：254-262.

［282］Aiyama Y，Hara M，Yabuki T，et al. Cooperative transportation by two four-legged robots with implicit communication［J］. Robotics and Autonomous Systems，1999，29（1）：13-19.

［283］Welch J，et al. The Allen telescope array：The first widefield，panchromatic，snapshot radio camera for radio astronomy and SETI［J］. Proceedings of the IEEE，2009，97（8）：1438-1447.

[284] Miao P，Shen Y，Huang Y，et al. Solving time-varying quadratic programs based on finite-time Zhang neural networks and their application to robot tracking [J]. Neural Computing and Applications，2015，26（3）：693-703.

[285] Zhang Z，Li Z，Zhang Y，et al. Neural-dynamic-method based dual-arm CMG scheme with time-varying constraints applied to humanoid robots [J]. IEEE Trans. Neural Netw. Learn. Syst.，2015，26（12）：3251-3262.

[286] Freeman R A，Yang P，Lynch K M. Stability and convergence properties of dynamic average consensus estimators [C]// IEEE Conference on Decision and Control. 2006：338-343.

[287] Yang P，Freeman R A，Gordon G J，et al. Decentralized estimation and control of graph connectivity in mobile sensor networks [J]. Automatica，2010，46（2）：390-396.

[288] Zhang Z，Zheng L，Weng J，et al. A new varying-parameter recurrent neural-network for online solution of time-varying Sylvester equation [J]. IEEE Transactions on Cybernetics，2018，48（11）：3135-3148.

[289] Hespanha J. Uniform stability of switched linear systems：Extensions of LaSalle's invariance principle [J]. IEEE Transactions on Automatic Control，2004，49（4）：470-482.

[290] Dahleh M，Dahleh M A，Verghese G. Lectures on dynamic systems and control [M]. Cambridge：MIT Press，1999.

[291] Jin L，Zhang Y. Continuous and discrete Zhang dynamics for real-time varying nonlinear optimization [J]. Numerical Algorithms，2016，73（1）：115-140.

[292] Feng R，Leung C S，Sum J，et al. Properties and performance of imperfect dual neural network-based kWTA networks [J]. IEEE Transactions on Neural Networks and Learning Systems，2015，26（9）：2188-2193.

[293] Sum J，Leung C S，Ho K I J. On Wang *k*WTA with input noise，output node stochastic，and recurrent state noise [J]. IEEE Transactions on Neural Networks and Learning Systems，2018，29（9）：4212-4222.

[294] Sum J，Leung C S，Ho K. Effect of input noise and output node stochastic on Wang's *k*-WTA [J]. IEEE Transactions on Neural Networks and Learning Systems，2013，24（9）：1472-1478.

[295] Zhang S，Constantinides A. Lagrange programming neural networks [J]. IEEE Transactions on Circuits and Systems II：Analog and Digital Signal Processing，1992，39（7）：441-452.

[296] Tymoshchuk P V. A fast analogue *K*-winners-take-all neural circuit [C] //Proceedings of International Joint Conference on Neural Networks（IJCNN-13）. 2013：1-8.

[297] Olfati-Saber R，Murray R. Consensus problems in networks of agents with switching topology and time-delays [J]. IEEE Transactions on Automatic Control，2004，49（9）：1520-1533.

[298] Spanos D P，Olfati-Saber R，Murray R M. Dynamic consensus on mobile networks [C] //Proceedings of the Sixteenth IFAC World Congress. 2005：1-6.

[299] Li S，Guo Y，et al. Distributed consensus filter on directed graphs with switching topologies [C] //Proceedings of the 2013 American Control Conference（ACC-13）. 2013：6151-6156.

[300] Ebel H，Luo W，Yu F，et al. Design and experimental validation of a distributed cooperative transportation scheme [J]. IEEE Transactions on Automation Science and Engineering，2021，18（3）：1157-1169.

[301] Jin L，Zhang J，Luo X，et al. Perturbed manipulability optimization in a distributed network of redundant robots [J]. IEEE Transactions on Industrial Electronics，2021，68（8）：7209-7220.

[302] 刘喜斌. 关于拉格朗日方程应用中的问题讨论 [J]. 湖南理工学院学报（自然科学版），2012，25（2）：37-41.

[303] Jin L，Liang S，Luo X，et al. Distributed and time-delayed *k*-winner-take-all network for competitive coordination of multiple robots [J]. IEEE Transactions on Cybernetics，2022.

[304] Liu C L，Shan L，Chen Y Y，et al. Average-consensus filter of first-order multi-agent systems with disturbances[J]. IEEE Transactions on Circuits and Systems II：Express Briefs，2017，65（11）：1763-1767.

[305] Yu W，Chen G，Cao M. Some necessary and sufficient conditions for second-order consensus in multi-agent dynamical systems [J]. Automatica，2010，46（6）：1089-1095.